TRAITÉ

DE

TOPOGRAPHIE

ET DE

GÉODÉSIE

SPÉCIALEMENT APPLIQUÉES AUX OPÉRATIONS FORESTIÈRES

PAR

E.-E. REGNEAULT

PROFESSEUR A L'ÉCOLE IMPÉRIALE FORESTIÈRE

Inspecteur des forêts, Docteur ès Sciences, Membre de la Société des Sciences

Lettres et Arts, et de la Société centrale d'Agriculture de Nancy

—

2e Édition

—

NANCY

NICOLAS GROSJEAN, LIBRAIRE, PLACE STANISLAS, 7

1861

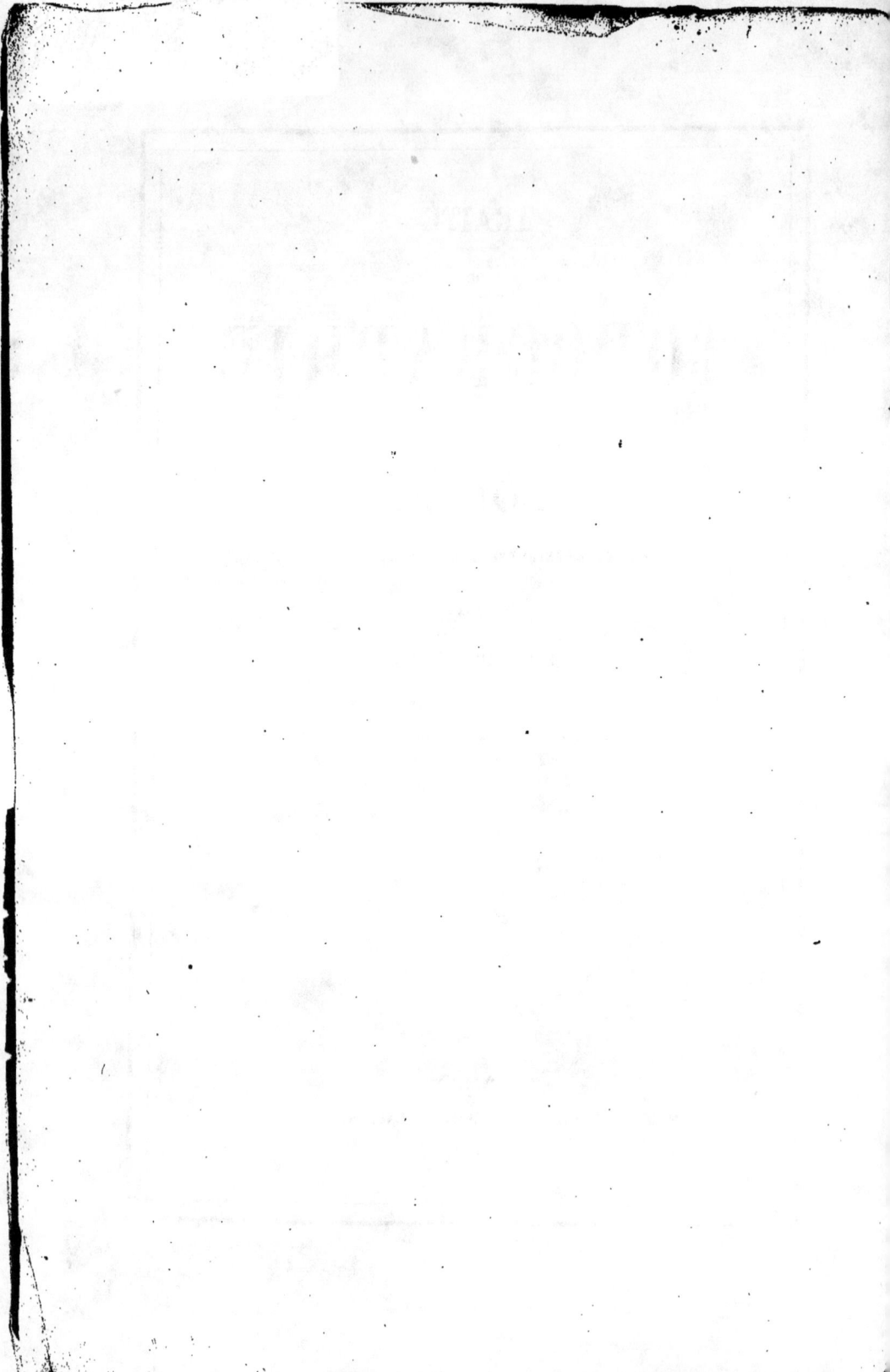

TRAITÉ

DE

TOPOGRAPHIE ET DE GÉODÉSIE

SPÉCIALEMENT

Appliquées aux opérations forestières.

Nancy, imprimerie de veuve Raybois, rue du faub. Stanislas, 3.

TRAITÉ

DE

TOPOGRAPHIE

ET DE

GÉODÉSIE

SPÉCIALEMENT APPLIQUÉES AUX OPÉRATIONS FORESTIÈRES

PAR

E.-E. REGNEAULT

PROFESSEUR A L'ÉCOLE IMPÉRIALE FORESTIÈRE

Inspecteur des forêts, Docteur ès Sciences, Membre de la Société des Sciences Lettres et Arts, et de la Société centrale d'Agriculture de Nancy

—

2e Édition

—

NANCY

NICOLAS GROSJEAN, LIBRAIRE, PLACE STANISLAS, 7

1861

PRÉFACE

—◇◆◇—

Les applications d'une science doivent s'appuyer sur l'ensemble des principes fondamentaux qui la constituent. En étudiant, avec intelligence, les ressources qui découlent naturellement de ces bases raisonnées, on se rend capable de surmonter promptement, sans hésitation, toutes les difficultés, quelles qu'elles soient, de la pratique, dont les opérations ordinaires sont notre but direct.

Un traité, approprié à l'instruction spéciale des élèves, qui apprenne, pour les discuter, les règles véritables de l'art des levés, est donc un guide très-utile, indispensable. Il ouvre et indique la voie aux élèves ; il permet au professeur de s'arrêter, dans le cours oral, et dans ses applications, sur les questions les plus importantes, d'insister sur les opérations du métier, d'ajouter des détails qu'il faut connaître, de faciliter et de réduire la rédaction de notes additionnelles et de nombreuses dictées complémentaires.

C'est pour atteindre ces différents buts, principalement la certitude des principes et la facilité d'un cours spécial rapide, que je publie ce résumé de mes leçons de Topographie et de Géodésie à l'École Impériale forestière. Ce que je viens de dire montre qu'il a été composé exclusivement dans l'intérêt des Agents de l'Administration.

Cependant, par sa rédaction générale, il est de nature à s'adresser aussi, sous une forme concise, aux personnes étrangères au service forestier : en y trouvant traité l'ensemble de l'art des levés, on y rencontrera, avec ses développements nécessaires, le cas des terrains accidentés et boisés, c'est-à-dire, le cas le plus difficile et par conséquent le plus instructif.

C'est une des branches les plus usuelles des mathématiques appliquées que celle qui nous apprend à exprimer exactement la configuration des terrains. Les travaux qui s'y rattachent présentent un intérêt particulier quand ils s'étendent sur de vastes forêts. Au moyen des représentations fidèles ainsi obtenues, l'Administration consigne les documents positifs dont elle doit s'entourer ; elle en voit ressortir, y cherche et y compare les éléments de combinaisons fécondes pour l'augmentation des richesses des contrées couvertes de bois. Il importe, d'ailleurs, que les Agents chargés de ces opérations ne restent pas au-dessous des soins que leurs émules apportent aux travaux analogues dans les autres services publics.

Parmi les ouvrages publiés, à part un très-petit nombre que j'aurai soin de citer, les uns sont de simples Manuels, par trop élémentaires et insuffisants pour des élèves qui ont subi le concours d'admission et qui sont appelés à opérer rapidement et sûrement dans des circonstances variées ; les autres sont trop

généraux et ne développent pas les questions que le forestier doit
le mieux connaître. J'ai cherché, en étendant, ou en resserrant,
la matière, selon l'importance des sujets, à composer un précis
propre à suppléer aux écrits plus savants, souvent trop théoriques,
à remplir des lacunes, et qui soit en rapport avec une instruction
moyenne, fruit d'études récemment terminées. Les cours élémentaires d'admission ont en général besoin de beaucoup de compléments : ils se bornent, et ils doivent le faire, à l'exposition de
quelques solutions générales, mais ils n'entrent pas dans les réalités
de l'exécution matérielle. Je n'ai dû admettre que des méthodes
bien arrêtées, consacrées par l'accord intime de la théorie et de
la pratique, qui ne peuvent, du reste, se séparer, ni même se
distinguer dans les vrais procédés d'application.

La topographie forestière impose des conditions nouvelles et se
présente avec une physionomie particulière, à cause des difficultés
qu'elle a à surmonter et par la précision qu'elle exige. Le sol
masqué des forêts, souvent très-tourmenté, oppose des obstacles
nombreux : il n'est pas toujours facile d'y tracer, sans une certaine adresse, de longs alignements entre deux points donnés, d'y
faire des chaînages exacts, d'y prendre des angles justes sur des
signaux lointains, d'y construire de bons réseaux de triangles ; les
combinaisons ordinaires y sont parfois défectueuses, même impraticables. Nous chercherons à lever toutes les difficultés.

Un caractère particulier à la topographie des forêts, caractère
qu'il ne faut pas perdre de vue, consiste en ce qu'on n'a plus ici
simplement pour but la représentation, plus ou moins exacte, de
l'ensemble des configurations, en plan et en relief, du terrain,
mais principalement, et dans la plupart des cas, la fixation de
limites de propriétés entre l'État ou les Communes et les proprié-

táires riverains. Les délimitations sont des titres de propriété, les assiettes de coupes constituent des abandons de produits, que l'intérêt de chacun surveille et constate avec quelque défiance.

Enfin une des applications fréquentes de l'art sert à établir exactement, dans la profondeur des bois, de longues tranchées, des routes, des débouchés, des lignes séparatives de coupes, pour les exploitations, en un mot, à diviser, suivant des conditions variées, les superficies boisées. La topographie forestière est donc une topographie de précision, opérant dans les conditions les plus difficiles.

Le mot géodésie se prend dans deux sens différents. Dans le premier, on s'occupe de ces questions de partage ou de division et de subdivision des terrains; nous réserverons à cette partie le nom de polygonométrie. Dans la seconde acception, la Géodésie proprement dite, telle qu'on l'entend dans la science, embrasse des généralités d'un ordre plus élevé : elle enseigne à représenter des contrées considérables, à l'horizon desquelles la sphéricité du globe devient sensible. Nous avons cru devoir compléter les idées en les étendant par une notice succincte sur les levés géodésiques. On comprendra mieux l'esprit des méthodes de la topographie, qui reste restreinte entre de moindres limites, n'opérant que sur l'élément du plan tangent au sphéroïde terrestre, sur des surfaces parallèles aux nappes horizontales des eaux tranquilles. Cette partie n'est insérée que pour compléter l'ouvrage et sera même en partie passée au cours.

Des additions importantes ont été introduites dans cette seconde édition : elles portent toutes principalement sur le choix et sur l'exactitude des méthodes dans les applications spéciales et ordinaires de l'Agent des forêts. Ce sera, je le répète, le but principal de nos développements. La table qui termine le volume achèvera de faire connaître l'ensemble des matières qu'il renferme, l'ordre et les degrés relatifs d'extension selon lesquels elles sont exposées. Elle résume le système des connaissances topographiques et géodésiques qui suffisent pour devenir habile dans le service ordinaire, même dans les cas exceptionnels, et dont il faut se pénétrer avant de passer au terrain. Des exercices graphiques et des calculs, suivis de travaux extérieurs gradués, mettront bientôt l'élève en état d'opérer avec facilité. De nombreuses notes, des dictées d'un intérêt tout spécial, compléteront le livre, qui formera, ainsi réduit, le cadre général et le programme des principales questions d'examen.

Telle est la marche adoptée pour toutes les branches de notre enseignement, qu'après l'exposition des procédés, qui servent de fondement à toute application sérieuse, succèdent des essais préparatoires : ce sont de premiers pas qui deviennent d'autant plus fermes et plus assurés que l'élève a mieux compris l'esprit des méthodes, qui le soutiennent d'abord à son début et auxquelles plus tard, pour s'éclairer, il peut toujours avoir recours. Il deviendra ainsi, en peu de temps, un praticien exercé, dont les travaux devront inspirer de la confiance. Une pratique adroite, sans routine, s'acquiert rapidement lorsqu'on a d'abord procédé à la recherche et à l'examen des difficultés.

LIVRE Iᵉʳ.

PRÉLIMINAIRES

ET

MÉTHODES DESCRIPTIVES.

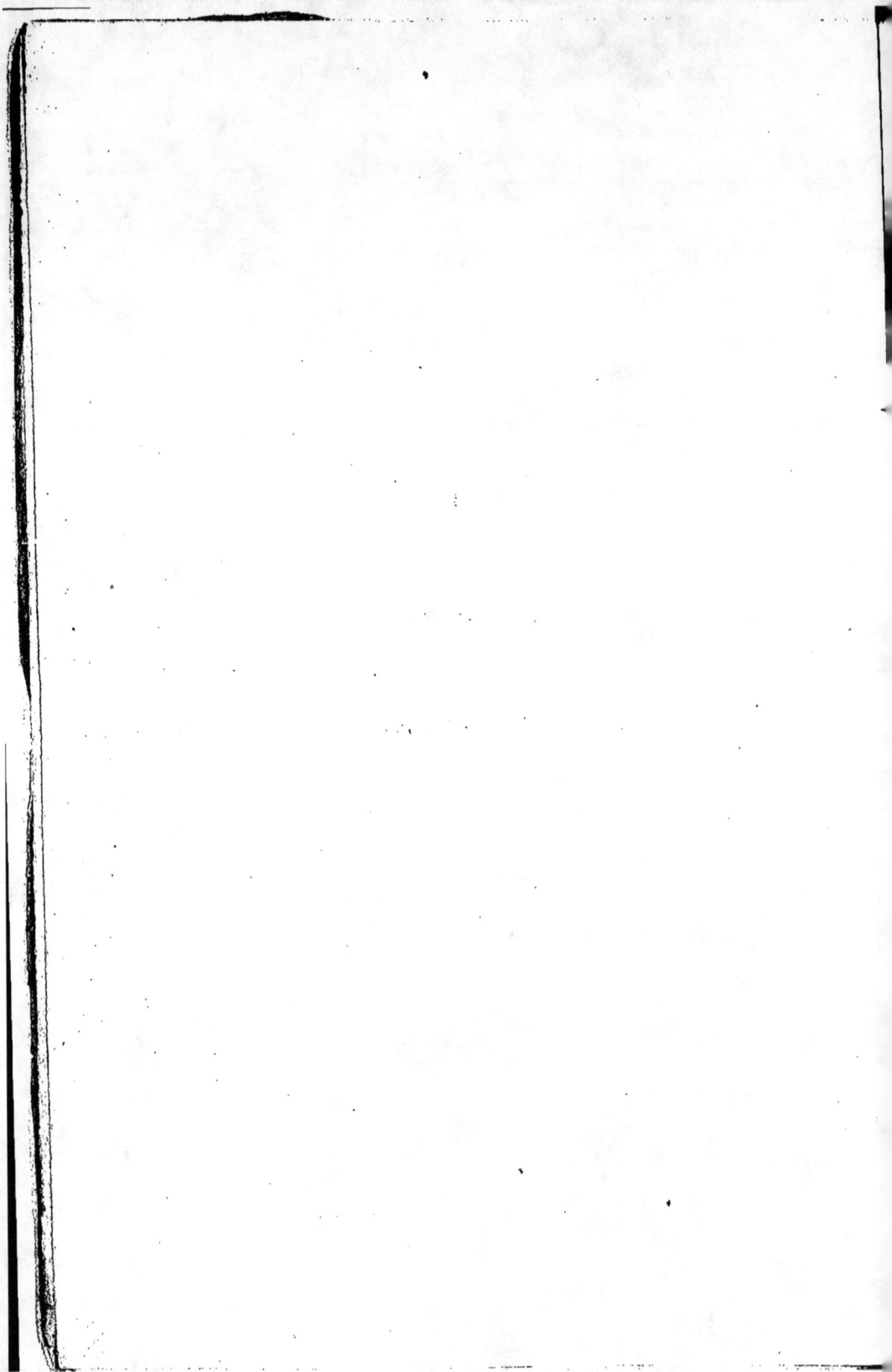

TRAITÉ

DE TOPOGRAPHIE ET DE GÉODÉSIE

SPÉCIALEMENT

APPLIQUÉES AUX OPÉRATIONS FORESTIÈRES.

LIVRE Ier.

PRÉLIMINAIRES ET MÉTHODES DESCRIPTIVES.

CHAPITRE Ier.

DISTINCTION ENTRE LA TOPOGRAPHIE ET LA GÉODÉSIE; DES ÉCHELLES, AMPLIFICATION ET RÉDUCTION DES PLANS.

Art. 1er. — Définition de la Topographie et de la Géodésie.

La Topographie est l'art d'exécuter sur le terrain et de représenter graphiquement des levés d'une étendue assez petite pour que la sphéricité du globe ne soit pas sensible. La Géodésie, au contraire, indique les méthodes qu'il faut suivre lorsqu'on n'opère plus sur l'élément du plan tangent au sphéroïde terrestre. On entend aussi par Géodésie l'art de partager les terres suivant des conditions données : nous désignerons par le nom de *Polygonométrie* cette partie de la Géodésie qui se rapporte spécialement à la division et à la subdivision des terrains boisés.

Pour avoir une idée approximative de la limite qui sépare le cas où on opère sur une portion restreinte du plan horizontal des eaux tranquilles de celui où la convexité du globe ne peut plus être négligée, considérons un arc terrestre B A B' de un grade, Fig. 1. La terre est supposée sphérique, hypothèse qui convient à un premier aperçu. Sa circonférence étant de 40 000 000^m, un grade aura 10 myriamètres, ou environ 25 lieues de 4 000^m. Or, d'après les tables trigonométriques, la différence entre le sinus et la tangente de $\frac{1}{2}$ grade est d'environ les $\frac{2}{10\,000\,000}$ du rayon des tables. Le rayon moyen de la terre est 6366196^m. La différence entre la tangente A T et le sinus S B de l'arc A B, d'une amplitude de $\frac{1}{2}$ grade, est donc d'environ 1^m, 275. Il résulte de ce calcul approximatif qu'on peut, sans craindre une erreur de 2 mètres, confondre l'arc B A B' avec sa tangente T A T' et qu'une calotte sphérique de 12 lieues $\frac{1}{2}$ de rayon est sensiblement plane, au moins dans sa partie centrale.

Les plus grandes forêts offrent, en France, des masses distinctes de 15 000 à 20 000 hectares : en leur supposant une forme arrondie ou bien rectangulaire, et alors une longueur et une largeur conformes aux cas les plus défavorables, il est facile de calculer quelles seraient les dimensions de ces forêts et de voir si elles rentrent ou sortent des limites de la simple Topographie.

La Topographie se partage en deux grandes sections : 1° la Topographie plane ou *Planimétrie,* dans laquelle on ne s'occupe que de la projection des divers objets du terrain sur un plan horizontal; 2° le *Nivellement topographique,* à l'aide duquel on exprime les ondulations ou mouvements verticaux du sol plus ou moins accidenté. Or, chacune de ces deux grandes sections se divise elle-même en deux parties, l'une qui établit un canevas fondamental qui sert de base à toute l'opération ; l'autre qui apprend à remplir ce canevas par des opérations de détails qui s'appuient sur lui et se corrigent par ce premier travail.

La Géodésie présente aussi des ordres différents : ses méthodes générales renferment d'ailleurs, comme cas particuliers, les

procédés de la Topographie, à peu près comme on déduit
d'une formule générale les cas plus simples qui y sont implicitement renfermés. Nous suivrons ici la marche inverse, c'est-à-
dire que nous nous éléverons du cas le plus usuel, sur lequel
nous nous arrêterons davantage, au cas compliqué de la grande
Géodésie, pour laquelle nous ne présenterons que des notions
complémentaires. Ces définitions générales posées, entrons dans
le détail des conventions topographiques.

Art. 2. — Construction des échelles.

Des Échelles ; erreurs tolérées dans le chaînage. Ce que représente
un plan de Topographie est une figure semblable au terrain. Or,
les angles ne changent pas en passant d'une figure à son homologue : donc, surtout pour le canevas fondamental, les angles
devront être mesurés sur le terrain et rapportés ensuite sur la
feuille topographique avec le plus de précision possible. Il n'en
est pas de même pour les distances, excepté le cas d'une base de
départ : elles pourront être chaînées avec une exactitude relative,
non-seulement à leur importance, mais aussi à l'échelle adoptée,
c'est-à-dire, selon le rapport qu'on établit entre les dimensions
réelles du terrain et leurs homologues de la figure semblable. Soit
D une longueur du terrain, d sa longueur correspondante sur le
papier, le rapport $\frac{d}{D} = \frac{1}{M}$ est l'expresssion de l'échelle : cette
relation fait connaître l'une des trois quantités, quand on connaît
les deux autres. Il est évident que les surfaces seront dans le
rapport des carrés. Supposons que un dix-millimètre soit l'erreur
graphique tolérée, et soit ε la plus grande erreur qu'on pourra
faire sur le terrain en mesurant une longueur : la relation donne
$\varepsilon = \frac{M^m}{10\,000}$. Remarquons que ce qui précède trouve son application pour une épure quelconque, par exemple celle d'une ma-
chine : la limite de l'erreur tolérée sur le papier étant connue,
ainsi que le rapport des dimensions réduites aux dimensions
réelles, il sera toujours facile de savoir avec quelle précision on
devra mesurer ces dernières, au point de vue où nous nous
plaçons.

Les quatre échelles généralement adoptées pour les plans, au moins les plans forestiers, sont : $\frac{1}{1\,250}$, $\frac{1}{2\,500}$, $\frac{1}{5\,000}$, $\frac{1}{10\,000}$, et les multiples. Dans cette hypothèse, les erreurs maxima qu'on se permettrait dans le chaînage seraient respectivement $0^m,1250$, $0^m,2500$, $0^m,5000$, $1^m,0000$; à l'échelle $\frac{1}{100\,000}$ on pourrait faire une erreur relative de 10^m. On voit, d'après cela, qu'un plan dont les distances sont mesurées assez négligemment, peut approcher d'autant plus d'être exact sur la feuille que le dénominateur de l'échelle croît davantage. C'est ce qui a lieu pour les levés irréguliers où l'on mesure les distances au pas ou à vue, et dont le but est de relever les derniers détails d'un plan ou de faire de simples reconnaissances. On déduit aussi de là s'il y a lieu, dans le chaînage et pour les cas ordinaires, de tenir compte des centimètres.

Il serait trop long de passer par le calcul de toutes les dimensions réelles à leurs homologues : on évite cet inconvénient par la construction d'une échelle. Proposons-nous, comme exemple, de construire l'échelle $\frac{1}{10\,000}$. Prenons (Fig. 2), $a\,b = 0^m,01$, élevons la perpendiculaire $a\,c$, portons sur elle 10 parties égales et arbitraires $a\,k$, menons $c\,d$ parallèle à $a\,b'$ divisons $a\,b$ en dix parties égales $p\,a$, menons la transversale $p\,c$ et ses parallèles, puis des perpendiculaires en m, n, o, q' à des distances égales à $a\,b$, et enfin des parallèles intermédiaires à $b\,q$. Par cette construction, les divisions de $d\,c$ sont des dizaines, les parties interceptées dans le triangle $p\,a\,c$ représentent les unités, et les distances $a\,m$, $m\,n$, etc., les centaines.

Les parties $a\,k$ doivent être assez grandes pour qu'on puisse estimer à vue les fractions. A l'aide de cette échelle on résoudra les deux questions suivantes :

1re Question. Étant donnée une longueur chaînée sur le terrain, par exemple $346^m,5$, trouver son homologue graphique. On portera les pointes sèches d'un compas, l'une sur la perpendiculaire o, l'autre sur l'oblique i' les deux pointes étant à la fois sur l'horizontale qui passe par la division n° 6 de $a\,c$; et pour estimer la fraction on remontera sur la parallèle non tracée qui passerait à égale distance du n° 6 et du n° 7.

2° Question. Réciproquement, étant prise au compas une distance sur le plan, trouver le nombre de mètres qui lui correspond sur le terrain : on portera les pointes du compas sur l'échelle, et la coïncidence des traits indiquera le nombre cherché. On acquiert rapidement l'habitude de ces tâtonnements.

On construirait d'une manière analogue toute autre échelle. On remarquera que j'ai divisé $ab = 0^m,01$ en dix parties égales, au lieu de porter dix fois un millimètre ap : cette construction est plus juste qu'en portant dix petites longueurs ap à la suite les unes des autres. Quand on aura à construire des échelles particulières, il faudra le faire sur une bande de papier collée sur la planche même du dessin ou mieux sur l'une des faces d'une règle mobile. On évitera de salir l'épure en laissant frotter sur elle les échelles en cuivre, qui sont celles dont on se sert habituellement et qu'il faut vérifier avec soin. On se servira quelquefois avantageusement d'échelles à biseau : ce sont des règles en bois, en ivoire, dont l'arête porte les divisions décimales du mètre. Il sera facile, à l'aide de ces échelles, dispensant du compas, de rapporter des détails levés le long d'une même direction.

Réduction des Plans. Un plan est construit à l'échelle $\frac{1}{M}$; on veut le transformer en un autre à l'échelle $\frac{1}{M'}$; Nommons d, d' deux dimensions graphiques représentant une même longueur D sur le terrain : on aura $D = Md$, $D = M'd'$ et par suite $d' = d \times \frac{M}{M'}$, relation par laquelle on effectuera le passage d'une échelle à une autre. Selon que M' est plus grand, moindre que M, ou égal à M, le plan est réduit, amplifié ou simplement copié.

On facilitera l'opération en construisant un angle réducteur (Fig. 3). Soit ab une des plus grandes lignes du plan à copier : on mènera bc sous un angle quelconque, peu différent de 1 droit, en satisfaisant à la relation $\frac{bc}{ab} = \frac{M}{M'}$. Puis on mènera des parallèles équidistantes assez rapprochées : si on veut réduire une longueur telle que $a k$, on la portera sur $a b$, la ligne $k z$ qu'on conduira, en se guidant par les parallèles, sera l'homologue cherchée ; ou bien on se servira d'arc de cercle comme l'indique la Figure 4. On pourra employer le compas de proportion ou enfin le compas de réduction (Fig. 5).

Pour amplifier, réduire, copier un plan, il est très-commode de le décomposer en polygones, de le couvrir d'un réseau de triangles ou mieux de rectangles (Fig. 6). On construit un réseau semblable, dans le rapport voulu, puis on dessine dans chaque compartiment ce qui se trouve dans son correspondant. S'il y a beaucoup de détails dans un de ces carreaux, on le décompose par une ou deux diagonales. Les erreurs ne s'accumulent pas, puisqu'elles ne passent pas d'un carreau à l'autre. On peut aussi copier et réduire les plans à l'aide d'un système de coordonnées ; c'est un moyen commode et précis.

Il faut avoir soin d'indiquer si un plan provient d'une réduction ou d'une amplification : dans le premier cas, le plan est plus exact que celui dont il est la réduction ; dans le second cas, l'erreur de chaînage, tolérée pour l'échelle $\frac{1}{M}$, peut ne plus convenir à l'échelle plus grande $\frac{1}{M'}$. Cette influence du passage d'une échelle à une autre, ou de l'erreur graphique, est importante et il faut se prémunir contre elle dans certaines opérations.

Quand il s'agit de copier les données d'une minute, souvent on se borne à la piquer. On emploie aussi, pour copier ou réduire les plans, d'autres instruments, tels que le pantographe, auxquels il serait superflu de nous arrêter, et dont on trouvera la description dans les traités de dessin.

Art. 3. — Retrouver des échelles perdues ; échelles substituées ; chaîne fausse.

Souvent d'anciens plans, provenant de monastères ou de vieux titres, portent des indications qui exigent de reconstruire l'échelle et de chercher une échelle métrique qui permette d'opérer immédiatement sur ces plans. Voici quelques exemples qui mettront à même de résoudre les questions de ce genre.

1° Un plan ancien ne porte pas d'indication de contenance, mais son échelle est de 6 lignes pour 1 toise, trouver l'échelle métrique pour évaluer la surface ? Le rapport entre les lignes du plan et leurs homologues du terrain est évidemment $\frac{1}{144}$. Donc la longueur graphique de 100 mètres sera $\frac{100^m}{144} = 0,69444$. Avec cette longueur on construira, comme nous l'avons fait pour l'échelle $\frac{1}{10\,000}$, une échelle qui donnera les centièmes, les dixièmes et les unités du mètre.

2° Un plan porte cette simple indication : échelle de 6 perches. Je suppose que la perche appartienne à l'ancien arpent des eaux et forêts. L'arpent vaut ici 100 perches carrées ; la perche 22 pieds linéaires : 1 arp. = 0 hect., 5107, rapport facile à retenir, puisqu'il est à peu près la moitié.

On réduira en mètres les 6 perches ; 1 pied = 0^m,32484. On mesurera graphiquement, avec une règle bien divisée en parties du mètre, la longueur qui, sur le plan, porte 6 perches : on aura ainsi le rapport $\frac{d}{D} = \frac{1}{M}$; il sera alors facile de trouver l'homologue de 100^m et, en partant de là, de construire la nouvelle échelle, ou échelle métrique.

3° Une portion de surface, un champ, par exemple, ayant la forme d'un quadrilatère, est marquée valoir A arpent, donc S hectares. On extraira la racine carrée du nombre équivalent de mètres carrés et on aura une longueur D ; puis on cherchera son homologue graphique en transformant le quadrilatère, la parcelle, en carré équivalent, par le procédé connu de la géométrie élémentaire, on aura ainsi le rapport $\frac{d}{D} = \frac{1}{M}$ et on construira, après avoir trouvé la longueur graphique de 100 mètres, l'échelle ou tableau graphique des centaines, dixaines et unités.

Ce petit nombre de cas suffit pour faire comprendre comment on retrouve une échelle au cabinet, sans aller sur le terrain pour comparer une longueur graphique avec son homologue réelle. Nous savons donc rétablir l'échelle métrique d'un plan lorsqu'elle a été omise, effacée ou qu'elle est donnée en mesures anciennes inusitées.

Enfin, si on s'était trompé d'échelle en calculant une surface, ou si on reconnaît qu'on a chaîné avec une chaîne fausse, il faut trouver par quels coefficients il convient de multiplier les résultats obtenus pour avoir les résultats corrigés. Il nous suffit d'indiquer ces cas de rectification qui n'offrent pas de difficultés.

CHAPITRE II.

DESCRIPTION GRAPHIQUE DES MOUVEMENTS VERTICAUX DU TERRAIN
AU MOYEN D'UN SEUL PLAN DE PROJECTION.

Nécessité de modifier la méthode ordinaire des projections de la géométrie
descriptive.

Lorsqu'on veut représenter exactement un corps d'une manière propre à pouvoir raisonner sur cette représentation et à en déduire la solution de problèmes, les méthodes à employer sont celles de la géométrie descriptive, c'est-à-dire, deux plans de projection et des rabattements. Or, dans le cas où nous nous trouvons, une projection sur un plan vertical ne peut utilement servir. Que l'on conçoive en effet un terrain fortement accidenté, renfermant des montagnes, des vallées, des ravins, les uns devant les autres, si l'on abaisse des différents points de la surface des verticales sur un plan de repère, tel que le niveau d'un lac, d'une rivière en un point donné, on aura bien la représentation des sinuosités horizontales, et cette représentation constituera le plan proprement dit du terrain ; mais si l'on projette ces mêmes points sur un plan vertical, par exemple sur celui d'un méridien terrestre, les projections des sinuosités verticales se couvriront de façon qu'il y aura confusion. Cet effet se fait surtout sentir à l'entrée d'une vallée étroite, telle que certaines vallées des Vosges, bordées de montagnes en forme de cônes et alternant entre elles. Pour peu que la vallée tourne, les montagnes se masquent les unes les autres ; il semble qu'il ne peut exister de route frayée dans ces gorges sinueuses. Mais, en s'avançant, on voit les intervalles des montagnes s'élargir horizontalement et à des niveaux différents, s'étendre et se resserrer tour à tour, s'ouvrir en bassins où se montrent des villages et des champs cultivés. Or, si l'on projetait ces montagnes inégales et supposées transparentes sur un plan vertical éloigné, tout ce qui se trouve sur leurs doubles versants, limites et genres de culture, habitations, se mêlerait sur un tableau surchargé. Il n'y aura pas confusion dans la projection horizontale, mais les objets des doubles versants, deux villages, par exemple, se superposeraient et se mêleraient en projection verticale. Nous sommes donc conduits à modifier la méthode ordinaire, et cela en n'employant que des profils horizontaux, et des profils verticaux, selon les conventions suivantes. Le moyen ingénieux que nous allons exposer donne lieu à deux modes de représentation, celui des courbes pleines et celui des hachures, ou projections des lignes de la plus grande pente; ce second mode renferme implicitement le premier et en est le complément.

Art. Ier. — Méthode des sections équidistantes ou des courbes de niveau.

Imaginons une montagne ou un mamelon que l'on veuille représenter sur le papier; concevons qu'on ait fait un nivellement dans le sens, par exemple, de l'ouest à l'est; ce nivellement étant dirigé dans un plan vertical, il en résultera une section de la montagne par ce plan, ou un profil, une coupe, tel que A B C... F G H (Fig. 7). Nous verrons plus loin comment on effectue ce nivellement, notre but ici étant uniquement d'exposer la convention graphique propre à représenter les accidents du terrain, convention dont l'intelligence est nécessaire pour l'entente des modèles variés et choisis que les élèves devront d'abord copier avec soin, et d'après lesquels ils se familiariseront avec le langage et la pureté du dessin topographique.

Supposez qu'à partir d'un plan horizontal de repère, on ait mené des plans horizontaux, équidistants pour plus de simplicité, et que les traces verticales de ces plans sur celui du nivellement, soient B G, C F, D E, il est évident que ces plans horizontaux détermineront sur la montagne des sections, des lignes courbes qui décomposeront sa surface en zones. Or toutes ces courbes se projetteront en vraie grandeur sur le plan de repère; et pour avoir l'idée du terrain d'après cet ensemble de projections sur un

même plan, il suffira de concevoir ces courbes relevées à leurs
hauteurs respectives : on aura ainsi la charpente, le squelette du
terrain, que recouvriront les détails qui animent le plan ; ces
courbes exprimeront d'autant mieux les accidents du sol, qu'elles
seront plus rapprochées. Les projections des sections équidistantes, qu'on imagine ainsi relevées par la pensée, se rapprocheront d'autant plus sur le plan de projection que les pentes seront
plus roides ; elles s'éloigneront quand les pentes s'adouciront.

Il est facile de comprendre comment on construira sur le plan
les projections des sections équidistantes, au moyen de nivellements ou profils verticaux. Soit A' H' la projection horizontale du
cheminement A B C D... G H. Le profil étant construit, les points
A, B, C, D, E, F, G, H seront déterminés : on projettera par
des perpendiculaires ces points sur A' H' en A', B', C', D',
E', F', G', H'. On aura ainsi sur A' H' deux points de chacune
des projections cherchées. Or, si l'on fait d'autres nivellements
sur la montagne, suivant des directions droites ou brisées, nivellements dont les projections horizontales seront rapportées sur le
plan par des lignes droites ou sinueuses, si, par exemple, on fait
tourner un plan vertical sécant autour d'un même point culminant,
si, en un mot, on couvre la montagne d'un réseau de nivellements
parallèles ou croisés, on pourra dire pour chacun des profils ré-
sultants, développés et construits à part, ce que nous avons dit
du premier : chaque profil donnera de nouveaux points des projections cherchées sur les cheminements horizontaux, ramenés
dans leurs vraies positions. On joindra par une courbe continue
les points qui appartiennent à une même section, en ayant soin,
pour les portions intermédiaires, de se rappeler la forme du terrain, en s'aidant de croquis faits sur les lieux. Les projections des
courbes de sections équidistantes seront tracées avec d'autant
plus de rigueur qu'on aura fait plus de nivellements ou qu'on les
aura mieux combinés.

En concevant les massifs à représenter coupés par des plans
parallèles équidistants, il est inutile de coter la distance de chaque
niveau au plan d'origine sur lequel toutes les courbes des sections viennent se projeter en vraie grandeur. La description de
la surface ondulée ne laisse rien à désirer quand les plans hori-

zontaux sécants sont assez rapprochés pour que, d'une section
à l'autre, la ligne droite la plus courte coïncide sensiblement avec
la zone ou portion de la surface interceptée. Il suffit, en effet, de
connaître la projection horizontale d'un point quelconque du terrain, ainsi défini, pour trouver son ordonnée verticale. Soit O
(Fig. 8) la projection horizontale d'un point ; K T, K' T', K" T"...
sont les projections horizontales des sections sur le plan. On sait,
d'après l'équidistance et le nombre des tranches, quelle est la
distance verticale du point N au plan de départ. Traçons par le
point O la plus courte distance M N des projections K" T"',
K''' T''' : c'est la projection de la plus courte distance des plans
sécants qui passerait par le point de la surface correspondant à O,
Menons M m perpendiculaire à M N et égale à l'équidistance réduite. On aura ainsi le rabattement du triangle rectangle qu'on a
dû se figurer : la perpendiculaire O O' sera le complément de
l'ordonnée cherchée.

Mais la ligne minima D C (Fig. 9), entre les sections A D, C B,
menées par un point M de la zone, reste-t-elle en projection la
ligne minima conduite de m entre a d, c b ? Supposons une ligne
A B plus grande que C D projetée en a m b. On a D $c' = c$ d,
A $b' = a$ b, C $c' = $ B b' Les deux triangles rectangles D C c', A B b'
ont un côté égal et l'une des deux hypothénuses est plus grande
que l'autre : d'où l'on voit que c d est moindre que a b.

Un système de sections équidistantes et rapprochées définit
donc complétement un terrain. On peut aisément construire ou
calculer l'ordonnée verticale d'un point quelconque, en déduire
des profils ou coupes suivant des surfaces cylindriques perpendiculaires au plan de projection et dont les traces peuvent être des
courbes quelconques, telles que K K' K" K'''....; tracer des chemins et des rigoles, de pentes données ; trouver les cotes de niveau
du col ou passage entre deux montagnes d'une vallée à une autre,
etc. Remarquons d'abord qu'en faisant tourner, autour de leurs
intersections verticales, les plans de nivellement, soit pour les
développer sur un seul plan, soit pour les ramener dans leur vraie
position, qu'indique la projection horizontale du cheminement, on
n'altère pas les cotes de niveau et que les points des courbes horizontales cherchées tournent seulement avec les lignes de la pro-

jection du chemin. Ensuite on observera que les sections horizontales se déduisent de profils verticaux, de sorte qu'on n'aura à
mesurer que des angles horizontaux et des angles verticaux, au
moyen d'un limbe horizontal d'une part, et de l'éclimètre de
l'autre, et qu'on ne sera pas conduit à mesurer d'angles dans
des plans inclinés.

*Procédé graphique expéditif pour construire les points de passage des
courbes horizontales.* Au lieu de construire de longs profils verticaux, liés entre eux, développement sur un même plan des nivellements successifs, on pourra employer le procédé suivant qui
présente de grands avantages. Imaginez que sur la minute ou première feuille, non au net, du plan à construire, on ait rapporté
en projection horizontale le cheminement suivi, et qu'aux différents sommets ou au différents points, le plus généralement aux
stations du nivellement ou changements de pente, on ait inscrit
à côté d'une petite flèche, partant du point, la cote de niveau de
ce point, ou sa distance verticale au plan d'origine, il sera facile
de trouver les points de passage des courbes horizontales sur
chaque portion de la projection du cheminement. Supposons, par
exemple, que les cotes des deux extrémités d'une pente quelconque, prise au hasard, soit respectivement 13 en A, 27 en B, et que
l'équidistance soit de 2 mètres : il est facile de voir que la différence de niveau entre A et B renfermera 7 plans sécants, que la
portion de verticale sera partagée en 8 parties dont les deux extrêmes seront la moitié des intermédiaires, que les nᵒˢ des courbes
extrêmes comprises sont ceux de la 7ᵉ et de la 13ᵉ courbe. Or, si
on mène les lignes projetantes, l'hypothénuse et la projection
sont divisées précisément dans le même rapport, en sorte qu'il
suffit de partager la projection en 8 parties dont les 6 intermédiaires sont égales entre elles et les deux extrêmes la moitié des
intermédiaires, au cas particulier numérique qui nous sert
d'exemple. Il suffira, soit à vue, soit par une des extrémités, en
traçant au crayon une ligne, y portant des parties arbitraires dans
le même rapport et menant des parallèles, de diviser la projection
dans le rapport voulu. On pourrait procéder par le calcul, ce qui
serait plus long. Or, les principaux avantages de ce moyen sont :

qu'on peut opérer çà et là sur les pentes indépendamment les
unes des autres ; que les cotes multiples de l'équidistance donnent
de fréquentes vérifications ; que les erreurs graphiques restent
renfermées dans chaque pente ; et comme dans la topographie,
on n'a souvent en vue que l'expression des grands mouvements de
terrain, qu'on dérange même un peu les courbes quand on doit
interposer des hachures, on conçoit que la division à vue est
souvent suffisante, et que plus de précision deviendrait superflue.
On peut varier les manières d'opérer, mais elles rentrent toutes,
plus ou moins, dans les procédés précédents.

Lorsqu'il s'agit d'une grande étendue de terrain pour laquelle
la sphéricité du globe est sensible, les sections ne résultent plus
de nappes planes, mais de surface courbes concentriques, parallèles à la surface des mers.

Liaison de l'équidistance avec l'échelle. Quand on définit la surface courbe du terrain par un système de sections équidistantes,
il faut que l'équidistance soit telle que les éléments des plans tangents à la zone comprise entre deux sections se confondent sensiblement avec cette zone dans le sens de la plus grande pente :
l'équidistance devra être d'autant moindre que l'échelle sera plus
grande. En appelant E l'équidistance, $\frac{1}{M}$ l'échelle, A une constante, t un exposant entier et positif, on sera conduit à poser
$\frac{E}{M^t} = A$. L'hypothèse la plus simple est de faire $t = 1$. Cette
valeur de t sera d'ailleurs motivée par une autre considération
que nous exposerons un peu plus loin. On se rend aisément
compte de la nécessité de lier l'équidistance à l'échelle :
si $\frac{1}{M}$ est très-petit, le plan représente seulement les grands
mouvements du terrain, l'équidistance E peut être grande : d'ailleurs si E était petit, le plan serait noir de courbes et il ne reste-
rait plus de place pour les détails du levé. Si, au contraire, $\frac{1}{M}$ est
grand, E doit être petit pour représenter à une grande échelle les
mouvements du terrain : E étant considérable, les courbes se-

raient trop espacées. La constante A se détermine d'après de bonnes cartes topographiques : si la généralité des cartes fait adopter $\frac{1^m}{2000}$ pour équidistance graphique commune, la relation deviendra $\frac{E}{M} = \frac{1^m}{2000}$; et cette relation déterminera une des deux quantités E ou M, quand on connaîtra l'autre. On prendra l'équidistance en nombre rond. Pour nos plans et pour les échelles $\frac{1}{2500}$, $\frac{1}{5000}$, nous adoptons ordinairement une équidistance égale à deux ou trois mètres. Cette détermination de la constante n'a rien de rigoureusement absolu ; ce qui précède indique entre quelles limites il convient de la comprendre.

Il est à remarquer que, dans le cas des pentes de 45°, la projection de la ligne de plus grande pente est égale à l'équidistance : en donnant certaine valeur numérique à E et à M, on verra que dans un sens, les courbes se confondraient, formeraient une tache noire, sans permettre aux objets de se détacher ; que, vers l'autre limite, la représentation serait illusoire, que le dessin ne renfermerait que deux, une, et même pas de courbes, qui seraient situées au-delà de la feuille. On concluera des pentes de 45° ce qui se passerait pour les autres. Pour les plans aux échelles $\frac{1}{5000}$, $\frac{1}{10000}$, l'équidistance de 10 mètres rendrait commode et rapide la représentation par courbes, sauf à interpoler graphiquement, ou à supprimer des courbes intermédiaires.

Du dessin des courbes. Lorsqu'on aura à figurer les mouvements du terrain, si on se sert des sections seulement, on les dessinera d'abord nettement au crayon et on les passera ensuite à l'encre d'un trait homogène et pur. Quand les limites des cultures et des habitations indiquées au crayon sont très-multipliées, on fera bien de tracer les courbes sur un papier transparent appliqué sur la minute, pour figurer le terrain avec plus de netteté; on reportera ensuite ces courbes horizontales sur le papier où le trait aura été arrêté à la plume.

2

Art. 2. — Méthode des normales ou hachures topographiques.

Il ne faut pas confondre les hachures topographiques que l'on emploie maintenant, avec celles que l'on jette arbitrairement sur les dessins ordinaires ou sur les croquis à vue : les premières sont tracées d'après certaines règles géométriques et peuvent, par leur exactitude, définir les accidents du sol. L'expression du relief du terrain au moyen de hachures consiste à disposer, entre les projections des courbes de section dessinées au crayon, des hachures perpendiculaires à la fois aux deux courbes qui les comprennent. Ces hachures, que l'on passe à l'encre, ne doivent pas être mises les unes au bout des autres : elles doivent s'engrener sur les lignes courbes, où elles s'arrêtent et qui disparaissent. Les hachures sont d'autant plus rapprochées entre elles qu'elles sont plus courtes. Il résulte de là un système de teintes qui indique de suite, à l'inspection du plan topographique, les ondulations du terrain : là où il est plus roide, les hachures offrent une nuance plus sombre ; là où les pentes sont douces, la teinte des hachures normales est claire. Les principes suivants feront comprendre les règles auxquelles est assujetti le dessin de ce genre de teintes, qu'il ne faut pas prendre d'ailleurs pour les teintes qui exprimeraient les effets de lumière, effets d'ombre qui se trouvent rendus sur certains plans par des teintes graduées à l'encre de Chine, la lumière étant supposée venir de l'angle supérieur à gauche du cadre et sous une inclinaison de 45°, ou tomber verticalement sur le plan, ou suivant d'autres directions convenues.

Ligne de plus grande pente. Soit (Fig. 10) un couple de sections B C, A H équidistantes, parallèles et très-rapprochées ; K M S le plan tangent à la zone B C A H ; K O l'équidistance, b' g' la projection de B C sur le plan de A H ; K M O $= \alpha$, l'angle d'inclinaison. K M perpendiculaire à la fois à B C et à A H, c'est-à-dire, à leurs tangentes en K et M, est la ligne de plus grande pente : sa projection M O, à la fois normale à A H et à b' g', est l'homologue sur le terrain de la hachure sur le papier. Le triangle rectangle

K M O donne $h = $ E cot. α. En divisant par le dénominateur de l'échelle, on aura $\frac{h}{M}$, ou la hachure, égale $\frac{E}{M}$, équidistance réduite multipliée par la cotangente de l'inclinaison α. En sorte que sur un même plan, où l'équidistance est la même partout, les hachures sont proportionnelles aux cotangentes des inclinaisons, et peuvent servir à comparer les pentes. Pour que cette comparaison puisse encore se faire d'un plan topographique à un autre quelconque, il suffit que l'équidistance réduite $\frac{E}{M}$ soit la même pour tous les plans. C'est la seconde raison qui nous conduit à faire l'exposant $t = 1$ dans la relation qui lie l'équidistance à l'échelle.

Considérons un point M (Fig. 11), pris à volonté sur une surface courbe. Par ce point, il passe une infinité de lignes dont les éléments sensiblement droits rayonnent autour du point M, et peuvent être regardés comme les intersections du plan M T T', tangent en M, avec des plans verticaux menés par les tangentes aux courbes qui se croisent en M. T T' est l'intersection du plan tangent avec le plan de projection ; un des plans rayonnants a sa trace $m\, n$ parallèle à T T', un autre a sa trace perpendiculaire à T T'. Les éléments M S, M M' contenus dans ces plans, sont : l'un de niveau, compris dans la section horizontale S M S ; l'autre coupe le premier rectangulairement et forme, avec le plan de projection, un angle égal à l'angle dièdre de ce plan avec le plan tangent. Cet élément M M' fait partie de la ligne M M' M''..., *de plus grande inclinaison*, passant par le point M. En se transportant d'une section horizontale à sa conséculive, on concevra sur la surface une courbe à double courbure perpendiculaire à chaque section, et s'approchant d'autant plus de la véritable ligne de plus grande pente qu'elle sera composée d'éléments moindres. La projection $m\, m'$ de MM traverse à angles droits la projection sur $m\, n$ de l'élément M S. L'angle M T m étant l'angle dièdre du plan tangent avec l'horizon, les obliques M T', m T' sont plus grandes que les perpendiculaires M T, m T, et l'angle M T' m est moindre que M T m. En résumé : par un point d'une surface il y aura autant de lignes de plus grande pente qu'on concevra de plans

tangents ; quand la surface est continue, il n'y a qu'un seul plan
tangent ; quand le plan tangent est parallèle au plan de repère,
chaque plan normal donne un élément de plus grande pente ;
2° chaque ligne d'inclinaison maxima coupe à angles droits les
sections qu'elle traverse ; 3° les projections de ces lignes à double
courbure sont aussi perpendiculaires aux projections planes des
sections parallèles. Il existe donc deux trajections orthogonales,
dont l'une est une courbe plane.

Dans l'expression topographique du relief, on opère sur les
projections mêmes des courbes de sections qui apparaissent
seules sur le papier.

Lorsque les projections de deux sections principales consécu-
tives B' C', A' H' (Fig. 12) convergent vers un même point ou
s'écartent : en d'autres termes, lorsque les courbes tracées sur le
plan de projection s'éloignent du parallélisme et appartiennent à
des sections assez éloignées, la hachure n'est plus une droite,
mais une courbe : cela résulte de ce qui précède. Pour tracer
cette courbe on s'aidera de projections de sections intermédiaires
i i, p p, q q, assez rapprochées pour que les hachures d'une section à l'autre soient droites. L'ensemble de ces éléments droits
de la projection de la ligne de plus grande pente formera la
hachure courbe. Cette courbe n'est pas la projection de la trajec-
toire que suivrait un corps grave en roulant sur la pente, à cause
de la vitesse acquise en chaque point de la course du mobile : les
deux courbes ne coïncident que vers le point de départ, ou bien
si l'on supposait le mobile tombant successivement d'une section
à l'autre, en partant chaque fois du repos. Ainsi ces courbes de
plus grande pente sont distinctes de celles que suivraient les eaux,
en admettant qu'elles descendissent comme un mobile qui roule-
rait sans obstacles.

La Figure 15, où l'on a représenté un cône oblique coupé par
quatre sections rapportées sur un plan de projection, ainsi qu'un
système de projections de lignes de plus grande pente, suffit pour
faire comprendre comment ces courbes se dirigent. On voit que
les courbes projections des lignes de plus grande pente tournent
leur concavité du côté où les projections des sections équidi-

stantes se rapprochent, et qu'elles tournent leur convexité du côté
où les projections des sections s'éloignent. En généralisant, on
établira les régles suivantes, qu'il importe de bien se rappeler :
1° Lorsque deux courbes, projections de sections, se rapprochent
pour s'écarter ensuite (Fig. 14 et Fig. 15), les hachures tournent
leur concavité vers la hachure droite des points les plus voisins
et la courbure diminue en se rapprochant de cette normale;
2° quand les deux courbes projections de sections équidistantes
s'éloignent pour se rapprocher ensuite (Fig. 16), la hachure tourne sa convexité à la hachure droite du milieu.

La Figure 17 montre comment ces deux régles s'accordent,
comment l'on passe de la concavité à la convexité et réciproquement, par une hachure droite.

Ecartement des hachures. Nous avons dit que pour obtenir des
teintes propres à exprimer les pentes ou le relief du terrain, il
fallait que les hachures ou normales fussent convenablement
espacées. Pour atteindre ce but, distinguons les pentes en douces,
moyennes, roides, et posons les régles suivantes : 1° lorsque la
zone plane déterminée par les projections des sections équidistantes ne sera pas moindre que deux millimètres, les hachures
seront formées de traits fins écartés du $\frac{1}{4}$ ou du $\frac{1}{3}$ de leur longueur; on adoptera l'une de ces deux équidistances ; 2° Quand
la zone projetée sera moindre, la règle du $\frac{1}{4}$ ou du $\frac{1}{3}$ n'aura
plus lieu; les pentes roides seront alors exprimées par des traits
gros, formant par leur grosseur et leur rapprochement des teintes
d'autant plus foncées que les traits seront plus forts, plus courts ;
3° Quand l'intervalle des courbes projetées sera plus grand que
trente millimètres, on décomposera la pente correspondante en
deux parties, une pente un peu plus inclinée et une partie horizontale; et comme l'origine de la hachure est généralement plus
prononcée que son extrémité, le sens de la pente se trouve désigné. L'écartement indiqué au point de départ ne peut pas se
conserver dans toute la longueur des hachures courbes : on soutient la teinte en dessinant de petites hachures dans des tranches
auxiliaires.

Il résulte des conventions précédentes que dans les escarpements, les courbes projections des sections se rapprocheront, se
toucheront, qu'elles se confondront quand le terrain sera à pic.
Lorsqu'on se servira de hachures, elles seront minces, égales,
dans les pentes douces ; on s'aidera au besoin de directrices intermédiaires. Pour remplir méthodiquement les pentes roides,
on grossira les hachures de façon que l'espace vide entre deux
hachures approche du $\frac{1}{4}$ de leur longueur. Telle est la théorie
simplifiée des hachures régulières ou normales topographiques.

Les hachures en général sont ou régulières ou légèrement
tremblées. La Fig. 18 renferme quelques indications : c'est un
groupe de terrains en montagnes, nus ou boisés, dessinés selon
divers genres de hachures, finis à la plume, ou ébauchés comme
simples croquis.

Les courbes ou les hachures s'arrêtent aux rochers que l'on
dessine en projection horizontale. Sur les lignes de fond des ravins, les courbes se rencontrent sous un angle d'autant plus aigu
que le ravin est plus resserré : cet angle s'ouvre avec lui, le
sommet s'arrondit et les courbes s'unissent ensuite deux à deux
en une seule courbe continue, descendant vers la plaine ; les
plateaux restent en blanc. Les élèves se familiariseront avec la
méthode précédemment exposée en copiant successivement des
modèles gravés, puis des plâtres, et enfin d'après le terrain
même, lorsque plus loin nous aurons expliqué la théorie des nivellements topographiques et que nous en ferons l'application.

Nous terminerons cet article par quelques définitions qui doivent trouver place ici. Tous les genres de mouvements de terrain peuvent se déduire de la rencontre de deux mamelons. Le
col est le point culminant de leur intersection. Cette intersection
est facile à déterminer quand les deux mamelons sont définis par
un système de sections équidistantes. Le col prend le nom de
défilé quand les pentes avoisinantes sont très-fortes. Le ravin est
formé par l'intersection des flancs de deux mamelons ; il devient
vallon quand les flancs se raccordent tangentiellement ; c'est une
vallée quand la surface de raccord ne présente qu'une légère
courbure. La ligne séparative s'appelle fil d'eau ou *Thalweg*, qui
en Allemand signifie chemin de la vallée.

Ce qui précède suffit pour faire comprendre la méthode au moyen de laquelle on parvient à représenter les accidents ou le relief du terrain. Autrefois les hachures étaient faites à volonté, sans s'assujettir aux règles précises que nous venons d'exposer. Mais nous n'emploierons cette méthode que pour les croquis à vue; les pentes douces ou roides y seront exprimées par des hachures plus ou moins longues, dont le grossissement et le rapprochement donneront une indication approximative des mouvements du terrain.

Choix du mode descriptif à employer. La méthode des normales ou hachures régulières est un complément de la méthode des courbes de niveau : quel est le mode qu'il convient d'adopter? Quand il s'agit d'une représentation pittoresque, il faut adopter les hachures ; si au contraire, on a à fournir des plans administratifs, il convient de se borner aux simples courbes, qui suffisent pour retrouver les pentes et, ne chargeant pas le dessin, laissent se placer et se lire sans confusion tous les détails des limites de propriétés. On évite d'ailleurs un long travail : le dessin des hachures exige de l'habitude. L'emploi des courbes de niveau sera donc à la fois suffisant et expéditif.

Dans certains cas, où l'on ne veut qu'indiquer approximativement les mouvements principaux du terrain, on emploie des teintes dégradées à l'encre de chine, procédé très-rapide.

CAHPITRE III.

PRÉCEPTES GÉNÉRAUX POUR LE DESSIN DU PLAN, TEINTES CONVENTIONNELLES, ÉCRITURES.

Un exposé complet de l'art du dessin topographique exigerait une notice à part qui sortirait des limites que nous nous sommes posées. D'ailleurs de bons modèles mis sous des yeux intelligents instruisent mieux que tout ce qu'on pourrait dire sans eux. A chaque modèle, les élèves recevront pratiquement les documents dont ils auront besoin. Nous nous bornerons donc à résumer ici sommairement les préceptes généraux du dessin des plans, le complément de cette partie de l'instruction devant avoir lieu devant des modèles gradués.

On peut distinguer trois genres de dessin topographique : 1° *le dessin à la plume* ; on y représente les divers objets suivant le genre convenu et on complète les indications par des écritures ; 2° *le dessin des plans-minutes* où les différentes natures de culture sont indiquées par des teintes plates conventionnelles ; 5° *le dessin terminé*, qui ne diffère des précédents qu'en ce qu'on ajoute au pinceau sur les détails des effets de couleur qui se rapprochent des nuances naturelles ; on y dessine, on y peint en quelque sorte les objets en *projection horizontale*. Anciennement, on figurait les arbres en perspective, avec leur tige ; on ne dessine plus que la projection et l'ombre portée, la lumière venant de gauche à droite, sous un angle de 45° ; la longueur de l'ombre indique la hauteur des objets.

Je crois superflu de donner des règles relatives au dessin des divers feuillages projetés horizontalement. J'ai disséminé dans les planches les indications suffisantes et les modèles achèveront l'instruction sous ce rapport.

Objets indispensables, leur choix. Les instruments, les divers matériaux propres au dessin doivent être choisis et entretenus avec soin : voici leur nomenclature.

Les détails dans lesquels je descends ne paraîtront pas minutieux à ceux qui savent qu'on travaille généralement mieux avec de bons outils qu'avec de mauvais, et qu'il ne faut pas être trop sobre de conseils pratiques, donnés d'ailleurs ici succinctement.

Equerres et règles. Sèches et bien vérifiées.

Tire-ligne. Eviter qu'il ne se crasse, en essuyer les lames après s'en être servi. On ne peut mettre trop de soin dans l'essai de cet instrument.

Un Rapporteur en corne, de 16 centimètres au moins de diamètre, et gradué comme nous l'indiquerons au chapitre des levés à la boussole.

Papier, Planche, Colle à bouche. Le papier doit avoir un grain fin et uni, sans défauts ni parties faibles ; il doit bien supporter le lavis. La planche doit être grande, assez épaisse pour ne pas se gauchir. On mouille la feuille, on en colle les bords en commençant par le milieu, puis les angles et les parties intermédiaires; il est convenable d'abriter toujours la feuille sous une autre pour conserver au dessin sa fraicheur.

Crayons. Ils ne doivent être ni trop durs, ni trop tendres. On taillera la pointe en cône pour dessiner, et on lui donnera une forme plutôt aplatie qu'effilée quand on voudra tracer des lignes le long d'une règle.

Plumes. Les meilleures sont celles de corbeau, celles d'oie dites bouts d'ailes. On peut se servir aussi utilement de plumes métalliques pour les petits détails.

Gomme élastique. Épaisse ; frotter sur l'épaisseur sans fatiguer le papier.

Pinceaux. Une paire suffit, les choisir gros et faisant bien la pointe ; pour qu'ils soient bons il faut que, remplis d'eau, ils fassent ressort sur les bords du vase.

Godets. Un peu lourds et à fond uni.

Couleurs. Dans la nouvelle topographie, on est convenu de rejeter l'emploi des couleurs dures, telles que le vert d'eau ou vert-de-gris, le vert de vessie, le bistre, etc. Les couleurs qu'on peut se borner à employer se réduisent à quatre, savoir : l'encre de Chine, le carmin, la gomme-gutte, l'indigo.

Pour les dessins complets, dits finis, on peut cependant employer les couleurs précédemment citées, autres que les quatre couleurs fondamentales, en les modifiant légèrement par la gomme-gutte, le carmin, etc. On obtient ainsi plus de relief. Pour les bois, on pose d'abord une teinte de fond, appelée teinte neutre, formée d'indigo et d'un peu de carmin. Puis on revient sur cette teinte en disposant les touffes, en y disséminant des teintes de prés, de bruyères, avec effet d'ombre et de lumière, à l'aide de la sépia et de la gomme-gutte plus ou moins modifiées. (Voir pour de plus amples détails, l'ouvrage de M. Goulard-Henrionnet.)

Encre de Chine. Pour reconnaître sa bonne qualité, on frottera dans un godet ou sur l'ongle : le morceau et le fond du godet desséchés séparément doivent présenter une surface unie, bril-

lante, à reflets bronzés ; il ne faut pas que l'encre de Chine soit
trouble, graveleuse, terne. On tracera un trait pur et bien noir,
et quand il sera sec, il devra supporter le lavis sans aucune altération. Il ne faut jamais se servir d'encre retrempée, il faut chaque fois en faire de la nouvelle. Il existe aussi des bâtons d'encre
de Chine qui donnent une encre noire sans reflet ; on l'emploiera
pour les dernières écritures qui n'auraient pas à supporter de
lavis.

Carmin. Il doit donner des teintes pures, unies et bien transparentes.

Gomme-gutte. On peut l'acheter en morceaux bruts, qui souvent
donnent de plus belles teintes que quand la couleur a été tra-
vaillée.

Indigo. Cette couleur offre beaucoup de choix ; éviter de la
prendre tirant sur le noir.

Teintes conventionnelles. Nous avons dit que sur les plans-minutes, et sous le dessin terminé de la topographie achevée, ou
posait des teintes plates de nuances convenues. Pour éviter de
trop grands tâtonnements, on compose ces teintes en prenant
pour unité le pinceau plein alternativement de chaque couleur
fondamentale. Les élèves s'exerceront à composer ces teintes et
à arriver aux nuances de modèles non altérés.

J'annexe ici un extrait du tableau des teintes qui se trouve
dans le *Traité de topographie de M. Puissant.* On y trouvera indiquées quelques couleurs différentes des quatre couleurs élémentaires, *Carmin, Indigo, Gomme-gutte, Encre de Chine ;* mais les
proportions de ces quatre couleurs pour composer la teinte seront
aussi énoncées. L'emploi de ces quatre couleurs, principalement
pour obtenir les autres effets de teintes, est peu embarrassant
quand on sait éviter des délayements faits au hazard, et par cela
même trop copieux. Quelques godets, une hampe munie de ses
deux pinceaux forment un complément peu gênant au matériel
à emporter en campagne. On n'est pas obligé de savoir par cœur
ces proportions de la composition des teintes : l'usage, et au besoin le tableau, les rappelleront.

Tableau des Teintes conventionnelles pour les plans-minutes.

OBJETS à représenter.	COULEURS EMPLOYÉES.	COMPOSITION des COULEURS.	OBSERVATIONS.
Terres labourées.	Terre de Sienne.	Terre de Sienne calcinée, 1 partie ; 8 d'eau. On pourra aussi se servir de la composition suivante : 1 partie de carmin, 1 partie de gomme-gutte et 8 parties d'eau. *On entend par une partie de couleur, la quantité de cette couleur délayée très-foncée qui peut tenir dans un pinceau plein ; la partie d'eau se mesure de même. Ces mesures ne sont qu'approximatives et servent à aider les personnes qui n'ont pas l'usage des couleurs.*	Les plus grandes parties des plaines étant labourées, on est convenu de les laisser en blanc sur les plans-minutes, et de n'indiquer par une teinte les terres labourées que dans les pays de montagnes où elles sont rares.
Vignes.	Brun violet.	Une partie de bleu, 4 de gomme-gutte, 5 de carmin, 10 d'eau.	
Prairies.	Vert d'herbe.	Une partie de bleu d'indigo, 5 de gomme-gutte, 10 d'eau.	
Vergers.	Vert d'herbe pâle.	Une partie de bleu, 5 de gomme-gutte, 20 d'eau.	Les plates-bandes auront des teintes variées, avec des verts de différents tons, du jaune et de la terre de Sienne calcinée ; les allées auront la teinte des sables ou resteront en blanc.
Jardins.	Vert jaune.....		
Friches.	Vert pâle et aurore.	Teinte des vergers et celle des sables, mises alternativement en panachant.	
Broussailles.	Panaché jaune paille et vert léger.	Jaune paille : 1 partie de gomme-gutte, 14 à 16 d'eau. Vert léger, le même que celui des fonds de verger, en ajoutant un peu de bleu.	

OBJETS à représenter.	COULEURS EMPLOYÉES.	COMPOSITION des COULEURS.	OBSERVATIONS.
Forêts et bois.	Jaune verdâtre.	Une partie de gomme-gutte, 1/4 d'indigo. 7 à 8 d'eau; ou bien : 1 partie de bleu, 10 de gomme-gutte et 4 d'eau.	On distingue les cantons de forêts par des lisérés de différentes couleurs.
Bruyères.	Panaché vert et rose.	Teinte rose : 1 partie de carmin, 12 d'eau. Vert : le même que pour les vergers, en ajoutant un peu de bleu.	
Landes.	Vert olive et aurore pâle.	Vert olive : 1 partie de gomme-gutte, 1/2 d'indigo, 1 et 1/2 de la teinte rose, 8 d'eau. L'aurore pâle, de même que pour les friches.	La teinte aurore indique les flaques de sable.
Sables.	Aurore.	Deux parties de gomme-gutte, 3/4 de carmin, 16 d'eau; ou bien : 1 partie de carmin, 3 de gomme-gutte, 16 d'eau.	Cette teinte étant devenue sèche et dans toute sa force, on la délayera avec 4 à 5 parties d'eau et on s'en servira pour renforcer les bords des bancs de sable, en l'adoucissant vers le milieu, et pour pointiller ou piquer les sables.
Vase...	....	Une partie de gomme-gutte, un bon tiers d'encre de Chine. Un peu de carmin et de bleu à la pointe du pinceau, 20 à 24 parties d'eau.	De même que pour les sables, mais sans pointiller.
Terres humides.	Panaché horizontalem¹ vert et bleu.	Vert des prairies, et pour le bleu : 1 partie d'indigo, 8 à 10 d'eau.	
Marais.	Vert d'herbe et bleu léger.	Même vert que précédemment. Bleu : 1 partie d'indigo, 18 à 20 d'eau; ou bien : teinte des prés, en réservant des parties teintées de bleu pâle.	

OBJETS à représenter.	COULEURS EMPLOYÉES.	COMPOSITION des COULEURS.	OBSERVATIONS.
Étangs.	Bleu léger.	Comme ci-dessus, 1 partie d'indigo, 18 à 20 d'eau.	Après avoir mis la teinte plate dans les étangs, les rivières, les lacs, on renforcera les bords du côté de l'ombre avec une teinte bleue (1 p. d'indigo, 8 d'eau), qu'on appliquera le long du bord et qu'on adoucira vers le milieu. On fera de même du côté du jour avec une teinte moitié plus claire, plus étroite, et en adoucissant vers le milieu.
Rivières, Ruisseaux, Inondations, Fleuves et Lacs.	Bleu pâle.	Bleu de Prusse, ou indigo, 1 partie, et 14 d'eau.	
			Les étangs pourront être ondulés plus fort du côté de l'ombre, et les fleuves filés parallèlement aux bords.
Bois marécageux.	Jaune et bleu.	Teinte de bois, en réservant des parties de bleu pâle.	
Mer.	Vert d'eau léger.	Une partie d'indigo, 1/2 de gomme-gutte, 20 à 24 d'eau.	
Habitations.	Carmin.	Une partie de carmin, 4 parties d'eau.	Teinte plate et claire dans les grands massifs, et liséré foncé aux limites privées du jour.
Ardoises.	Bleu gris foncé.	Bleu, 1 partie ; encre de Chine, 1/10 ; eau, 5.	
Bois de charpente	Brun.	Gomme-gutte, carmin et bistre, en variant du jaune au brun rouge suivant les espèces de bois.	Ces teintes trouveront leur application dans la mécanique et dans les constructions.

OBJETS à représenter.	COULEURS EMPLOYÉES.	COMPOSITION des COULEURS.	OBSERVATIONS.
Fer fondu.	Gris bleu.	Bleu, 1 partie; encre de Chine, 1/20; eau, 10 parties. L'intensité de la teinte plus forte sur la partie ombrée.	
Fer forgé.	Bleu.	Bleu, 1 partie; eau, 10 parties.	
Acier.	Bleu.	Bleu, 1 partie; eau, 20 parties.	
Cuivre jaune	Jaune.	Gomme-gutte, 1 partie; eau, 4 parties.	
Cuivre rouge	Rouge pâle.	Carmin, 1 partie : gomme-gutte, 1 partie.	

Marche générale du dessin. Commencez par tracer le trait au crayon, le plus finement possible, légèrement. En composant l'esquisse d'un plan, disposez d'abord les masses pour intercaler les détails.

Passez ensuite à l'encre, c'est-à-dire, arrêtez le trait, en suivant une marche inverse, les petits détails étant susceptibles de s'effacer ou de s'altérer. Commencez par les constructions de maçonnerie, les cours d'eau, les chemins et jardins, les fossés et les divisions de culture, les contours des groupes, des rochers, des escarpements.

Lorsqu'on aura à indiquer les mouvements du terrain, on esquissera au crayon des directrices qui faciliteront le tracé à l'encre des hachures.

Les traits à l'encre doivent être fins, pour disparaître sous le lavis. On arrêtera à l'encre pâle les lettres initiales; on effacera soigneusement le crayon sans fatiguer la feuille; on passera une légère couche d'eau d'alun sur la feuille avant d'appliquer les teintes plates ou le lavis, si toutefois l'on pense que le papier ait besoin d'être raffermi. Les premières teintes seront posées largement, sans tâtonnements, sans repasser le pinceau, de proche en proche, en reprenant la couleur. Quand l'évaporation est prompte, jetez quelques gouttes d'eau dans les godets ; que les teintes soient homogènes, qu'elles forment un ensemble harmonieux. Les teintes adoucies se font avec un pinceau plein d'eau, en ne mordant pas trop dans la couleur, les teintes panachées, avec plusieurs pinceaux. Il est bon d'essayer ces teintes sur un papier de même nature que celui du plan. On collera la feuille ou on la fixera à l'aide de punaises.

Écritures. C'est une règle bien arrêtée en topographie, qu'un plan, quelque juste qu'il soit, est gâté quand les écritures qu'il contient sont mal faites : donc ces écritures doivent être exécutées avec promptitude et beaucoup de netteté, sous des dimensions convenables. On trouvera, dans l'ouvrage précité de M. Puissant, une table où sont indiqués le genre et la grandeur des écritures pour chaque espèce d'objet. Sans nous astreindre à cette précision, nous indiquerons le genre qui convient dans les principaux cas, en laissant au goût du dessinateur la disposition de ses écritures, tout en l'invitant à se conformer aux dimensions cotées de bons modèles. Les trois espèces de caractères dont on fera usage sont : 1° la capitale droite ou penchée ; 2° la romaine droite ou penchée ; 3° l'italique. La première espèce sera employée pour le titre général de chaque travail. Les lettres capitales droites ou penchées serviront de majuscules pour les titres écrits avec la seconde espèce de caractères, suivant qu'on aura employé, pour le corps de l'écriture, de la romaine droite ou penchée, et on leur donnera une hauteur double de celle du corps de l'écriture. La troisième espèce de caractères sera employée pour toutes les écritures intérieures du dessin, c'est-à-dire, pour les désignations d'objets particuliers, pour l'indication des plans, coupes, profils, élévations; pour les légendes, les titres d'échelles, etc. Les lettres majuscules de ces écritures seront faites en capitales penchées, d'une hauteur double de celle du corps de l'écriture.

Il n'y aura d'écriture courante sur chaque feuille que la date

de son achèvement, la signature. L'écriture des cotes doit être
toujours soignée.

Quand il s'agit d'une minute, du plan d'un procès-verbal d'arpentage de coupe, on peut adopter l'écriture ronde à main levée.
Son usage sera commode pour les indications expéditives; et
nous engageons fort les élèves à s'y exercer.

Les plumes doivent être taillées suivant les règles connues ;
on pourra aussi faire usage des plumes métalliques préparées
pour le dessin.

Tous les dessins doivent être encadrés d'un double trait à l'encre de Chine, l'un d'une grosseur proportionnée à l'étendue du
dessin, l'autre fin et placé en dedans; leur intervalle sera égal
à la largeur du trait extérieur.

Outre les écritures, tout plan doit porter une étoile d'orientement, qu'il ne faut pas faire lourde, l'échelle et un cartouche
où se trouvent réunies les indications principales. La meilleure
forme à donner au cartouche est celle de la courbe dite anse de
panier, dont voici la construction.

Anse de panier (Fig. 19). On commencera par construire les
deux perpendiculaires A B, C D, dans un rapport convenable.
On mènera A C et C B, on portera E C en E F et en E G : A F sera
la différence des demi-axes, que l'on portera en C H et en C I.
Au milieu de A H et de B I on élèvera des perpendiculaires K L,
M L, qui se couperont en un point L sur C D. Ce point L sera
le centre de l'arc de cercle N C O; les points P et Q seront les
centres des deux arcs A N, O B qui se raccorderont avec le premier N C O. La branche supérieure construite, il sera aisé de
tracer l'autre.

Les écritures du cartouche, comme celles du plan, l'échelle,
l'étoile doivent être disposées avec goût sur la feuille.

Quant aux plans de l'Administration forestière, ils rentrent
dans les conventions générales de la topographie, sauf quelques
conventions spéciales. Ainsi des teintes à part distinguent les
futaies des taillis, les séries, les parcelles destinées à différents
traitements dans les avant-projets et les aménagements définitifs;

les périmétres sont entourés de lisérés, les coupes d'un liséré
vert intérieur sur les procès-verbaux, les périmétres extérieurs
d'un liséré carmin, qui se placent au pinceau ; sur les plans des
délimitations, on indique par des teintes particuliéres les parties
contestées par l'Etat ou par les propriétaires riverains, etc., etc. ;
toutes conventions spéciales que la vue des modéles de l'Ecole
enseignera promptement. Les actes, les titres, les atlas du
service administratif mettront rapidement les éléves au courant.

Les préliminaires posés, ainsi que les régles principales du
dessin topographique, passons à l'étude du canevas fondamental
qui doit précéder tout levé, en commençant par le cas des triangulations ordinaires.

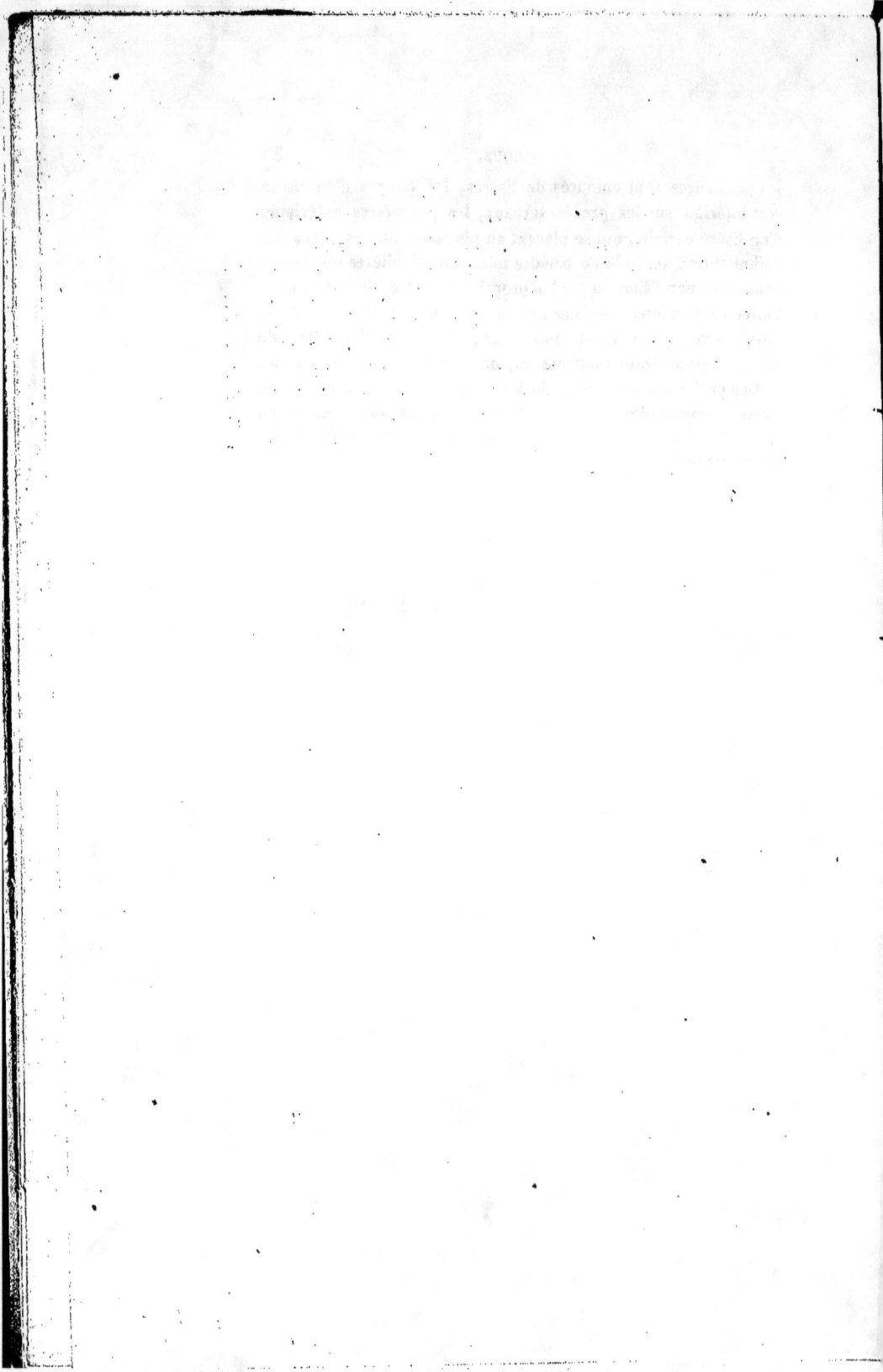

LIVRE II.

TRIANGULATION.

ou

RÉSEAU FONDAMENTAL DE LA TOPOGRAPHIE PLANE.

LIVRE II.

TRIANGULATION OU RÉSEAU FONDAMENTAL DE LA
TOPOGRAPHIE PLANE.

CHAPITRE Ier.

PRÉPARATION DU RÉSEAU FONDAMENTAL : PROJET DE LA
TRIANGULATION.

Art. Ier. — Nécessité d'un canevas trigonométrique. Reconnaissance du terrain.
Divers ordres de triangulation.

Le réseau trigonométrique sur lequel est fondée la justesse
d'une carte topographique, soit qu'il s'agisse de la projection
horizontale seulement, soit qu'on veuille compléter la description du terrain par l'expression de son relief, a besoin parfois
d'être modifié pour le cas des forêts, de recevoir exceptionelle-
ment une extension qui le généralise et le rende propre à vaincre
les obstacles qu'on y rencontre. Je vais exposer la théorie des
triangulations, d'abord dans ses méthodes ordinaires, puis j'insis-
terai sur les procédés et les expédients relatifs aux difficultés
spéciales. Dans ce second livre, nous ne nous occuperons que
du cas le plus usuel, celui de la planimétrie : plus loin nous ap-
prendrons comment on procède aux nivellements trigonométriques, et enfin sommairement comment se fait la double triangulation dans un canevas géodésique.

Nécessité d'un canevas trigonométrique. Le but qu'on se propose
dans une triangulation est de déterminer avec le plus d'exacti-

tude possible la position d'un nombre limité de points principaux, autour desquels viennent se grouper les levés de détail.
L'imperfection des instruments employés dans ces dernières opérations, imperfection que compense la promptitude, se corrige
par la position exacte des signaux trigonométriques, par des procédés qu'on appelle méthode de *répartition des différences*. Le
moyen qui consiste, quand on veut copier un plan, à diviser le
modèle en compartiments, de façon que les erreurs ne s'accumulent pas dans la réduction, peut donner une idée de l'utilité du
réseau de triangles ou de polygones jetés sur le terrain. La confection d'un canevas fondamental est une opération indispensable
pour un terrain étendu, si l'on veut arriver d'une manière sûre
et expéditive à de bons résultats, l'esprit dégagé d'une pénible
incertitude, et sans se mettre dans le cas de recommencer le
travail.

On se rendra très-bien compte de la nécessité d'un réseau fondamental par la difficulté de fermer un polygone, qu'on leverait
par cheminement, c'est-à-dire, en mesurant de proche en proche
les angles et les côtés : le polygone fermera, et sera vérifié si le
point d'arrivée coïncide avec le point de départ. Les angles étant
pris sur des signaux souvent très-rapprochés, les chaînages portant sur tous les côtés, chaînages difficiles dans les bois, on
conçoit que pour ces causes et d'autres encore, le polygone ne
fermera pas où l'inégalité finale ne sera pas réduite dans des limites suffisantes, pour peu que le polygone soit considérable, ou
présente des périmètres déchirés et très-sinueux. Le remède
semblerait consister à employer des instruments plus parfaits et à
apporter beaucoup de soins dans la mesure des angles et des côtés
horizontaux : mais, en supposant encore que l'on ferme, on tomberait dans un grave inconvénient, celui de dépenser un temps
très-grand, perdant en temps ce qu'on gagnerait en précision.

Or, si l'on disperse sur le périmètre ou aux abords du contour
un nombre limité de points trigonométriques, qu'on les conçoive
reliés par des triangles de bonne forme, qu'on mesure un au
moins des côtés de ce système et les angles des triangles avec
précision, la lenteur qu'on mettra à faire ces opérations plus

précises sera rachetée par le petit nombre de points. Supposons quatre ou cinq points trigonométriques seulement, visibles autant que possible les uns des autres, le polygone sera partagé en quatre ou cinq lignes périmétrales, qui devront fermer entre les points trigonométriques, lesquels pourront servir à répartir les petites inégalités, le réseau fondamental étant réputé exact et vérifié, ne cédant pas aux opérations subséquentes, dites de détail, et servant à cette correction des inégalités. Les lignes sinueuses pourront alors se lever avec des instruments moins précis, mais par cela même plus expéditifs, le tout sans perdre de temps et par une méthode sûre et rationnelle.

Si l'un des circuits périmétraux ne fermait pas entre ses deux points trigonométriques extrêmes et que les autres fussent exacts on n'aurait à recommencer ou à dépister les différences ou les erreurs que sur la portion reconnue fautive, les erreurs sont dites localisées. On pourrait aussi vérifier et décomposer le polygone par des lignes transversales, des alignements entre des points déjà solidement établis. Ce que je viens de faire ressortir par l'exemple d'un polygone levé par cheminement, constitue un principe général qui s'étend à tous les systèmes de triangles ou de lignes quelconques formant réseau fondamental. Un tel canevas se réduit quelquefois à une, deux lignes ; par exemple, aux allées principales d'un jardin qu'on partage en levés partiels.

C'est à tort qu'on chercherait à esquiver un réseau fondamental dans un levé qui s'étendrait sur une grande étendue de terrain. C'est une méthode parfaite, sûre, expéditive, adoptée dans les plus belles opérations, dont l'idée se retrouve dans les moindres levés.

Reconnaissance préliminaire de la région. La disposition de la triangulation dépend de celle du terrain : il peut être plus ou moins accidenté, découvert ou masqué par des forêts. Aussi n'est-ce que par une étude préliminaire du terrain, par une discussion bien raisonnée qu'on parvient à des solutions ingénieuses, dont l'élégance consiste à bien disséminer les signaux, à donner aux triangles la meilleure forme, en réduisant leur nombre au plus simple possible. Lorsqu'on entreprendra la triangu-

lation d'une portion de pays, il faudra donc commencer par y
faire *une reconnaissance*. On le parcourra en construisant un croquis visuel : on mesurera au pas quelques distances; on prendra
au besoin quelques angles avec une boussole ou un sextant. La
planchette surtout, qui construit sur les lieux mêmes le plan
qu'elle lève, pourra être d'une grande utilité. On se servira des
méthodes de la topographie irrégulière et à vue, que nous exposerons plus loin. Enfin rapportez sur le papier ce plan approché ;
et ce sera d'après ce premier aperçu que vous disposerez la
triangulation, en satisfaisant aux conditions que nous énonce-
rons. Il faut mettre tout le temps nécessaire à une bonne reconnaissance. Ce temps qu'on y emploie n'est pas perdu et toutes les
opérations en deviennent plus faciles.

De divers ordres de triangulations. On distingue, dans le travail de la grande carte de France, plusieurs ordres de triangulations. Celle de 1er ordre se compose de grands triangles géodésiques de 10 lieues environ de côtés, dont les signaux sont placés
sur les points culminants des montagnes; celle de 2e ordre est
formée de triangles de moindres dimensions, qui plongent dans
les vallées; celle de 3e ordre, de triangles moindres encore, pour
relier les détails. Les goniomètres, ou instruments angulaires,
qui mesurent les angles de ces triangles, doivent être d'autant
plus précis qu'il s'agit de triangles d'un ordre plus élevé. Cette
gradation dans les instruments et les méthodes ressortira par la
suite.

Pour le 1er ordre, on établit sur les sommités des hautes montagnes des pyramides en charpente : sous ces abris, on fait des
séries de mesures d'angles avec d'excellents instruments. Pour le
2e ordre, on emploie des instruments moins précis, des soins moins
grands, ainsi de suite. Dans les triangulations topographiques, sur
des étendues bien moins considérables, sur des masses restreintes
de forêts, il faut imiter cette marche : on descendra de grands
triangles à de moindres; on stationnera sur les versants opposés dominants pour faire des recoupements sur la masse
des bois.

Quoiqu'on ne puisse pas établir de règles précises pour la

bonne dispersion des signaux et que leur meilleure distribution dépendra de la localité, on peut cependant établir quelques types généraux.

Dans un pays de montagnes, où les points s'aperçoivent les uns des autres, une triangulation des sommets les reliera ; d'autres systèmes de triangles dans les vallées se rattacheront au réseau supérieur, à l'aide de quelques points visibles, du problème des quatre points, de cheminements, etc.

Quand les contours de la forêt domaniale, enclavée même dans des bois communaux, se développeront sur l'un des versants d'une vallée, on placera une première série de signaux aux abords de la forêt, à l'entrée, à la sortie des chemins, etc., le long du périmètre ; une seconde série de signaux s'étendra sur les parties élevées des versants opposés, desquels on fera des recoupements sur la région intérieure de la forêt. Ces deux suites, l'une périmétrale, l'autre des versants opposés seront reliées par une troisième série de signaux placés dans la vallée ; ces trois suites présentant des courbes à peu près parallèles et les signaux étant alternes, distants d'environ 1000^m à 1500^m.

Au lieu d'une triangulation périmétrale, on fait souvent une triangulation tournante ou plusieurs systèmes qui se relient entre eux. Concevez qu'on ait formé autour du clocher d'une commune, ou du sommet d'un vaste mamelon, un groupe de triangles s'appuyant de proche en proche les uns sur les autres : la somme des angles au point central devra donner 560° et le dernier côté devra s'accorder et s'identifier avec le premier.

On peut descendre de grands triangles de la carte de France à une base de vérification. Enfin les cheminements au théodolite des grandes voies qui traversent la forêt, et dans les gorges profondes, devront fermer entre les points trigonométriques placés au périmètre ou ménagés dans l'intérieur sur le bord de ces routes ou tranchées, à l'aide de signaux montés sur de grands arbres. Les cheminements n'ont pas la certitude des triangles, à cause des nombreux chaînages de leurs côtés, qu'il faut éviter de faire trop petits et aussi à cause de la nature des angles obligés.

Art. II. — Conditions auxquelles doivent satisfaire l'emplacement de la base et la forme des triangles ; choix de l'instrument angulaire.

Emplacement de la base. Le côté, ou base principale, sur lequel s'appuiera le calcul des triangles, doit être choisi, autant que possible, sur un terrain horizontal, de manière à voir de ses extrémités le plus de signaux. Son emplacement est ordinairement dans une plaine, sur le bord des rivières qui ont peu de pente, le long des routes, sur des marais praticables, sur des plateaux ; on a établi des bases sur des étangs glacés, etc. Souvent les bases sont formées de deux ou plusieurs lignes brisées qu'on réduit à une seule par le calcul. La mesure de ce côté de départ doit être prise avec une précision qui réponde à celle des angles ; elle dépend par conséquent de la nature du levé. Les moyens employés pour évaluer ces longueurs sont, suivant l'ordre de l'opération, des régles métalliques dont on corrige la dilatation, qu'on pose sur des madriers horizontaux, et qu'on évite de heurter en les plaçant doucement l'une au bout de l'autre ; des régles de sapin bouillies dans l'huile et vernies ; la chaine métrique que nous décrirons plus loin. Quand le terrain est incliné et qu'on mesure dans le sens de la pente, il faut ramener les portées à leur projection horizontale.

La base de départ n'est pas la seule qu'on ait à mesurer : il faut encore chaîner *des bases de vérification*, c'est-à-dire, des côtés de triangles dans les diverses parties du réseau, afin de s'assurer si leurs valeurs calculées d'après la première base, et par voie d'enchaînement, concordent avec la mesure directe ; ou bien le levé lui-même vérifié le réseau.

Forme à donner aux triangles et limite du goniomètre. Soit φ l'erreur commise sur l'angle A d'un triangle A B C (Fig. 20), erreur résultant des imperfections inévitables de l'instrument et de son maniement ordinaire ; soit B m = E, l'erreur qui en résulte sur le côté B C ; on a évidemment $E = \frac{c \sin. \varphi}{\sin. (B+\varphi)}$. Or sin. $(B+\varphi)$ ne dépassant jamais l'unité, pour l'hypothèse du rayon égal à un, on aura généralement E $>$ c. sin. φ, comme l'indique d'ailleurs la perpendiculaire abaissée de B sur la direction A m.

L'angle φ est assez petit pour qu'on puisse remplacer le sinus par l'arc, donc $\varphi < \dfrac{E}{c}$. Supposons que l'erreur graphique ait pour limite $\dfrac{1^m}{5000}$, et que l'échelle soit $\dfrac{1}{M}$, on aura $\varphi < \dfrac{M}{5000.\,c}$. Deux des quantités φ, M et c étant connues, l'approximation de la troisième sera déterminée : ainsi l'échelle et le plus grand côté d'un canevas étant donnés, on aura l'erreur φ que l'instrument ne pourra dépasser. On peut aussi calculer par la tangente.

Il est facile de transformer cette limite, évaluée en parties décimales du mètre, ou du rayon pris pour unité, en minutes ou secondes, ce qui donnera la limite en divisions sexagésimales ou centésimales du cercle, pour un limbe quelconque. Ayant un instrument angulaire entre les mains, on voit quelle est l'approximation du vernier, si le goniomètre est répétiteur ; on peut faire un tour d'horizon, mesurer les angles d'un polygone, voir si la somme des angles vaut autant de fois deux droits qu'il y a de côtés moins deux, s'assurer si l'instrument est de l'ordre convenable, et combien de fois il faudra répéter l'angle.

On a souvent à passer d'un arc a exprimé en parties du rayon, que nous supposons égal à 1, à son nombre a'' de secondes, et réciproquement à revenir du nombre de secondes d'un arc à sa valeur. Ces transformations se feront par une relation fondamentale fort simple : Il est évident que l'arc a vaut autant de fois l'arc de $1''$ qu'il y a de secondes dans a''; et comme sinus $1''$ peut être pris pour l'arc de $1''$, ainsi que cela se fait dans le calcul élémentaire des tables trigonométriques où l'on trouvera la valeur de $\sin.\ 1''$, on aura $a = a''\ \sin.\ 1''$, d'où inversement $a'' = \dfrac{a}{\sin.\ 1''}$. Dans le cas particulier précédent le nombre cherché de secondes sera $\dfrac{M}{5000.\,c.\,\sin.\ 1''}$.

L'équation $E = \dfrac{c.\ \sin.\ \varphi}{\sin.\ (B+\varphi)}$ nous apprend que pour une valeur moyenne de φ, E devient d'autant moindre que $B + \varphi$ approche plus de 1 droit. Mais plus B converge vers l'angle droit, moins les deux autres angles en approchent. Donc plus E sera petit,

plus E , E″, correspondants aux angles A et C, seront grands. Le
cas le plus avantageux existe quand les trois erreurs E, E′, E″
sont simultanément les moindres possible, auquel cas il y a égalité
et le triangle est équilatéral. Nous concluons de là que les triangles
du réseau trigonométrique doivent approcher le plus possible de
la forme équilatérale, pour que les erreurs simultanées soient les
moindres possible, que les inégalités répandues sur l'ensemble
ne donnent pas lieu à des écarts particuliers : le réseau présentera
donc un ensemble de triangles à peu près de la même grandeur.
Ayez soin d'omettre la mesure des angles trop aigus ou trop
obtus, quelle que soit la station ; il se rencontre souvent de ces
angles défectueux aux extrémités de la base. On ne descend
guère au-dessous de 50°.

Quand on ne peut pas partir immédiatement d'une base de la
grandeur des côtés des triangles équilatéraux qui doivent composer le réseau, on en prend une moindre sur laquelle on appuie
un triangle isocèle : sur un de ses côtés, qui fournit déjà une
base plus grande, s'établit un second triangle présentant une
ligne plus longue, ainsi de suite jusqu'à ce qu'on arrive à un côté
suffisamment grand ; ce moyen s'emploie inévitablement, dans
les grandes triangulations, au cas où l'on est forcé de se resserrer ou de se développer, et fréquemment en forêts, au sein
ou aux approches desquelles ne s'offrent pas toujours de beaux
emplacements et dans lesquelles on est obligé de faire parfois
des recoupements au-dessous de 30°, sauf à fixer les points
par plus de deux rayons visuels.

Influence du rapport des sinus. Supposons une chaîne de triangles et qu'en partant d'une base a on calcule le côté b. On a
évidemment $b = a \cdot \frac{\text{Sin. } B}{\text{Sin. } A}$. Si l'on a commis une petite inégalité
sur a, soit par le chaînage, soit par un calcul antécédent, il en
résultera pour b une valeur altérée, et l'on aura
$b \pm \beta = (a \pm \alpha) \frac{\text{Sin. } B}{\text{Sin. } A}$, de sorte que l'inégalité α de a deviendra, sur b, $\beta = a \frac{\text{Sin. } B}{\text{Sin. } A}$; et pour une chaîne de plusieurs trian-

gles, l'inégalité finale serait $A = \alpha \dfrac{\mathrm{Sin.\ B}}{\mathrm{Sin.\ A}} \cdot \dfrac{\mathrm{Sin.\ B'}}{\mathrm{Sin.\ A'}} \cdot \dfrac{\mathrm{Sin.\ B''}}{\mathrm{Sin.\ A''}} \cdots$ 1° Si les triangles sont équilatéraux, les rapports des sinus se réduisent à l'unité, l'erreur α primitive se reporte simplement sur le dernier côté ; 2° si l'on s'élève par côtés qui grandissent, aux plus grands côtés étant opposés de plus grands angles, l'erreur primitive est amplifiée par le produit de rapports plus grands que 1, l'inégalité peut croître très-rapidement ; 3° si l'on descend, au contraire de grands triangles à de moindres, les rapports sont moindres que 1 et l'inégalité finale s'abaisse.

En un mot, on peut suivre l'influence progressive du rapport des sinus sur les inégalités qui résultent d'une différence faite sur des côtés. Il résulte de là que les triangles équilatéraux offrent l'avantage de répartir également ces inégalités, et nous retrouvons la condition fondamentale précédemment démontrée. Dans une suite de triangles qui s'enchaînent, il est prudent, pour des intervalles de 7 à 8 triangles, de s'assurer du réseau par des bases de vérification, qui se trouvent ainsi motivées ; et enfin on établira un réseau plus solide, si l'on descend de triangles de premier ordre, pour passer à des triangles moindres, que si on s'élève de petits triangles à de grandes dimensions dans l'espace.

Art. III. — Arrêté du projet de la triangulation, préparation du croquis et du calepin du terrain. Dispositions relatives aux signaux.

Lorsqu'on a réuni tous les documents propres à éclairer la discussion, on arrête le projet de la triangulation, de manière, comme nous l'avons dit, à disséminer le mieux les divers signaux, à réduire le nombre des triangles, en leur donnant la forme la plus convenable. Le projet transporté au net sur une feuille de papier, on mettra aux sommets de chaque triangle des lettres conventionnelles, on indiquera à côté la nature de chaque signal, et on affectera les triangles de numéros d'ordre. Il est bon de dessiner les diverses portions de ce projet sur la page en regard, destinée aux croquis, d'un calepin ayant une grandeur suffisante. Au fur et à mesure que les angles sont mesurés sur le terrain, inscrivez-les à l'encre sur le croquis, et dans le calepin.

On pourra adopter pour ce calepin la forme suivante, qui peut servir d'exemple :

NUMÉROS des triangles.	DÉSIGNATION des SIGNAUX.	VALEUR DES ANGLES		MESURE DES BASES		OBSERVATIONS
		multiples.	moyennes.	multiples.	moyennes.	
1	A Clocher de. . B C	10 A =	A =	4 A B =	A B =	
2	B C D borne n°					
3						

Nous discuterons plus loin certaines corrections angulaires qu'il est parfois nécessaire de faire subir aux angles : on inscrit les éléments de ces corrections dans la colonne des observations, si les corrections sont peu nombreuses; dans le cas contraire, ils s'indiquent à part. Au reste, la forme du calepin, où se consignent les données prises sur le terrain, peut être modifiée suivant la nature du levé et l'intelligence de l'opérateur, les conventions admises. Mais ce qui est de règle indispensable, c'est de bien préparer le calepin, de toujours l'accompagner d'un croquis, le calepin et le croquis se vérifiant l'un l'autre; d'inscrire les valeurs à l'encre ; en un mot de bien coordonner les données, de façon à pouvoir commencer les calculs de la triangulation à une époque aussi éloignée qu'on le voudra, sans avoir recours à des feuilles volantes qui se perdent. Une seule donnée égarée ou incertaine suffit souvent pour tout arrêter.

Plantation et rattachement des signaux. Il est important, pour ne pas perdre de temps aux stations et pour éviter de fausses manœuvres, de bien préparer et de bien établir les signaux. Pour cela, il faut choisir de belles perches bien droites et rigides, on entoure leur tête de paille enveloppée de papier blanc, d'un morceau de toile ficelé, surmonté d'un petit drapeau flottant, d'un cône ou cerceau tournant, ce qui sert à retrouver facilement le signal des stations lointaines, le signal se projettant souvent sur des champs, des terrains, qui le rendent peu distinct, suivant les heures du jour. On placera la perche dans un trou d'environ 1/2 mètre, puis, après avoir bouché le trou avec de la terre et des pierres, on consolidera le signal avec des piquets buttant dans des entailles.

Il est bon, pour retrouver l'emplacement exact des signaux, longtemps après, lorsqu'ils peuvent servir pour une délimitation, par exemple, de rattacher immédiatement ces signaux à des objets fixes environnants, à des murs, à des clôtures, à des arbres de réserve qu'on marque du marteau de l'Agent. Ces rattachements se font à l'aide de distances chaînées à l'objet, par un angle et un chaînage, par un petit levé à l'équerre, etc. On dessine et on cote ces rattachements dans la colonne des observations et sur les croquis.

CHAPITRE II.

EXÉCUTION DU PROJET DE LA TRIANGULATION :
MESURE DES BASES ET DES ANGLES.

Art. 1er. — Mesure des bases.

Nous avons déjà dit quels étaient les moyens de mesurer les bases, et quelle précision il fallait y apporter quand il s'agit d'opérations géodésiques. Je vais ici indiquer celui qui est généralement usité et qui suffit dans les levés d'un ordre inférieur. La première chose à faire est de bien déterminer l'alignement : ce qui s'opère à l'aide de jalons (voyez l'article jalonnage au chapitre de l'arpentage); puis on porte la chaine le long de cette direction. Voici en quoi consiste la chaine ordinaire et son maniement.

La chaine est un décamètre divisé en mètres et subdivisé en doubles décimètres par des anneaux : il faut s'assurer si les poignées des deux bouts sont comprises dans le décamètre. Les doubles décimètres sont de petites verges en fer et les anneaux qui séparent les mètres sont souvent en cuivre jaune pour les distinguer. La chaine est accompagnée de 10 fiches, ou petites tiges en fer, pointues à l'une des extrémités et recourbées en anneau à l'autre bout, auxquelles on joint une fiche plombée pour les grandes pentes. Le porte-chaine l'homme qui marche en avant et qui a les 10 fiches en main au moment du départ, plante une fiche dans l'alignement; le second qui suit vient la saisir et donne le signal du deuxième départ. Il ne doit relever la fiche que quand l'autre a planté la sienne ou qu'il l'a laissée tomber verticalement sous sa main dans les pentes fortes. Les deux chaineurs se maintiennent réciproquement dans l'alignement.

Quand le chaîneur, qui marche derrière, a toutes les fiches en
main et qu'il les rend à l'autre, ils ont parcouru 100 mètres, en
sorte qu'autant de fois on rend les fiches, autant de fois il faut
compter cette distance. Les deux chaîneurs doivent fréquemment
vérifier le nombre des fiches ; ce que l'un en tient dans sa main,
ajouté à ce qu'a l'autre, doit toujours faire 10. Cette observation
est très-importante : les fiches se perdent souvent et l'on risque
de commettre des erreurs de plusieurs centaines de mètres. La
chaîne doit être tendue également et maintenue horizontalement
sans traîner sur le sol. On donne ordinairement un petit excès
$0^m,005$ à la longueur de la chaîne, pour tenir compte de la courbure inévitable qu'elle prend. Il faut souvent vérifier la chaîne
en l'étendant sur un endroit plat, par exemple sur les parapets
d'un pont ; et rendre, lorsqu'on s'en sert, les anneaux libres.
Quand on chaîne des bases, il est nécessaire de mesurer plusieurs
fois et de prendre une moyenne entre les résultats. Dans les
pentes roides la chaîne se plie en deux, de sorte que les deux
poignées n'en font plus qu'une, et que l'anneau du milieu, un
peu plus gros, sert de poignée. L'erreur tolérée dans le chaînage
dépend de l'échelle.

*Chaînage dans le sens des pentes. Influence du défaut d'horizonta-
lité.* Appelons b, b', b''.... les portées successives dans le sens des
pentes ; supposons-les inclinées sur l'horizon des angles i, i', i'',
et nommons p, p', p''...... les projections.

$$p = b \cos. i \text{ d'où } b - p = b - b \cos. i = 2 b \sin.^2 \frac{i}{2}$$

$$p' = b' \cos. i', \qquad b' - p' = b' - b' \cos. i' = 2 b' \sin.^2 \frac{i'}{2}$$

$$p'' = b'' \cos. i'', \qquad b'' - p'' = b'' - b'' \cos. i'' = 2 b'' \sin.^2 \frac{i''}{2}$$

Soit B le développement de la base, P sa projection,

$$P = B - 2 \left(b \sin.^2 \frac{i}{2} + b' \sin.^2 \frac{i'}{2} + \ldots \right)$$

et si $i = i' = i''$,

$$P = B - 2 B \sin.^2 \frac{i}{2}$$

Le second terme du second membre sera la correction, calculable

4

par logarithmes. Si $\dfrac{1^m}{8000}$ est, par exemple, l'erreur graphique

tolérée, la correction $2\,B\,\sin.^2\dfrac{i}{2}$ sera négligeable lorsqu'elle

ne dépassera pas $\dfrac{M^m}{8000}$, à l'échelle $\dfrac{1}{M}$; en sorte que les inégalités

$$B < \frac{M^m}{16000\,\sin.^2\frac{i}{2}} \quad \text{et} \quad \sin.^2\frac{i}{2} < \frac{M^m}{16000\,B}$$

feront connaître la limite des longueurs de B qui, pour une inclinaison i, peuvent se passer de correction, et les limites des angles i négligeables pour une valeur de B.

Toutes les fois que l'angle i sera très-petit, l'emploi des cosinus sera illusoire, parce que les logarithmes des cosinus des
angles très-petits, et par conséquent aussi des sinus des angles
voisins de 90°, varient dans des décimales trop éloignées et que,
pour les petites variations angulaires, les logarithmes tabulaires
ne peuvent servir, ce dont on s'assurera en ouvrant les tables.
Donc, quand on aura à projeter une ligne peu inclinée sur l'horizon ou plus généralement à projeter une ligne voisine d'un axe
quelconque sur cet axe, ou qu'on aura de très-petits angles au
centre, comme dans la trigonométrie sphérique appliquée aux
triangles géodésiques, il faudra faire subir à la formule une
transformation ou passer par un détour, comme nous venons de
le faire pour une base presque horizontale.

Ce serait à tort que l'on penserait qu'il faut toujours opérer
sur le terrain avec une scrupuleuse exactitude dans les chaînages
en général : la précision des mesures n'est que relative, quoique
les méthodes restent indéfiniment approximatives : et les formules
précédentes sont un nouvel exemple de celles qu'il est toujours
facile d'établir de manière à ne pas encourir des limites d'erreur
désignées.

Art. II. — Mesure des angles : graphomètres, théodolites répétiteurs.

Nous rappellerons que le choix de l'instrument angulaire est
lié à la nature de l'opération. Dans les levés géodésiques, on
emploie des instruments compliqués de vis, et dont le maniement

est délicat : dans les triangulations topographiques, on se sert d'instruments plus simples ; la gradation continue ainsi jusqu'à ce que l'on descende aux instruments beaucoup moins précis des détails, tels que l'équerre, la boussole, la planchette.

On augmente beaucoup l'approximation de lecture dans les instruments angulaires à l'aide de deux principes ingénieux, savoir : *le principe du vernier et celui de la répétition des angles.* Ce dernier atténue à la fois les imperfections de l'instrument et les erreurs du pointé. Quoique la théorie du nonius doive être déjà connue, nous allons la reprendre, à cause de l'importance pratique qu'elle acquiert ici.

Du Vernier. Soit un limbe portant une circonférence graduée *a b* (Fig. 21), divisée, par exemple, en degrés sexagésimaux ; et, pour plus de généralité, **D** la dernière division du limbe. Un vernier ou nonius est une portion d'arc concentrique, divisée en parties plus petites et tracée à l'extrémité d'une alidade mobile *e f*. Nommons *d* la division du vernier, λ la longueur qu'interceptent sur le limbe $n-1$ divisions **D**. La longueur du vernier doit aussi être λ et être divisée en *n* divisions *d*. On aura donc $\lambda = (n-1)$ **D** et $\lambda = n\ d$, d'où $n\ d = (n-1)$ **D** et $d = \dfrac{D\ (n-1)}{n}$: en sorte que la division *d* diffère de **D** de $\dfrac{1}{n}$ **D**. Il résulte de là que lorsque le zéro du vernier est en coïncidence avec celui du limbe ou avec une division quelconque, les traits n° 1, n° 2...., le $p^{\text{ème}}$ trait du vernier seront successivement en retard sur les traits suivants du limbe de $\dfrac{1}{n}$, $\dfrac{2}{n}$,.... $\dfrac{p}{n}$ de **D** ; par conséquent, si le $p^{\text{ème}}$ trait du vernier coïncide avec un trait du limbe, il faudra ajouter à la graduation, dépassée par le zéros du nonius, la fraction $\dfrac{p}{n}$ de **D**. Quand aucun trait du vernier ne coïncide, deux traits tombent dans une division du limbe ; on prend la moyenne entre les deux résultats voisins, et l'approximation s'en augmente.

Supposons que l'on veuille que l'approximation soit une minute, posez $\dfrac{D}{n} = 1'$: si la dernière division D du limbe est un

tiers de degré sexagésimal, n sera 20 ; si D est $\dfrac{1}{2}$ degré, n sera

30 ; si la division est centigrade et que D soit un demi-degré ou
50', pour avoir de cinq en cinq minutes centigrades, prenez
$n=10$, etc.

Pour faire mieux ressortir les divisions, il est bon d'argenter le
limbe. Quand les divisions sont très-serrées, on se sert d'une
loupe pour lire la fraction. Il est évident que bien que le nombre
des divisions du vernier puisse être grand, il y a une limite dé-
pendant de la finesse et de la netteté des traits.

Quelquefois on est conduit à faire marcher le vernier en sens
contraire de la graduation : par exemple quand on prend des
angles verticaux en dessus et en dessous de l'horizontale de la
station, et que le vernier n'est pas double. Ordinairement il y a
deux verniers opposés ; mais on peut agir avec un seul, il suffit
d'opérer par complément ou simplement de supposer que le zéro
et le dernier trait du vernier se sont transportés à la place l'un de
l'autre.

L'invention du vernier a fait faire un grand pas dans le perfec-
tionnement des cercles : car c'est par lui qu'on est parvenu à diminuer le diamètre de ces cercles, à les rendre plus maniables
et plus portatifs, tout en gagnant en approximation.

Du Graphomètre ordinaire. Le graphomètre a d'abord été composé d'un demi-limbe et de deux lunettes, l'une inférieure fixée
au limbe, l'autre supérieure passant par le centre et appliquée
sur une alidade ou règle mobile autour du même centre. Cette lunette supérieure ne se mouvait généralement que parallèlement
au plan du limbe. On amenait d'abord ce plan en coïncidence
avec celui des signaux. Le zéro du vernier de l'alidade coïncidant avec celui du limbe et le rayon visuel passant par un des
objets, on faisait pivoter sur le limbe fixe l'alidade mobile, de manière à diriger le rayon visuel sur le second signal : l'arc compris entre les deux positions donnait la mesure de l'angle cherché. La lunette inférieure dirigée sur un point fixe indiquait si le

limbe était resté invariable sous le mouvement de la lunette supérieure. Cet instrument avait plusieurs inconvénients : 1° on ne pouvait pas mesurer directement les arcs au-dessus de 180°, le limbe étant réduit à un demi-cercle ; 2° l'alidade n'était soutenue que dans une de ses moitiés et avait une tendance à se fausser ; 5° l'instrument n'étant pas symétrique, le centre de gravité ne passait pas par le centre du cercle et le plan du limbe pouvait s'écarter de celui des signaux ; 4° on était obligé de mesurer des angles de hauteur, c'est-à-dire, de mettre successivement le limbe dans les plans verticaux des signaux pour prendre les angles avec la verticale, afin de réduire à l'horizon : ces angles verticaux sont des éléments nécessaires de la formule de la réduction de l'angle à sa projection. On a donc été conduit à rendre le limbe entier ; il doit avoir de 0^m,30 à 0^m,35 de diamètre. La lunette supérieure a été rendue plongeante ou mobile dans un plan perpendiculaire à celui du limbe : il suffit alors de rendre ce limbe horizontal au moyen d'un niveau à bulle d'air placé successivement dans deux positions rectangulaires. Les angles observés se trouvent immédiatement réduits à l'horizon; dans un seul tour d'horizon on peut, d'une même station, observer autant d'angles qu'on le voudra ; la demi-somme des angles opposés par le sommet permet de corriger le défaut possible de centricité. Au lieu de lunettes, certains graphomètres portent des pinnules composées d'une fente et d'une fenêtre traversée par un fil et suffisamment plongeantes : ces graphomètres servent pour les levés de détails : le crin masque les signaux un peu éloignés. Les lunettes renferment un réticule composé de deux fils situés au foyer commun des verres, objectif et oculaire; l'opticien monte ces lunettes de façon à remplir toutes les conditions de la vision distincte.

Des Cercles répétiteurs, du Théodolite. La précision obtenue dans la mesure des angles, en se servant des instruments précédents, dépend de l'exactitude des divisions ; elle est limitée surtout par le peu de grandeur du rayon du limbe. On atténue ces deux causes d'erreurs inhérentes à l'instrument, et celles de son maniement, à l'aide de la répétition des angles.

Les cercles répétiteurs complets sont des instruments chers, et lents dans l'observation. Aussi a-t-on cherché, en les simplifiant, à réunir la modicité des prix à la commodité. Si le principe de la répétition a produit un bien grand progrès dans la mesure précise des angles, une autre idée, celle de la réduction de l'instrument général, du grand cercle répétiteur, en instruments plus simples et mieux appropriés aux opérations spéciales, ne laisse pas que d'être très-féconde au point de vue des applications.

Nous avons déjà dit que, dans la topographie principalement, on n'avait en définitive que des angles horizontaux et que des angles verticaux à prendre : il sera donc utile d'approprier le cercle à ces deux mesures et même de le séparer en deux instruments, l'un donnant les angles réduits à l'horizon, ce sont les *théodolites*, l'autre les angles verticaux, ce sont les *éclimètres*, derniers instruments dont nous parlerons au livre qui traite du nivellement. De cette façon les instruments deviendront plus directs, plus faciles à manœuvrer ; et même, plus exacts parce qu'on peut y introduire quelques modifications, quelques pièces, qui les rendent plus propres encore au but auquel on les destine particulièrement, après les avoir dégagés de tout ce qui est étranger à cette destination.

Ainsi, au lieu d'étudier le grand cercle répétiteur complet, dont nous n'aurions à faire usage que dans des occasions rares, nous l'étudierons scindé en deux autres instruments, dont il sera facile de faire le rapprochement, et dont il est très-important d'approfondir la théorie, puisqu'elle renferme les conditions de la pratique.

Le *théodolite* est un cercle destiné à réduire à l'horizon les angles observés. Son limbe doit pouvoir être rendu parfaitement horizontal et les lunettes doivent se mouvoir dans des plans parfaitement verticaux. Donc il faut : 1° que l'axe de l'instrument soit bien perpendiculaire au limbe ; 2° que les axes de rotation des deux lunettes soient parallèles au même plan ou perpendiculaires à l'axe de l'instrument; 3° que les axes optiques des deux lunettes soient perpendiculaires à leurs axes de rotation. On s'as-

sure que ces conditions sont remplies en rendant le limbe horizontal et en vérifiant si dans le mouvement vertical des lunettes
l'intersection des fils micrométriques reste constamment dans le
plan vertical d'une arête de bâtiment ou d'un fil à plomb. La lunette supérieure est concentrique : elle est portée sur une alidade
munie d'un niveau à bulle d'air et d'un vernier. La lunette inférieure est excentrique. Il y a des théodolites qui donnent, outre
les angles horizontaux, les angles verticaux, c'est-à-dire, ceux des
rayons visuels avec le zénith, au moyen d'une portion d'arc gradué qu'entraîne la lunette supérieure dans ses mouvements verticaux : ces angles sont nécessaires pour les grands nivellements.
Lorsqu'on n'a qu'un théodolite ordinaire, il faut donc aussi avoir
un second instrument qui puisse donner ces angles.

La description d'un théodolite particulier suffira pour indiquer la manière de rendre compte des autres instruments angulaires et de discuter leur maniement, leurs rectifications. Il serait
superflu de décrire toutes les modifications qui différencient ces
sortes d'instruments.

Le théodolite que je vais décrire (Fig. 22), se compose d'abord
d'un axe vertical à l'extrémité supérieure duquel peut tourner
perpendiculairement un limbe entier. L'autre extrémité se place
dans une douille, à vis de pression, unie à un plateau à vis calantes ; la douille, le plateau, les vis calantes font partie du trépied. Sur le limbe, pivote une lunette supérieure, fixée à une
alidade au moyen d'un support vertical muni de petites vis pour
la correction de la collimation verticale. L'alidade qui entraîne la
lunette porte un niveau à bulle d'air ; son extrémité a un vernier et une vis de rappel. La dernière division du limbe est un
tiers de degré sexagésimal ou 20' : le nombre des divisions du
vernier est de 20, donc l'instrument donne de 1' en 1'. Au-dessous du limbe, part de l'axe une tige latérale qui aboutit au limbe
et est armée d'une vis de pression et d'une vis de rappel, de
manière à fixer le limbe à l'axe ou bien à lui donner sur cet axe
un mouvement rapide ou lent. Au-dessous de la branche est une
lunette inférieure mobile d'un mouvement excentrique autour de
l'axe, à l'aide d'un collier qui l'embrasse, et munie d'une vis de
pression seulement. Par ces dispositions, on peut, *indépendam-*

ment les uns des autres, rendre fixes ou mobiles, l'alidade, le limbe, la lunette inférieure et tout le système. Pour mettre l'instrument en station, on développe les trois branches du pied, de façon à obtenir une horizontalité approchée du plateau, afin d'éviter un trop grand développement des vis calantes. Il y a deux paires de vis dont le sens est le même, de sorte qu'en agissant en dedans ou en dehors sur chaque paire, on hausse d'un côté et on baisse de l'autre.

Répétition des angles de deux en deux. Après avoir établi l'horizontalité du limbe par deux positions rectangulaires du niveau, serrez la vis du système ou de la douille, amenez le zéro du vernier de l'alidade en coïncidence avec le zéro du limbe; puis par le mouvement de ce limbe dirigez la lunette supérieure sur le signal de gauche G, la graduation marchant dans l'instrument de gauche à droite, du côté des objectifs (Fig. 23).

Fixez le limbe; dirigez la lunette inférieure, rendue libre, sur le signal D de droite. Desserrez la vis de la douille et entraînez tout le système sans toucher aux lunettes, de manière à amener la lunette inférieure sur le signal de gauche (Fig. 24). Par ce mouvement, le zéro du limbe sera rejeté en sens contraire de la graduation d'une quantité égale à une fois l'angle. Fixez le système et rendez l'alidade mobile, amenez délicatement la lunette supérieure sur le signal de droite, en passant par le signal de gauche, sans jamais faire pivoter par le canon de la lunette, ce qui fausserait l'instrument.

Il est évident, en supposant la lunette inférieure concentrique, que l'alidade aura décrit sur le limbe le double de l'angle cherché. La lunette inférieure, toujours dirigée sur le signal de gauche, indiquera si le limbe a été dérangé sous le mouvement de l'alidade. En considérant la position actuelle de l'alidade sur le limbe comme celle *d'un nouveau zéro*, et en recommençant les mêmes mouvements, on aura le quadruple, puis le sextuple de l'angle, ainsi de suite. Il faudra tenir compte, dans cette méthode rapide, des circonférences parcourues; puis diviser la lecture de l'arc multiple par le nombre des angles. L'angle est mesuré avec plus de justesse que si on s'était servi de l'instrument comme d'un simple graphomètre, parce que la répétition des angles diminue : 1° l'imperfection de la graduation, 2° les erreurs de pointé. Il se fait un double abaissement de l'erreur : d'abord les inégalités n'ayant pas toujours lieu dans le même sens, l'addition algébrique les compense en partie ; puis la division atténue encore la différence. L'excentricité de la lunette inférieure exige une correction dont nous parlerons plus loin : cette correction devient nulle, quand les signaux sont très-loin et quand les triangles sont équilatéraux.

Répétition des angles de un en un. La lunette inférieure de l'instrument n'ayant pas de vis de rappel, il faudra préférer la méthode suivante, qui d'ailleurs est indépendante de la correction due à l'excentricité de la lunette inférieure ; cette lunette servira seulement comme lunette de vérification, pour s'assurer que le limbe n'a pas marché pendant le mouvement de la lunette supérieure. Les zéros de l'alidade et du limbe étant en coïncidence, on amènera par le mouvement du limbe l'axe optique de la lunette supérieure sur le signal de gauche : le limbe fixé, on braquera la lunette inférieure sur un point éloigné de la campagne. Par l'alidade mobile, on amènera la lunette supérieure sur le signal de droite : ce qui mesurera une fois l'angle, comme le ferait un simple graphomètre. On aura bien soin de ne pas déranger l'alidade sur le limbe, et on ramènera la lunette supérieure par le mouvement de ce limbe sur le signal de gauche ; le limbe serré, on dirigera de nouveau la lunette supérieure sur le signal de droite, ce qui donnera deux fois l'angle ; ainsi de suite, en rendant *alternativement le limbe et la lunette fixes ou mobiles.*

Répétition des angles par différences d'arcs. On commence par faire un premier tour d'horizon : supposé qu'on ait placé le zéro de l'alidade sur le zéro du limbe, et que par le mouvement de celui-ci, emportant avec lui l'alidade, on ait amené la lunette inférieure sur un point éloigné et bien fixe, tel qu'un clocher. Le limbe étant arrêté on détachera l'alidade ou on pointera la lunette supérieure successivement sur chacun des signaux, d'un mouvement continu. On devra retrouver les 360°, si le limbe n'a pas mar-

ché. La lunette inférieure sert de lunette de vérification. En prenant les différences des arcs parcourus, appuyés sur la même origine, on aura une première valeur de chaque angle, x, y, z......
Après ce premier tour d'horizon, on détache le limbe et on part d'une nouvelle direction, un second tour d'horizon donne de nouvelles valeurs, x', y', z'.... des mêmes angles. En partant de directions diverses, convenablement espacées, par exemple vers le nord, l'est, l'ouest, le sud, on aura pour chaque angle autant de valeurs qu'on aura fait de tours d'horizon, et cela sur des positions différentes du limbe gradué. La moyenne de ces valeurs fournira les angles cherchés avec une approximation d'autant plus grande qu'on aura fait plus de tours d'horizon, et en rejetant les valeurs douteuses. Par exemple, si le vernier donne la minute et qu'on ait fait six tours d'horizon, on aura chaque angle à 10″ près, ce qui est l'espacement même des tables des lignes trigonométriques. De quelque façon qu'on varie le maniement de l'instrument, la méthode consiste à changer les points de départ et à prendre des différences d'arcs qui ont une origine commune.

Variété de construction des instruments angulaires. Ce maniement très-commode, convient surtout au théodolite dont la lunette inférieure quoique plongeante, participe au mouvement du limbe et n'est point indépendante; tel est le théodolite de la figure 150. Ce théodolite diffère encore de celui que j'ai précédemment décrit en ce qu'il est muni d'une portion de cercle vertical qui fournit les angles d'ascension et de dépression par le mouvement de la lunette supérieure plongeante; et aussi par le système des vis calantes du pied, et par d'autres détails que l'inspection de l'instrument met en évidence.

Le véritable grand théodolite de précision, qui sert principalement pour les opérations géodésiques proprement dites, porte un limbe vertical entier : les théodolites précédents en sont en quelque sorte des diminutifs topographiques. On construit ainsi des instruments dont la précision et le prix varient. Mais tous ces instruments découlent des mêmes principes.

Vérification et rectification des instruments. Un instrument est toujours vérifiable, mais il n'est rectifiable que quand l'artiste a

ménagé par des vis, par des moyens particuliers d'attache, la
possibilité de changer un peu les positions relatives de certaines
pièces. Je vais indiquer les rectifications du théodolite de la
figure 130 en particulier, et je ferai ressortir le genre de procédés qu'on emploie en général.

1° Il faut régler les niveaux par rapport au limbe. Les deux
niveaux rectangulaires pourraient avoir leurs bulles dans leurs
repères, sans que le plan du limbe fût horizontal, si ce plan
n'est pas parallèle aux axes des niveaux. On amène d'abord
un des niveaux dans le sens de deux des vis calantes, la bulle
dans ses repères, puis on fait faire un demi-tour de 180°; et si
la bulle ne reste pas dans ses repères, on agit à la fois par les
vis du pied et par une vis de correction placée à l'un des bouts
du petit niveau et qui fait basculer légèrement ce niveau autour
de son axe de rotation placé à l'autre extrémité. En disposant de
même de l'autre niveau, les bulles devront rester immobiles en
faisant faire des tours entiers au limbe. Ceci est fondé sur ce
qu'en retournant un niveau bout pour bout, l'écart du limbe avec
le plan horizontal est doublé par le retournement, et qu'on l'a-
néantit par le jeu des vis, jeu de peu d'amplitude, comme toutes
les corrections, parce qu'on commence à faire la rectification à
vue, approximativement. Cette correction opérée, on amènera
facilement le limbe à être horizontal par les vis du pied.

2° L'axe de l'instrument ou support vertical de la lunette est de
construction perpendiculaire au plan du limbe, en sorte que le
mouvement précédent le rend réellement vertical.

3° Il faut alors que l'axe de rotation de la lunette soit horizontal ;

4° et que l'axe optique soit perpendiculaire à l'axe horizontal
de rotation.

Suspendez à la corniche d'un bâtiment un fil de zinc, retenu en
bas par un anneau, un piton, pour éviter de trop grands ballotte-
ments, et tendu par un poids ; ou bien servez-vous de l'arête
d'une maison dont vous êtes sûr de la verticalité, ou diagona-
lement de l'arête du milieu d'une cheminée pyramidale d'usine ;
puis voyez si, en faisant plonger la lunette, la croisée des fils
descendra ou montera le long du fil vertical. Si l'axe optique ne

croise pas à angle droit l'axe de rotation, il décrira un hyperbo-
loïde de révolution, c'est-à-dire, une surface gauche; si l'axe
coupe l'axe de rotation, ce sera une surface conique. Or il faut
qu'il y ait rectangularité entre les trois axes, car on conçoit qu'évidemment le mouvement de la ligne de foi de l'alidade n'indiquerait pas exactement la mesure de l'angle en projection horizontale.
La chemise ou enveloppe qui maintient l'axe de rotation de
la lunette dans la colonne qui traverse le limbe, y est maintenue
par quatre vis qui permettent à cet axe de basculer, à l'aide d'un
renflement ou bourrelet arrondi qui butte contre la surface in-
terne d'un tronc de cône. L'axe de rotation sera amené horizontal quand le point d'intersection des fils du réticule décrira une
courbe peu prononcée entre deux points du fil vertical où la croisée coïncidera. Cette courbe est la perspective de la surface
courbe décrite par l'axe optique sur un plan vertical. On rendra
nulle la flèche de la courbure, on changera la nappe gauche ou
conique en un plan perpendiculaire, au moyen d'une petite vis
adaptée à la lunette et qui déplace latéralement le réticule.

Dans d'autres théodolites la lunette, reposant par deux tourillons sur deux collets, peut s'enlever et se retourner bout pour
bout dans son plan vertical; en sorte qu'en ramenant l'oculaire
devant l'œil par le retournement azimuthal du limbe, on peut
rendre l'écart apparent sur un objet lointain, ce qui fournit un
bon moyen de vérification et une correction plus complète. La
construction du théodolite Fig. 130, ne permet pas ce double retournement : on atténue les inégalités restantes résultant de ce mode
approché de rectification par la répétition. En général, il faut
autant que possible vérifier et rectifier les instruments dans les
limites de leur emploi, et même au-delà, un instrument pouvant
être juste de près et faux à de plus grandes distances.

Quant à l'arc de cercle qui donne les angles verticaux, on
amène d'abord la lunette horizontale, par les retournements et
les moyens que nous indiquerons à l'article du nivellement; puis à
l'aide de deux petites vis, qui changent la corrélation de l'axe
optique avec la ligne des zéros de ce limbe, on amène son zéro
sur celui du vernier.

Si la lunette inférieure n'est pas tout à fait concentrique avec

la lunette supérieure, la différence est très-petite, il est facile
d'en tenir compte par le calcul ; ou l'on s'en affranchit par le maniement même de l'instrument, en ne se servant de cette lunette
inférieure que comme d'une lunette de vérification.

La justesse d'un graphomètre se vérifie, quant à la position des
pinnules, en observant si les quatre fils se confondent lorsque
les zéros sont en coïncidence et dans la position inverse. Pour
l'exactitude des divisions, faites un tour d'horizon, ou mesurez
les angles d'un triangle, d'un polygone quelconque : voyez si la
somme des angles donne autant de fois deux droits qu'il y a de
côtés moins deux. On mesurera sur le limbe les angles opposés
par le sommet, dont la moyenne centrera l'instrument. On s'assure que les divisions sont égales à l'aide d'un compas à pointes
très-fines : un examen attentif de l'instrument indique les divers
moyens à employer. Tout instrument doit porter en lui-même
la possibilité de le rectifier : aussi la plupart sont-ils munis de vis
particulières, dites vis de rectification.

J'observe qu'à l'aide d'une autre combinaison de vis, on peut
obtenir un mouvement rapide ou lent à volonté : cette disposition
évite des tâtonnements et des soubresauts. Ainsi, par exemple,
que l'on veuille braquer la lunette supérieure sur un signal, on
desserrera la vis de la pince et on amènera d'un mouvement rapide la lunette, en bornoyant par le canon, vers le signal ; puis
regardant dans la lunette, on placera le signal dans le champ de
cette lunette; on serrera la vis de la pince, et en agissant sur
celle de rappel, on dirigera de suite le point d'intersection des
fils micrométriques sur le centre du signal. L'invention du mouvement général et du mouvement de rappel rend le maniement
commode et précis, et constitue encore un grand perfection-
nement.

Les élèves devront s'exercer sur les instruments mêmes, à les
décrire, à les discuter, à les manier, sans quoi ils risqueraient
de commettre des erreurs grossières. Je ne puis trop recom-
mander cette étude des diverses pièces corrélatives des instruments : car cette discussion, faite avec soin et intelligence,
résume la pensée topographique, la sagacité de l'inventeur, les
précautions indispensables pour devenir habile dans les applications.

De la lunette des instruments de topographie. Rappelons d'abord quelques propriétés fondamentales des lentilles : **L** point placé sur l'axe principal d'une lentille biconvexe, **F** son foyer; **L'** point placé sur un axe secondaire : l'objet **L L'** donne une image focale **F F'**; **L L'** et **F F'** sont conjugués l'un de l'autre. Quand **L** est à l'infini, **F** devient le foyer principal. Le centre optique **C** est un point intérieur tel que tout rayon qui y passe sort dans une direction parallèle à celle qu'il avait en entrant. On ne reçoit, à l'aide de diaphragmes, que les rayons peu inclinés sur l'axe principal, pour éviter l'aberration de sphéricité. Voir les figures adjacentes au théodolite de la figure 130.

La théorie des lentilles se résume dans les deux formules suivantes : $\frac{1}{M} = \frac{1}{F} - \frac{1}{B}$.. (1), $F = \frac{R\,R'}{(n-1)\,(R'-R)}$..(2) **F** est la distance focale principale, **B** la distance de l'objet à partir du centre optique; **R**, **R'** les rayons de courbure de la lentille, *n* l'indice de réfraction de la substance.

En discutant la formule (1), on trouve pour les hypothèses principales :

$$B = \infty \ \cdots\cdots\cdots\cdots \ M = F$$

$$B = 100\,F \ \cdots\cdots\cdots\cdots \ M = F + \frac{F}{99}$$

$$B = 2\,F \ \cdots\cdots\cdots\cdots \ M = 2\,F.$$

$$B = F \ \cdots\cdots\cdots\cdots \ M = \infty$$

$$B = \frac{F}{2} \ \cdots\cdots\cdots\cdots \ M = -F$$

Ce dernier cas nous apprend que quand l'objet est à une distance moindre que **F**, **M** est négatif, il y a foyer virtuel, image virtuelle. Soit un objet $A_1\,B_1$ trop petit et trop près de l'œil pour qu'on puisse bien le distinguer : si j'interpose une lentille biconvexe **C'** de façon que $C'\,p < F$, l'œil apercevra une image **A' B'** a grandie et reculée à la distance de la vision distincte. Tel est le principe de la loupe ou microscope simple. Le grossissement sera

$$\frac{A'\,B'}{A_1 B_1} = \frac{C'\,p'}{p'\,C'}$$

Quant au centre optique, il suffit de savoir qu'il existe, sa position se détermine aisément, mais nous renverrons pour ce sujet et pour d'autres détails secondaires, aux traités d'optique ou de physique où l'on trouvera tous les développements complémentaires sur la lunette dite astronomique, qui est celle des instruments de géodésie et de topographie. Nous allons résumer sa composition, et surtout définir ce qu'on entend par l'axe optique, dont la détermination dans la lunette est nécessaire pour la mesure des angles.

La lunette se compose d'une première lentille C appelée l'objectif, qui plus grosse et plus efficace produit une image vive, nette et renversée du signal, à son foyer, mobile avec la distance de ce signal : l'oculaire est la seconde lentille C', c'est une loupe qui regarde, agrandit l'image du signal formé par l'objectif. L'oculaire qui ne renverse pas l'image ne rectifie pas celle qui est produite par l'objectif : si on voulait redresser l'image, il suffirait d'interposer un verre de plus : mais alors on éteindrait un peu la lumière, ce qui nuirait au pointé. Ainsi dans cette lunette :

1° L'image du signal est vue renversée ;

2° La longueur de la lunette est sensiblement égale à la somme des distances focales principales de l'objectif et de l'oculaire ;

3° L'amplification est égale à la distance focale principale de l'objectif divisée par la distance focale principale de l'oculaire.

La lunette dans cet état ne pourrait pas servir à mesurer les angles : il faut qu'on y définisse une ligne invariable suivant laquelle on visera le signal. Deux fentes de pinnules ne déterminent pas un rayon bien exact, puisque la ligne de visée peut balloter d'un bord à l'autre : une fente servant d'oculaire et un crin tendu dans une fenêtre opposée, servant d'objectif, est plus juste, et le champ est plus vaste pour reconnaître les objets qui environnent le signal. Dans une lunette *l'axe optique est la ligne qui joint le centre optique de l'objectif avec la croisée des fils du réticule amené au foyer commun des deux verres.* Le réticule est composé de deux fils de soie retenus avec de la cire dans des traits perpendiculaires entre eux, en croix, tracé sur le fond évidé d'un petit tube qui glisse à frottement dans le canon de la lunette, ou est mobile par un mécanisme intérieur à l'aide d'un bouton extérieur.

Pour opérer sans tâtonnements, sans déhochement de l'instrument, on avance ou on recule d'abord le petit tube qui porte l'ocu-

laire, de manière à rendre bien visibles les fils du réticule ; puis on
agit sur un tube qui entraîne ce système de façon à rendre nette
l'image du signal : c'est-à-dire qu'on amène les fils du réticule au
foyer de l'oculaire et ce foyer en coïncidence avec celui de l'objectif. Si cette condition de la coïncidence des deux plans focaux
de l'objectif et de l'oculaire et des fils du réticule n'est pas remplie, l'image est en avant ou en arrière du réticule, et un léger
déplacement de l'œil projette différemment les fils et l'objet l'un
sur l'autre ; il y a parallaxe, c'est-à-dire que la ligne de visée
n'est pas bien définie, de là des angles altérés. Quand le réticule
est réglé, ou peut déplacer l'œil, comme lorsqu'on passe du signal
de gauche au signal de droite dans le maniement de l'instrument ;
on révise toujours suivant la même ligne, axe d'autant plus précis
que les fils sont plus fins. On sait qu'on est arrivé à une grande
finesse de fils dans les instruments d'astronomie, au moyen de
fils de platine filés revêtus d'argent. On peut distinguer trois
axes : celui du tube ou canon de la lunette, celui qui joint les
centres optiques des deux lentilles, enfin l'axe optique tel que
nous venons de le définir. Ces trois axes peuvent fort bien ne pas
coïncider, quoiqu'on puisse s'arranger à les identifier.

La formule (1) montre que si la distance d'un signal varie, l'i-
mage doit changer de place et que, par conséquent, il faut faire
varier la position du réticule selon que les signaux sont plus ou
moins éloignés. Aussi les grandes lunettes portent-elles une vis qui
sert à cet usage. Mais cette même formule fait voir que pour des
variations de distances très-considérables, le foyer change très-peu,
puisqu'en descendant de l'infini à une distance 100 F, toujours
relativement très-petite, l'image ne se déplace que de $\frac{F}{99}$. C'est
pour cela que dans les instruments ordinaires, il arrive souvent
que le réticule se règle à frottement sur une distance moyenne et
qu'on n'y touche plus.

La cire qui fixe les fils dans ce tube permet, en le retirant, de
rétablir des fils de soie ou d'araignée, quand les premiers sont
tordus ou détendus par la chaleur, l'humidité.

Les lunettes sont préférables aux simples pinnules surtout dans
les forêts, où le jeu de la lumière trompe sur l'objet visé, et sur-

tout sous les massifs de futaie où le jour est assombri. Le champ
de la lunette aide à retrouver le jalon. L'intérieur du tube est
noirci pour éviter la lumière diffuse, les lentilles sont achroma-
tiques, etc. Il faut éviter de tourner la lunette par le canon extérieur, ce qui la fausserait, il faut agir délicatement sur l'alidade.

En résumé, augmentation de la grandeur apparente des objets en
les rapprochant, netteté comme s'ils se plaçaient à la distance de
la vue distincte, mais surtout pointé sûr et invariable, suivant une
direction convergeant vers l'idéal mathématique. L'introduction
du réticule est une de ces inventions qui ont fait faire un grand
progrès dans la mesure précise des angles.

Entretien des instruments. Indiquons des précautions qui ne sont
pas à négliger dans la pratique. On applique généralement sur
le cuivre des instruments un vernis. Les parties sans vernis sont
dites polies au gras : on peut les essuyer fortement. Il ne faut
frotter une pièce vernie qu'avec un linge fin, usé, doux, très-
propre. Les échelles et les compas sont sans vernis : on en net-
toie le cuivre avec du blanc d'Espagne appliqué sur une peau de
chamois. Il est important de soigner les instruments : car sans
cela les divisions s'altèrent, les mouvements deviennent gênés.
Il faut bien placer les instruments dans leur boîte, où ils sont
fixés par des arrêts. Ils ne doivent pas balloter et on les surveillera dans les transports. On graissera avec un peu de suif les vis
des instruments neufs, etc.

Art. III. — Corrections angulaires.

Suivant la position des signaux et l'instrument dont on se sert,
il est quelquefois nécessaire d'effectuer certaines corrections. On
cherchera à les éviter pour abréger le travail; mais de ce qu'elles
ne sont pas toujours indispensables, il n'en résulte pas qu'il faille
glisser sur leur appréciation : c'est, au contraire, leurs expressions mathématiques qui dévoilent l'influence des différentes
sources d'erreur, et il est essentiel d'opérer avec connaissance
de cause. Voici ces corrections.

Réduction au centre de la station ou à l'axe du signal. Dans une
triangulation, on doit tâcher de mesurer les trois angles de cha-

que triangle pour répartir l'erreur; or il n'est pas toujours possible de se placer au centre C de la station, projection, par
exemple, de la flèche d'un clocher ou du sommet d'un rocher.
On stationne alors en un point O voisin (Fig. 25), et l'on mesure
l'angle A O B = o. Il s'agit de trouver la correction qu'il faut lui
faire subir pour avoir l'angle véritable c ou de position. L'angle
B O C = y s'appelle l'angle de direction. C A = d est la
distance de droite, C B = g la distance de gauche. Or
B I A = c + B = o + A, d'où $c = o$ + A — B. Les angles
A et B sont assez petits pour qu'ils soient proportionnels à leurs
sinus, donc A = $\dfrac{\sin. A. 1''}{\sin. 1''}$. D'ailleurs $\dfrac{\sin. A}{\sin. (o+y)} = \dfrac{r}{d}$, r étant la
distance des points O et C. Donc A = $\dfrac{r \sin. (o+y) 1''}{d \sin. 1''}$; de même

B = $\dfrac{r \sin. y. 1''}{g \sin. 1''}$. Donc

$$c = o + \frac{r \sin. (o+y) 1''}{d \sin. 1''} - \frac{r \sin. y. 1''}{g \sin. 1''}.$$

Les deux derniers termes forment la correction exprimée en
secondes. Il suffira de connaître d'une manière approchée, *au
moyen des angles non corrigés du canevas*, les distances d et g de
droite et de gauche. Les éléments r et y de la réduction se déterminent *directement*. Cette détermination varie avec les cas : nous
citerons un exemple. Soit C (Fig. 26), le centre d'une tour ronde.
Mesurez les angles T O B, T' O B ; la demi-somme sera l'angle y.
Connaissant la circonférence de la tour, on aura son rayon, qui,
ajouté à O K, donnera r.

La formule précédente est générale : le centre C étant à gauche
de l'observateur, on fera attention aux signes des sinus de o + y
et de y. D'après la formule, quand les signaux sont fort loin,
c'est-à-dire, quand les distances g et d sont considérables, la correction est négligeable ; elle est aussi nulle quand les deux termes se détruisent, auquel cas les angles A et B sont égaux, les
quatre points A, B, C, O sont sur une même circonférence et les
deux angles o et c sont les mêmes.

La discussion de la formule explique pourquoi en forêt on peut
quelquefois s'écarter du centre d'une borne et prendre des angles

au pied d'un signal sans l'abattre, lorsque les points visés sont éloignés.

Quand l'obstacle n'est pas une tour régulière, mais un objet quelconque, le moyen le plus général consiste à faire le plan à une assez grande échelle du lieu du signal et à déduire graphiquement les éléments de la correction.

Réduction à l'horizon. Soit o' l'angle observé, o l'angle réduit à l'horizon, i et i' les angles à l'horizon des côtés de o'; les angles i et i étant supposés très-petits, on aura pour la correction :

$$o - o' = \tang. \frac{o'}{2} \times \left(\frac{i+i'}{2}\right)^2 \sin. t' - \cot. \frac{o'}{2} \times \left(\frac{i-i'}{2}\right)^2 \sin. 1',$$

en minutes; formule dont j'abandonne la démonstration aux élèves. On peut y arriver par la trigonométrie sphérique ou par la rectiligne. Les lunettes plongeantes évitent cette correction.

On réunit les deux corrections en une seule formule, en les ajoutant entre elles : la correction totale devient :

$$c - o' = \begin{cases} \tang. \frac{o'}{2} \times \left(\frac{i+i}{2}\right) \sin. 1' - \cot. \frac{o'}{2} \times \left(\frac{i-i'}{2}\right) \sin. 1' \\ + \frac{r}{d} \sin. \frac{(o+y)}{\sin.1'} - \frac{r}{g} \frac{\sin. y}{\sin. 1'} \end{cases}$$

o' peut sans erreur sensible être substitué à o dans la parenthèse ou cet angle se trouve.

La formule de la réduction à l'horizon nous conduit à une conséquence importante, savoir qu'un petit défaut dans l'horizontalité du limbe n'influe pas autant qu'on pourrait le penser sur la mesure de l'angle. En effet, si on prend pour i et i' les petites déviations du limbe, les carrés de leur demi-somme et de leur demi-différence, et le signe négatif du second terme, abaissent considérablement la différence. On traitera la même question dans le cas d'un écart du plan vertical dans la mesure des angles de nivellement.

Correction de l'excentricité de la lunette inférieure. Dans la 1ʳᵉ position (Fig. 27), en mesurant de 2 en 2, les lunettes sont dirigées sur les signaux A et B de gauche et de droite. A C B = = $m + \alpha$. Puis, dans la 2ᵉ position (Fig. 28), on fait tourner tout le système de manière à amener la lunette inférieure sur le signal de gauche A. Dans le 3ᵉ mouvement, on ramène la lunette supérieure du zéro rejeté vers la direction C A′, de A′ sur B. L'angle a lu égale A′ C B. Or il est évident que $a = a^l + x$. D'un autre côté, a^l extérieur au triangle A C m^l donne

$$a^l = m^l + \alpha'. \text{ Mais } m^l = m = x - \alpha.$$

De là

$$2\,x = a + \alpha' - \alpha, \quad x = \frac{1}{2}\,a + \frac{1}{2}\,(\alpha^l - \alpha).$$

Or, ε étant l'excentricité C O, le triangle rectangle A C O donne $\varepsilon = g \sin. \alpha^l$, et $\sin. \alpha' = \dfrac{\varepsilon}{g}$. B C O donne $\sin. \alpha = \dfrac{\varepsilon}{d}$. La proportionnalité admise pour les angles très-petits conduit à

$$\alpha = \frac{\sin. \alpha}{\sin. 1''} \text{ et } \alpha^l = \frac{\sin. \alpha^l}{\sin 1''}, \text{ donc } \alpha = \frac{\varepsilon.\,1''}{d \sin. 1''} \text{ et } \alpha' = \frac{\varepsilon.\,1''}{g \sin. 1''}.$$

Donc $x = \dfrac{1}{2}\,a + \dfrac{\varepsilon}{2 \sin. 1''}\left(\dfrac{d-g}{d\,g}\right)$, formule qui fournit la correction en secondes et fait voir que cette correction s'évanouit quand $g = d$; qu'elle est négligeable quand les signaux sont suffisamment éloignés : quand $\varepsilon = 0$, la lunette est concentrique.

Correction relative à la phase du signal. Il faut éviter les signaux dont le point de mire serait indécis. Soit $\alpha\,\beta\,\gamma\,\delta$ (Fig. 29), un signal dont la face éclairée $\alpha\,\gamma$ apparaît seule, à cause de l'éloignement.

On vise sensiblement au milieu A et la correction est l'angle A O M, puisqu'on devrait viser au centre M du signal. Voyons comment se fait cette correction, qui est rare. Elle a pour valeur en secondes $\dfrac{\sin. \text{A O M.}\,1''}{\sin. 1''}$. Le triangle A O M donne

$$\sin. \text{A O M} = \frac{\text{A M.}\sin. \text{A M O.}}{\text{A O}}. \text{ Donc la correction deviendra}$$

$\dfrac{\text{A M.}\sin. \text{A M O.}\,1''}{\text{A O } \sin. 1''}$; A O sera fournie par le calcul des angles non corrigés; A M peut se mesurer directement, ainsi que l'angle A M O, en se plaçant au centre du signal.

On se servira avantageusement, dans les petites triangulations, de perches à l'extrémité desquelles on ficellera de la paille enveloppée de toile ou de papier blanc : on visera facilement au centre du signal.

Dans les levers géodésiques, il y a une 5ᵉ correction qui se présente, savoir : celle de l'*excès sphérique*, dont nous parlerons plus loin.

CHAPITRE III.

CALCUL DE LA TRIANGULATION ET CONSTRUCTION DU PLAN
DU CANEVAS TRIGONOMÉTRIQUE.

Art. Ier. — Calcul provisoire et calcul définitif des triangles.

S'il n'y a pas de corrections à faire subir aux angles, telles que
la réduction au centre de la station, au centre de l'instrument,
au centre du signal, l'erreur de la somme des trois angles de chaque triangle se répartit sur chaque angle ; répartissez aussi sur
les angles pris autour d'une même station l'erreur trouvée dans
le tour d'horizon. Pour les petites triangulations, il suffit que
l'erreur sur chaque angle n'excède pas une minute. On calculera
ensuite de proche en proche, à partir de la base et d'après les
méthodes connues de la trigonométrie, les divers triangles du
réseau. Par l'effet de recoupements, certains côtés pourront être
calculés de deux façons, ce qui donnera autant de vérifications.
L'accord des bases de vérification avec le calcul, bases chaînées
directement, devra fournir de nouvelles preuves de la justesse
de l'opération. Les calculs successifs et leurs résultats seront
consignés par ordre et avec soin dans un registre particulier.
Lorsque les angles doivent éprouver des corrections, on procède
d'abord à *un calcul provisoire* des triangles, c'est-à-dire qu'on fait
le calcul avec les angles non corrigés. On obtient ainsi des valeurs approchées des côtés des triangles : comme les corrections
à apporter aux angles sont ordinairement très-petites, ces valeurs
des côtés sont suffisamment approchées pour pouvoir être substituées dans les formules des corrections, qui déterminent ainsi,

non pas exactement, mais avec une première limite d'erreur négligeable, les variations dont les angles doivent être affectés. Le calcul préalable des triangles est aussi consigné dans un registre ou tableau.

Les angles étant corrigés, effectuez le second calcul des triangles, qui est alors *le calcul définitif*. Telle est la marche générale. La forme du registre ou tableau pourra être la même pour les deux calculs. On dessinera dans l'espace blanc, laissé ici sous le calcul de chaque triangle, le triangle lui-même, avec indication de ses angles et de ses côtés.

Disposition du Registre pour le calcul provisoire ou définitif
des triangles.

NUMÉROS des triangles.	SOMMETS des ANGLES.	ANGLES.	LOGARITHMES des sinus DES ANGLES.	TYPES du CALCUL DES CÔTÉS.	COTÉS
	A Clocher de..	A =	Log. =	Log. B C. =	B C =
	B	B =	Log. =	Compt. Log. Sin. A =	
				Log. Sin. B =	
				Log. Côté A C =	A C =
1	C	C =	Log. =	Log. B C + Compt.	
				Log. Sin. A. =	
				Log. Sin. C. =	
				Log. Côté A B =	A B. =
	Somme des 3 angles....	360°			

	B	B =	Log. =		
2	C	C =	Log. =		
	D	D =	Log. =		
	Sommes des angles...	360°			

Ce tableau du calcul définitif arrête les longueurs de tous les côtés et les angles *conclus*. Les angles et les longueurs mesurés sur le terrain s'indiquent en noir sur l'épure de la triangulation ; les distances et les angles conclus se marquent en bleu. On adopte d'ailleurs des conventions convenables. Exposons actuellement comment on place exactement les signaux, soit sur l'épure de la triangulation, soit sur la feuille topographique des détails.

Art. II. — Transport des signaux sur la feuille topographique, calcul des distances à la méridienne et à la perpendiculaire.

Le moyen qui se présente d'abord pour placer les signaux sur la feuille, serait de décrire de proche en proche et de ces points, comme centres, en prenant pour rayons les côtés aboutissants, des arcs de cercle dont les intersections fixeraient les sommets. Les rayons ou côtés des triangles sont connus, puisqu'on vient de les calculer. Cette méthode peut être employée dans les levés de détail au graphomètre, mais elle n'est pas assez rigoureuse pour une triangulation. Elle présente en effet deux inconvénients : 1° chaque point étant déterminé d'après la position des précédents, les erreurs graphiques iront en s'accumulant ; 2° les côtés peuvent être trop grands pour être contenus dans une même feuille.

Table des cordes. Le rapporteur, qui convient pour les angles pris à la boussole, doit être entièrement rejeté ici. Un moyen graphique plus exact et qui est susceptible de rencontrer de nombreuses applications, est celui de la table des cordes que je vais expliquer : soit $A\,D = K$ (Fig. 30), la corde d'un angle $A\,S\,D = \alpha$, R le rayon $S\,A$, on a évidemment $K = 2\,R\,\sin.\frac{\alpha}{2}$ Cette équation donne la grandeur de α, connaissant la corde K et réciproquement ; on a réduit cette formule en table, en faisant l'hypothèse $R = 1000$. Voici son usage : je veux construire en S sur la droite $S\,A$, un angle donné α. Du point S décrivez un arc de cercle d'un rayon $S\,A$, dont la grandeur R soit mesurée sur une échelle de parties égales très-serrées ; du point A et d'un rayon égal à **A D = K,** terme de la table, décrivez un second arc, le point **D** d'intersection joint à **S** déterminera le second côté **S D** de l'angle. L'erreur de cette construction est comprise dans la seule épaisseur des traits. Ce moyen présente encore pour une triangulation l'inconvénient de laisser s'accumuler les erreurs graphiques.

Comme la table des cordes est utile dans plusieurs circonstances, j'en insère une ici dont l'usage est facile à comprendre.

Table de Cordes pour le rayon 1000.

D	0'	20'	40'	Diff. pour 1'.	D	0'	20'	40'	Diff. pour 1'	D	0'	20'	40'	Diff. pour 1'.
0°	0	6	12	0,29	42°	717	722	728	0,27	84°	1338	1343	1347	0,21
1	18	23	29		43	733	738	744		85	1351	1356	1360	
2	35	41	47		44	749	755	760		86	1364	1368	1373	
3	52	58	64		45	765	771	776		87	1377	1381	1385	
4	70	76	81		46	782	787	792		88	1389	1394	1398	
5	87	93	99		47	798	803	808		89	1402	1406	1410	
6	105	111	116		48	814	819	824	0,26	90	1414	1418	1422	0,20
7	122	128	134		49	829	835	840		91	1426	1431	1435	
8	140	145	151		50	845	851	856		92	1439	1443	1447	
9	157	163	169		51	861	866	872		93	1451	1455	1459	
10	174	180	186		52	877	882	887		94	1463	1467	1471	
11	192	198	203		53	892	898	903		95	1475	1479	1482	
12	209	215	221	0,29	54	908	913	918	0,25	96	1486	1490	1494	0,19
13	226	232	238		55	924	929	934		97	1498	1502	1506	
14	244	250	255		56	939	944	949		98	1509	1513	1517	
15	261	267	273		57	954	959	965		99	1521	1525	1528	
16	278	284	290		58	970	975	980		100	1532	1536	1540	
17	296	301	307		59	985	990	995		101	1543	1547	1551	
18	313	319	324		60	1000	1005	1010		102	1554	1558	1562	0,18
19	330	336	342		61	1015	1020	1025		103	1565	1569	1573	
20	347	353	359		62	1030	1035	1040		104	1576	1580	1585	
21	365	370	376		63	1045	1050	1055		105	1587	1590	1594	
22	382	387	393		64	1060	1065	1070		106	1597	1601	1604	
23	399	404	410		65	1075	1080	1084	0,24	107	1608	1611	1615	
24	416	422	427	0,28	66	1089	1094	1099		108	1618	1621	1625	0,17
25	433	439	444		67	1104	1109	1114		109	1628	1632	1635	
26	450	456	461		68	1118	1123	1128		110	1638	1642	1645	
27	467	473	478		69	1133	1138	1142		111	1648	1652	1655	
28	484	490	495		70	1147	1152	1157		112	1658	1661	1665	
29	501	506	512		71	1161	1166	1171		113	1668	1671	1674	
30	518	523	529		72	1176	1180	1185	0,23	114	1677	1681	1684	0,16
31	535	540	546		73	1190	1194	1199		115	1687	1690	1693	
32	551	557	562		74	1204	1208	1213		116	1696	1699	1702	
33	568	574	579		75	1218	1222	1227		117	1705	1708	1711	
34	585	590	596	0,28	76	1231	1236	1241		118	1714	1717	1720	0,15
35	601	607	613		77	1245	1250	1254		119	1723	1726	1729	
36	618	624	629		78	1259	1263	1268	0,22	120	1732	1735	1738	0,14
37	635	640	646		79	1272	1277	1281		121	1741	1744	1746	
38	651	657	662		80	1286	1290	1295		122	1749	1752	1755	
39	668	673	679		81	1299	1303	1308		123	1758	1760	1763	
40	684	690	695		82	1312	1317	1321		124	1766	1769	1771	0,13
41	700	706	711		83	1325	1330	1334		125	1774	1777	1780	

Diff. 1 pour 2'.	Diff. 1 pour 3'.	Diff. 1 pour 3'.
2 pour 6'.	2 pour 6'.	2 pour 10'.
3 pour 10'.	3 pour 9'.	3 pour 15'.
4 pour 14'.	4 pour 16'.	

Calcul des distances à la méridienne et à la perpendiculaire. On remédie aux inconvénients précédemment signalés, et on satisfait en même temps à d'autres conditions importantes, en calculant les coordonnées de chaque signal par rapport à deux axes rectangulaires, savoir : *la méridienne terrestre et sa perpendiculaire passant par un sommet principal*, généralement par un point de la carte de France, ce qui rattache immédiatement le plan au canevas fondamental de celle-ci.

Soit (Fig. 31), le réseau des triangles, A *y* la méridienne passant par un point A; k, k', k'', k''',..... les côtés calculés : soit aussi connu l'angle z, qu'on appelle l'azimuth, que la base, un côté quelconque A B, fait avec la méridienne terrestre. Les distances à la méridienne, ou les abscisses x, sont positives vers l'est ; les ordonnées y, ou distances à la perpendiculaire, sont positives vers le nord. Il s'agit de calculer les coordonnées des différents signaux. Celles du point B sont A $p = x$, B $p = y$. Dans le triangle rectangle A B p, on connaît l'hypothénuse A B $= k$, et l'angle B A p, complément de l'azimuth z, les formules suivantes donneront y et x,

$$y = \frac{k.\ \text{Cos.}\ z}{\text{R.}} \qquad x = \frac{k.\ \text{sin.}\ z}{\text{R}}$$

d'où log. $y =$ log. $k +$ log. cos. $z - 10$
et log. $x =$ log. $k +$ log. sin. $z - 10$

On fera les deux calculs ensemble : on écrira de suite deux fois log. k séparément, et on mettra respectivement dessous les deux logarithmes angulaires, qui se trouvent dans la même page de la table.

Les coordonnées C p', A p' du point C se calculeront de même, au moyen de l'hypothénuse A C $= k'$ et de l'angle z' *déduit*. Pour avoir les coordonnées D p'', A p'' du point D, remarquez qu'il suffit d'ajouter à celles du point C les coordonnées relatives D d, C d du point D prises par rapport à C ; c'est-à-dire, de calculer le triangle rectangle D C d, dans lequel on connaît l'hypothénuse C D : l'angle z'' se déduit en retranchant de quatre droits la somme des angles connus autour du point C.

On formulera aisément une règle simple et facile pour déduire les angles azimuthaux, de proche en proche; ces angles peuvent se déduire avant tout calcul, d'après les angles observés ou moyens adoptés. Il sera loisible de procéder à une répartition des différences sur les azimuths eux-mêmes, dans certains cas, pour achever de niveler ou d'amoindrir les inégalités en les partageant sur les divers points.

Il est facile de saisir la marche générale. Les coordonnées absolues des signaux s'obtiendront par des additions ou des soustractions : c'est-à-dire qu'elles seront des sommes algébriques de coordonnées déjà évaluées de certains sommets et des coordonnées relatives des signaux non encore déterminés, prises par rapport à ces sommets déjà calculés. Pour connaître ces coordonnées partielles, on mènera par chaque signal des parallèles aux axes principaux et tout se réduira à calculer des triangles rectangles dont les hypothénuses seront les côtés des triangles du réseau et dont les angles azimuthaux se déduiront, en retranchant de la réunion des angles en chaque point trigonométrique la somme des angles connus.

Il pourrait y avoir incertitude : un point, 1 par exemple, très-voisin de la parallèle aux x, tombe-t-il en dessus ou en dessous ? Or la discussion attentive des valeurs doit être aidée d'un croquis fait avec assez d'exactitude pour bien gouverner les calculs : opérer d'une manière sûre, c'est opérer rapidement. Quand on a calculé dans l'ordre A, B, C, E, I, F, si on procède dans le sens A, G, F, on devra trouver pour les coordonnées du point F un accord satisfaisant dans les décimales des deux résultats. C'est ainsi que se vérifie le calcul. Si en partant du point A on y revient en passant par tous les sommets, les coordonnées finales devront être zéro comme celles de départ supposées nulles.

Les valeurs des coordonnées absolues seront consignées avec leurs signes dans un tableau de la forme suivante.

Tableau des Coordonnées.

DÉSIGNATION des SIGNAUX.	DISTANCES		OBSERVATIONS.
	à la MÉRIDIENNE.	à la PERPENDICULAIRE.	
A	$x =$	$y =$	
B	$x = +$	$y = +$	
....			
....			
H	$x = +$	$y = -$	
....			
L	$x = -$	$y = -$	

J'insère (Fig. 32), un exemple peu compliqué de canevas trigonométrique, pris parmi nos exercices. Le lecteur fera bien de s'exercer, avec les données numériques de ce cas particulier, au calcul des distances à la méridienne et à la perpendiculaire.

Dans cet exemple, l'erreur tolérée sur les angles était 1′ : les inégalités furent réparties. Il est facile d'estimer quelle peut être l'influence des erreurs résultant de cette tolérance. Soit φ l'erreur angulaire sur un angle, que nous supposerons appartenir à un triangle équilatéral : en nous reportant à une formule déjà établie, le rapport de l'erreur E au côté adjacent c est $\frac{E}{c} = \frac{\sin. \varphi}{\sin. (B+\varphi)} = \frac{\sin. 1′}{\sin. (60° \, 1′)} = 0,0003358$. En sorte que pour un kilomètre, $E = 0^m,3358$, cette quantité, à l'échelle $\frac{1}{1250}$, n'est plus graphiquement que $0^m, 0002686$.

Placement des signaux sur la feuille. Soit N P Q S (Fig. 33), la feuille de papier sur laquelle on veut transporter les signaux $\alpha, \beta, \lambda.....$ dont on a calculé les coordonnées. Concevez sur le terrain une 1re série de parallèles à la méridienne, équidistantes

entre elles, et une 2° série parallèle à la perpendiculaire. Le terrain sera décomposé en carreaux. Nommons E le côté de chaque
carreau ou l'équidistance des lignes. En réduisant à l'échelle $\frac{1}{M}$,
l'intervalle sur la feuille topographique sera $e = \frac{E}{M}$. En admettant sur le papier une équidistance constante $e = 0^m, 1$, il en ré-
sultera qu'aux échelles $\frac{1}{1250}$, $\frac{1}{2500}$, $\frac{1}{5000}$, $\frac{1}{10000}$, l'écartement des parallèles sur le terrain sera respectivement 125^m,
250^m, 500^m, 1000^m. Les valeurs des coordonnées des points extrêmes, jointes à l'inspection du croquis de leur calcul, fera
connaître l'éloignement par rapport aux bords de la feuille qu'il
faudra donner aux premières parallèles, de façon que le plan soit
bien placé au centre de cette feuille. Les parallèles devront être
menées avec beaucoup de soin, et on les numérotera convenablement sur deux côtés du cadre. Dans notre figure, les axes sont
hors de la feuille : quand l'un d'eux ou tous les deux y passent, on
les trace souvent d'un trait un peu plus fort. La feuille étant ainsi
disposée et *orientée plein nord*, c'est-à-dire, le nord en haut et
l'est à droite, voyons comment nous y placerons un des signaux,
α par exemple. D'abord les valeurs de ses coordonnées appren-
nent dans quel carreau il se trouve et quelles sont ses coordonnées relatives ii', α i. On portera rectangulairement ces deux coordonnées et le point α sera placé. Les autres signaux β, λ, δ.....
se construisent de même. Or remarquez que tous ces signaux
sont fixés indépendamment les uns des autres, d'après les valeurs
numériques très-approchées du tableau des coordonnées : il s'en-
suit que les erreurs graphiques ne peuvent aller en s'accumulant,
et que ces points sont construits avec toute l'approximation dé-
sirable.

Si la feuille doit représenter l'épure de la triangulation, on joindra les points entre eux de manière à figurer les triangles du canevas ; les lignes, les angles mesurés sur le terrain seront dessinés
ou cotés en noir ; les distances et les angles conclus seront indiqués
en bleu ; les signaux seront entourés d'un petit cercle. Je renvoie
pour tous ces détails aux prescriptions et conventions graphiques
données dans le cours de dessin. On indiquera tous les dé-

tails à mettre sur l'épure quand nous ferons une application de triangulation. Lorsque la feuille porte les détails des levés partiels, les signaux restent isolés ; nous verrons dans le livre troisième comment se figurent, en se groupant autour d'eux, les divers objets du terrain.

Division en feuilles partielles, carte d'ensemble. Nous avons supposé précédemment que le plan tout entier pouvait être renfermé dans la feuille. Mais dès que le terrain est considérable et est levé à une certaine échelle, on décompose le plan en feuilles partielles, renfermant au moins un point trigonométrique. Les parallèles de ces feuilles séparées sont convenablement numérotées, de façon à pouvoir être par la pensée rapprochées entre elles. On rapporte sur chacune d'elles les levés de détail : c'est ainsi que, dans le travail de la nouvelle carte de France, les élèves sortant de l'École d'état-major remplissent successivement des feuilles correspondant à une étendue de terrain plus ou moins grande.

La réunion de ces feuilles, juxta-posées et réduites à une échelle différente, forme ce qu'on appelle *la carte d'ensemble.* Ainsi, la méthode des coordonnées non-seulement permet de placer les signaux avec la dernière exactitude, mais donne encore le moyen de partager la carte en feuilles partielles détaillées, orientées et susceptibles de rapprochement.

Art. III. — Détermination de l'azimuth de la base ou tracé sur le terrain d'une méridienne terrestre.

Dans le calcul des coordonnées j'ai supposé connu un élément qu'il nous reste à déterminer, savoir : l'angle z que fait un côté du réseau avec la méridienne terrestre.

Première méthode, par le Gnomon. Disposez horizontalement (Fig. 34), une planchette munie d'un style ou gnomon percé en o d'un petit trou. La plaque est inclinée de manière qu'elle soit à peu près perpendiculaire au rayon solaire à midi. Soit K la projection du trou o : de K comme centre décrivez plusieurs arcs de cercle concentriques. Tracez sur la planchette l'homologue

a b de la direction du point A, où on se trouve, vers un point B
éloigné : une alidade placée sur *a b* servira à vérifier si la planchette ne se dérange pas et à donner l'orientation de A B, par
suite celle de tout le levé. Quelques heures avant et après midi,
marquez les points où le rayon solaire vient symétriquement
couper les circonférences concentriques. Le lieu géométrique
du milieu des arcs est la trace du méridien terrestre, en prenant
la position moyenne. On fait ici abstraction de la variation diurne
du soleil : c'est aux solstices qu'elle est la plus faible. Si on veut
y avoir égard, on se servira des tables calculées qui se trouvent
dans les traités d'astronomie ou de gnomonique.

Ce procédé devient plus commode si l'on construit la courbe
d'ombre. Suspendez une perle à un fil vertical ; et d'intervalle en
intervalle, avant et après midi, marquez un point au centre de
l'ellipse, ombre portée sur la planchette horizontale. En la reportant au cabinet, il sera facile de construire, point par point, la
courbe des ombres. Puis de la projection du plomb conique qui
tendait le fil, comme centre, on décrira les circonférences concentriques ; on déduira la moyenne des positions de la méridienne
bissectrice. Ayant tracé sur la planchette, avec une alidade la
direction d'un signal, visée qui sert aussi à s'assurer de l'invariabilité de la feuille pendant l'opération des points, opération qui
peut être du reste interrompue par quelques nuages passagers,
on formera avec cette ligne et la méridienne, en les croisant par
une troisième ligne, un grand triangle graphique dont on déduira
par le calcul l'angle de la méridienne avec la direction de repère,
angle qu'il sera facile d'aller ouvrir au besoin dans la campagne.
Le réseau sera orienté.

Deuxième méthode ; observation de nuit par l'étoile polaire. En
prolongeant (Fig. 35), les gardes α, ϐ, de la grande Ourse, on rencontre l'étoile polaire α, à l'extrémité de la queue de la petite
Ourse, constellation semblable à la première, mais de dimensions
et d'un éclat moindres. L'étoile polaire se place deux fois en
vingt-quatre heures, en tournant autour du pôle, dont elle est
très-voisine, dans le plan méridien. Vous reconnaîtrez sensiblement ces instants pour l'époque actuelle, en suspendant un fil à

plomb et en attendant, placé à quelque distance derrière, que les deux étoiles α et la première ε de la queue de la grande Ourse soient occultées par le fil. On fait poser une lumière sur le prolongement, et la ligne dirigée le lendemain par le fil et le support de la lumière est la trace du méridien terrestre. Il sera bon de rechercher préalablement à quel moment la coïncidence doit avoir lieu.

Autres méthodes. La méthode des *hauteurs correspondantes*, praticable avec le théodolite, et qui se trouve indiquée dans tous les traités élémentaires de cosmographie, résoudra aisément le problème de l'orientement azimuthal des plans.

Le moyen rigoureux employé en astronomie, consiste dans le déplacement successif du plan vertical, jusqu'à ce que la circonférence décrite uniformément par une étoile en vertu du mouvement diurne apparent, soit divisée exactement en deux parties égales. Mais ce moyen ne s'emploie guère que pour l'établissement d'une lunette méridienne.

Il est facile de se servir du levé et du coucher du soleil, quand l'horizon est découvert. Noircissez le verre de la lunette d'un théodolite, et amenez successivement le centre de cette lunette sur celui du soleil, au lever et au coucher. La bissectrice de l'angle décrit sera la trace cherchée, qu'on corrigera, pour plus de rigueur, de la variation diurne du soleil : on prendra la moyenne de plusieurs jours.

La connaissance des temps indique les étoiles visibles qui peuvent être situées du même côté du zénith du lieu où on veut tracer la méridienne, et ayant, lors de l'opération, soit la même ascension droite, soit des ascensions droites différant de 180°. Quand ces étoiles sont vues à la fois dans un même plan vertical, ce plan est celui du méridien. Il faut choisir des étoiles qui ne s'élèvent pas à plus de 50 degrés au-dessus de l'horizon. (Voyez pour ces différentes méthodes les traités d'astronomie.)

Le méridien tracé apprend quelle est, pour le lieu et l'époque, la déclinaison de l'aiguille aimantée : réciproquement, si on connaît cette déclinaison, on déterminera approximativement la trace du méridien terrestre. La petite erreur qu'on commet en la déter-

6

minant ainsi, n'influe pas sur l'exactitude du levé, en lui-même
et isolé : l'ensemble du plan aura seulement un peu tourné.
Mais lorsqu'il s'agit de coordonner des levés différents, de rendre
comparables des boussoles, il faut partir d'un azimuth commun,
sans quoi il y aurait empiétement et superposition. Quand il existe
des travaux antécédents auxquels on puisse avoir recours, des
triangulations voisines précédemment exécutées, et sur lesquelles
on puisse compter, le réseau de 1er ordre des triangles de la
carte de France, on peut en déduire l'azimuth d'un côté et
même une base, de laquelle on partira pour établir le nouveau
système. Ce moyen s'emploie pour les opérations de triangulations. Nous reviendrons plus loin sur ces questions importantes.
Ces procédés indirects seront à la fois élémentaires et exacts. La
Géodésie, d'un autre côté, enseigne à trouver directement les
azimuths pour les grands levés qui sont de son ressort.

CHAPITRE IV.

COMPLÉMENTS SUR LA MÉTHODE DES TRIANGULATIONS. RÉSEAU FONDA-
MENTAL PAR POLYGONES. EXPÉDIENTS PARTICULIERS.

Lorsqu'on opère sur un terrain couvert, dans une forêt peu
étendue, accidentée, mal percée, il se présente des difficultés
particulières : dans certaines tranchées, les hautes herbes, les
détours, les cimes feuillues des arbres s'élevant des fonds, empêchent souvent de prolonger les alignements. Dans ces cas
particuliers la composition d'un réseau de triangles non défectueux n'est parfois guère praticable. Nous allons chercher à lever
la difficulté, en substituant aux triangles des polygones d'un petit
nombre de côtés. Nous ferons voir qu'on peut ensuite, si on le
juge nécessaire, par exemple pour satisfaire aux instructions administratives, ramener cette forme transitoire d'un canevas par
polygones à celle d'un réseau de triangles, et cela sans se dé-
partir de la rigueur que réclame la nature d'une opération fondamentale.

Art. Ier. — Canevas périmétral. Transformation d'un système de polygones en
un système de triangles.

Rectification d'une base brisée. Commençons par établir un
lemme utile pour les cheminements sinueux en forêt. Il existe en
effet pour la rectification des bases brisées, sous des angles très-
ouverts, une formule commode : elle peut être d'une application
fréquente en forêts, où souvent il est difficile de dévier sensiblement d'une percée étroite et déjà pratiquée, telle que certaines
limites périmétrales, quelquefois presque obstruées, qui séparent
des cantons dans la profondeur des bois. Concevez un triangle
A B C (Fig. 57), dont l'angle C soit très-obtus. On connaît les
côtés comprenant B C $= a$, A C $= b$; θ étant le nombre de mi-

nutes contenues dans le supplément de l'angle obtus, proposons-nous de chercher quelle correction, calculable par logarithmes, il faut soustraire de la somme chaînée $a + b$ pour avoir le troisième côté c du triangle.

Dans la formule trigonométrique

$c^2 = a^2 + b_2 + 2\,a\,b\;\text{Cos. }\theta$, je remplace Cos. θ par $1 - \frac{1}{2}\theta^2$: en négligeant la 4e puissance de θ, et les puissances supérieures, de la série Cos. $\theta = 1 - \frac{\theta^2}{2} + \frac{\theta^4}{2.3.4} - \frac{\theta^6}{2...6}$... Il vient

$c^2 = (a+b)^2 - a\,b\,\theta$,

$$c = (a+b)\left(1 - \frac{a\,b\,\theta^2}{(a+b)^2}\right)^{\frac{1}{2}}$$

En développant et omettant ce qui est au-dessous de θ^2, on trouve $c = a + b - \frac{1}{2}\frac{a\,b\,\theta^2}{a+b}$. Or, dans la série, θ est l'arc en parties du rayon : il faut le transformer en minutes ou en secondes, ce qui se fait, par la proportionnalité des petits arcs, en remplaçant

θ par $\frac{\theta \sin.1'}{1'}$. La formule devient

$$c = a + b - \frac{a\,b\,\theta^2\,\sin.\,1'}{2\,(a+b)}$$

dans laquelle θ est dès lors le nombre de minutes lues sur l'instrument. On s'exercera à appliquer cette formule au cas d'un long cheminement composé de plusieurs alignements.

Quand de l'extrémité A d'une base rectifiée on doit viser plusieurs signaux, il peut arriver que de la station A on n'aperçoive pas l'extrémité B, mais le signal C : alors pour rapporter à la base A B les angles relatifs à A C, il faut connaître l'angle A. Or on a

$$\frac{\sin A}{\sin.\,\theta} = \frac{a}{c}, \text{ et sin. } \theta = \theta - \frac{1}{6}\theta$$

$$\text{d'où sin. A} = \frac{a\,\theta}{c}\left(1 - \frac{1}{6}\theta^2\right).$$

Substituons la valeur précédente de c, rappelons-nous que A = sin. A $+ \frac{1}{6}$ sin.^{3} A, changeons enfin les petits arcs

A et θ en A sin. 1′ et θ sin. 1′, pour les exprimer en minutes,
nous obtiendrons le résultat

$$A = \frac{a\,\theta}{a+b} + \frac{a\,b\,(a-b)\,\theta\,\sin.^2\,1'}{6\,(a+b)^3}.$$

La formule démontrée pour deux côtés, on conçoit ce qu'il y
aurait à faire pour une suite de côtés. Nous l'avons démontrée en
nous servant des séries. On peut encore la trouver plus élémentairement en se servant de la correction des lignes inclinées sous
de petits angles, en projetant les côtés sur la ligne rectifiée.

Marche à suivre pour un canevas périmétral. Soit C E F G D
(Fig. 58), le polygone qui enveloppe le canton à lever où l'un des
polygones qui décomposent la forêt ; R le point de rattachement,
par exemple le clocher de la commune voisine. Je raisonnerai
dans un cas facile, celui où des extrémités C et D d'un côté C D
on peut apercevoir le point R de rattachement et quand le triangle C D R n'est pas défectueux.

On chaînera d'abord avec soin la base C D de rattachement et
tous les côtés du polygone, on mesurera les angles aux sommets
successifs C, E,…. G, D.

Il y aura ici une précaution à prendre, afin de ne pas confondre
les angles intérieurs et les angles extérieurs. La confusion disparaît en mesurant toujours les angles internes. Pour cela, les
zéros de l'alidade et du limbe étant en coïncidence, amenez l'axe
optique de la lunette supérieure, par le mouvement du limbe, sur
le signal quitté, puis dirigez la lunette sur le signal suivant, *dans
l'ordre du cheminement, en faisant passer l'objectif sur le polygone à
lever.* De cette façon on ne mesurera que les arcs intérieurs. Au
reste, ayez l'attention d'indiquer sur le croquis et sur le calepin de
quels angles vous avez pris la mesure. Il faut répéter ces angles.
Quand il s'en présentera de trop obtus, placez un signal intermédiaire, le plus loin possible : l'angle sera partagé en deux
parties qui, mesurées avec précision, pourront former par leur
réunion l'angle cherché.

Les angles et les côtés seront consignés dans un croquis
semblable à la Figure 58, et dans un calepin de la forme suivante :

Calepin d'un Canevas périmétral.

STATIONS.	POINTS VISÉS.	ANGLES.	CÔTÉS.	OBSERVATIONS.
D	C	D =	C D =	
C	E			
E	F			
F	G			

Rattachements. Lorsque le triangle de rattachement C D R est défectueux, il faut relier C D à des points intermédiaires entre C D et R pris dans la campagne. Dans tous les cas, il vaut mieux rattacher C D de deux manières à R, par un recoupement qui vérifie le rattachement. Si la forêt s'étend entre C D et R, et que R reste invisible de C et de D, conduisez un cheminement de chacun de ces points jusqu'à des positions telles que R soit apparent : ces rattachements se vérifieront l'un l'autre.

Quand il y aura dans l'intérieur du polygone des points culminants visibles de plusieurs stations du périmètre, on dirigera des rayons visuels sur un signal planté à chaque sommité, on aura ainsi des recoupements qui assureront le canevas. Il est évident que les dispositions du canevas dépendent de la configuration du terrain, et c'est ici que doit se développer l'intelligence du topographe, pour trouver la solution la plus ingénieuse.

On prendra en D avec la boussole l'angle de la base C D avec le méridien magnétique m m'. La déclinaison occidentale de l'aiguille étant connue, l'angle azimutal C D N s'en déduit, et on calculera, ainsi qu'il suit, les coordonnées des sommets. La résolution du triangle C R D fera connaître D R et C R ; les angles en D donneront l'angle R D i ; le triangle rectangle R D i déterminera les coordonnées, R $i = y$ et D $i = x$, du point D. Puis le triangle rectangle D G i', dans lequel on connaîtra D G et l'angle G D i', fournira les coordonnées de G relatives à D, par

conséquent les coordonnées absolues de G par une addition ;
ainsi de suite de proche en proche.

Ayant calculé les distances à la méridienne et à la perpendiculaire dans l'ordre D, G, F, E.... on les calculera dans le sens
D, C, E.... l'accord devra se manifester dans les coordonnées
d'un même point.

Après avoir formé le tableau des coordonnées de tous les sommets du polygone enveloppant le canton ou des polygones juxta-
posés qui décomposent la forêt, on placera les sommets sur la
feuille topographique ou sur les feuilles partielles, comme nous
l'avons indiqué au chapitre précédent, sans qu'il soit nécessaire,
pour l'exactitude, de transformer le réseau en triangles.

Décomposition des Forêts en Polygones. Considérons une forêt assez
étendue, par exemple celle de *Haye, près de Nancy :* AB CDEFG
(Fig. 59), est un des polygones décomposants. Les tranchées qui
limitent la forêt pourraient sans doute donner lieu à une formation de triangles plus ou moins réguliers ; mais vu l'aspérité du
terrain ou pour toute autre cause, nous préférons rester dans
l'hypothèse où nous nous plaçons, c'est-à-dire opérer par périmètres. On mesurera les angles et les côtés du polygone avec
l'exactitude que réclame la justesse d'un canevas. Des lignes de
recoupements, des triangles même vérifieront au besoin ce polygone ; l'erreur de la somme de ses angles sera répartie. Qu'on
ait déterminé en un point quelconque, D par exemple, l'angle
d'un côté aboutissant avec la méridienne magnétique, ou bien
qu'on ait directement, dans un endroit découvert en A, tracé la
méridienne terrestre, il sera facile de calculer par des triangles
rectangles les coordonnées de chaque point du polygone par rapport à l'un d'eux.

Imaginez un ensemble de figures analogues juxta-posées cou-
vrant de leur réseau le terrain boisé : ce que nous avons dit de
l'une des sections s'appliquera aux autres ; on calculera sans
difficulté le système rectangulaire des coordonnées de tous ces
sommets relativement à l'un des signaux, par des additions algébriques.

Or, en arrivant aux confins de la forêt, le terrain se démasque; de ces limites ou de points peu éloignés apparaissent des villages aux clochers desquels le réseau se relie par un enchaînement de triangles convenables. La forêt est ainsi rattachée, en ses stations extérieures et intérieures, à un point trigonométrique de la carte de France ou à plusieurs communes.

Il est évident que la méthode générale que je viens d'exposer s'applique à un polygone enveloppe qui embrasserait une petite forêt. Une bonne équerre d'arpenteur servira souvent à enclaver un bois de médiocre étendue, autour duquel il est possible de tourner librement, dans un polygone composé de lignes brisées à angle droit.

L'emploi de lignes périmétrales, fermées ou ne rentrant pas sur elles-mêmes, n'est point exclusif : le géomètre pourra substituer aux polygones une série de triangles, ou combiner les ressources des deux méthodes, intersections et cheminements, selon les difficultés du terrain. Quand une portion de forêt sera limitée par un ravin profond (Fig. 40), un ruisseau, le lit desséché d'un torrent, il y aura lieu à faire un cheminement : ainsi, on descendra du point K au point G, en chaînant et en prenant les angles de borne en borne. Mais il sera préférable de calculer la droite K G comme côté appartenant à un ensemble de triangles formés par les tranchées de la forêt et des bases prises sur les prairies.

Un procédé que j'appellerai *par rayonnement* et qui constituerait presque une méthode particulière, est propre à offrir de fréquentes applications, surtout quand on profite de lignes déjà percées. Lorsque, par exemple (Fig. 41), des routes viennent se réunir à un carrefour A, il suffit de faire un tour d'horizon en A et de chaîner certaines longueurs dans les directions ouvertes : on construit ainsi un canevas trigonométrique. L'exercice du bois de l'Hôpital (Fig. 32), et le croisement de la laie sommière et d'une ligne de coupe prolongée dans le canton de la Waltriche (Fig. 33), sont d'autres cas semblables. Si la forêt n'est pas ouverte, la méthode est encore susceptible d'être employée, en pratiquant dans la profondeur de la forêt des *filets* divergeants ou petites trouées rectilignes aboutissant au périmètre extérieur.

Dans certains cantons la laie sommière et les lignes de coupes, appuyées rectangulairement sur elle, forment une espèce d'axe avec des embranchements latéraux : cet ensemble peut servir de canevas d'un ordre inférieur.

Enfin, et ce moyen est plus praticable sous les cimes des sapins, entre leurs troncs espacés, que dans les fourrés de taillis, on jalonnera avec des échalas de vigne deux systèmes rectangulaires de droites, espacées de 100ᵐ en 100ᵐ par exemple, dans le sens du nord au sud et de l'est à l'ouest, ou dans d'autres directions orientées. Ces lignes arrêtées au contour, en déterminent un grand nombre de points ; et, par leurs intersections avec les sentiers, les ruisseaux, elles permettent de relever beaucoup de détails de l'intérieur. Ce procédé, à la rigueur, appartient plutôt aux levés partiels de détail qu'à un canevas fondamental.

Ce qui précède est le résumé raisonné, ou plutôt autant d'exemples, des espèces de ressources qui ressortent de la localité : souvent en effet l'aspect des lieux fait naître d'ingénieuses combinaisons. Les élèves se pénétreront aisément de l'esprit de nos méthodes généralisées : il faut disséminer les points trigonométriques de façon à réduire le nombre de ces points, à diminuer convenablement les levés de détail, à se ménager des vérifications suffisantes.

Transformation d'un réseau polygonal en un réseau par triangles. Il est dans notre sujet de chercher à transformer le canevas polygonal en un réseau de triangles, forme définitive, sans être indispensable, régulière et commode d'ailleurs pour les registres administratifs. Résolvons d'abord la question suivante.

Deux points étant donnés par leurs coordonnées planes x', y' et x'', y'', trouver une formule calculable par logarithmes qui fasse connaître la distance horizontale D qui les sépare. Or il est facile de voir, d'après une considération fort simple de triangle rectangle, que la distance D est liée aux coordonnées x', y', x'', y'' par la relation

$$D = \sqrt{(x' - x'')^2 + (y' - y'')^2},$$

formule qui subsiste pour toutes les hypothèses de signes faites sur x', x'', y', y''. Il s'agit de rendre cette relation calculable par logarithmes. **Divisons sous le radical par** $(y' - y'')^2$ **et multiplions ce radical par** $y' - y''$, **il vient**

$$D = (y' - y'') \sqrt{1 + \left(\frac{x' - x''}{y' - y''}\right)^2}.$$

Or $\frac{x' - x''}{y' - y''}$ peut être égalé à la tangente d'un arc auxiliaire θ, puisqu'une tangente passe par tous les états de grandeur ; on aura donc

$$\text{Tang. } \theta = \frac{x' - x''}{y' - y''} \text{ et } D = \frac{(y' - y'')}{\cos. \theta}.$$

On calculera d'abord l'angle θ, puis D, par logarithmes. Ainsi, *l'on pourra toujours déterminer la distance horizontale qui sépare deux points, quand on connaîtra les coordonnées planes de ces points.*

Reportons-nous à la Figure 38 et supposons qu'on veuille déduire du canevas périmétral **D C E F G** le réseau de triangles **E F C, C F G, C G D.** La formule précédente fournira tous les côtés non chaînés de ces triangles.

Il ne restera plus qu'à calculer les angles, ce qui se fera par la formule

$$\sin. \frac{1}{2} A = \sqrt{\frac{(p - b)(p - c)}{b \, c}}$$

dans laquelle p est le demi-périmètre ; b et c les côtés comprenant l'angle A.

On pourrait résoudre le problème en sens inverse, c'est-à-dire chercher les angles et en déduire les côtés. Or il est facile de trouver, en fonction des coordonnées rectangles de deux points d'une droite, la tangente de l'angle qu'elle fait avec l'axe des x. Soient α, α' ces angles de deux côtés de triangle qui se coupent au point A, l'angle cherché en A sera la différence des angles α, α'. Cet angle se calculera par la formule de la différence

$$\text{Tang. } A = \frac{\text{tang. } \alpha - \text{tang. } \alpha'}{1 + \text{tang. } \alpha \text{ tang. } \alpha'}.$$

On peut aussi calculer la tangente de l'angle du côté avec l'un des axes par la différence des coordonnées et déduire ensuite le côté par les formules en sinus et cosinus du triangle rectangle.

Au reste la décomposition d'un polygone plan en triangles formés par ses diagonales est facile, en déterminant les triangles directement, de proche en proche, d'après les données du levé et les parties successivement conclues, quand ces triangles n'ont pas des formes trop défectueuses.

La transformation d'un réseau polygonal en un réseau triangulaire, n'est pas indispensable, puisqu'il suffit de connaître les coordonnées des sommets.

Art. II. — Bases déduites. — Répartition angulaire entre 2 bases.
Lieux géométriques.

Déduction d'une base et d'un azimuth. Le calcul précédent résout le problème énoncé : en effet, si l'on donne les coordonnées topographiques de deux points A et B d'une triangulation préexistante, le rapport de la différence des ordonnées à la différence des abscisses fera connaître la tangente de l'angle de la droite avec l'axe des x, donc cet angle et son complément qui est l'azimuth. La résolution du triangle rectangle achèvera le calcul et donnera la distance. Ou bien on calculera la distance par la formule directe, calculable par logarithmes, et on déduira l'azimuth. Lorsque les signaux sont donnés par leurs latitudes, longitudes et altitudes, la question est d'un ordre plus élevé, nous la résoudrons dans le livre réservé à la géodésie, et nous ferons voir comment on peut ainsi se rattacher aux travaux de la carte de France et leur emprunter une base, en descendant du grand au petit.

Agrandissement et déplacement des bases. On s'élève au contraire de petits côtés à une base suffisante, par des triangles isocèles qui agrandissent successivement les côtés. Si l'on opère dans une vallée, on peut déterminer un côté plus grand croisant une base moindre mesurée dans le sens de la vallée, en plaçant deux signaux sur les versants opposés ; puis de ces versants viser deux points plus éloignés dans le sens du thalweg, et croiser encore par deux signaux sur les sommités. Ou bien ayant mesuré des segments d'une base bien jalonnée, on déterminera les segments intermédiaires soit en projetant un cheminement auxiliaire sur la direction jalonnée, soit en recoupant les jalons par des rayons visuels partant de points pris sur les versants latéraux et en formant des triangles convenables.

Il existe sur le transport des bases une proposition directe et une réciproque qui peuvent être d'une fréquente utilité. Soit deux lignes A B $= m$, C D $= z$. On a mesuré les angles en A et en B, cherchons le rapport entre m et z (Fig. 187).

Les triangles de la figure donnent

$$x = \frac{m \sin. (\alpha' + \beta')}{\sin. \gamma'}, \quad y = \frac{m \sin. \alpha'}{\sin. \gamma}, \quad z^2 = x^2 + y^2 - 2\,x\,y \cos. \beta.$$

d'où $z = m \sqrt{\dfrac{\sin.^2 (\alpha' + \beta')}{\sin. \gamma'} + \dfrac{\sin.^2 \alpha'}{\sin.} - 2 \dfrac{\sin. (\alpha' + \beta') \sin. \alpha'}{\sin. \gamma \sin. \gamma'} \cos.}$ 6.

Donc : 1° quand on connaîtra m, on pourra calculer la distance inaccessible z ; 2° réciproquement, connaissant z d'après les coordonnées, par exemple, de 2 clochers, on aura une nouvelle base m, non chaînable, et aux extrémités de laquelle on aura pu stationner. La base z sera transportée et aura des extrémités A et B sur des points commodes, par exemple, des points culmi-nants.

De ces deux propositions on en déduira une troisième, le trans-port d'une base d'un côté d'une ville au côté opposé, d'une vallée à une autre parallèle, séparée par une chaine de montagnes, etc.: soient A B, A' B' les deux lignes appartenant à deux systèmes différents, qu'on veut relier ; C et D deux sommités de la chaine, deux clochers de la ville : Ayant mesuré A B et stationné en A et B, on déduira la distance inaccessible C D ; puis, par la réciproque, ayant stationné en A' et B', on trouvera A' B'. Ces lignes seront d'ailleurs liées de position par les angles de la figure.

On se proposera de rendre calculable par logarithmes la fonc-tion sous le radical. On peut éluder la formule en opérant élé-mentairement ainsi qu'il suit : on fait une supposition de la valeur de l'une des lignes, par exemple A B $= 1000$, on calcule les triangles, on déduit z et on ramène la ligne inconnue à sa vraie valeur par une simple proportion.

Lieux géométriques. Supposons deux points A et B déjà placés sur le plan et connus par leurs coordonnées, stationnons en A et visons un point M éloigné, situé par exemple dans l'intérieur d'une forêt. On mesurera l'angle de la direction A M avec la direction

A B : il sera facile de conclure l'azimuth de ce rayon visuel **A M**
et partant la tangente *a* de l'angle que fait ce rayon avec l'axe des
abscisses : x', y' étant les coordonnées du point **A**, $y-y'=a(x-x')$
sera l'équation d'un lieu géométrique de **M**. Si l'on stationne
en **B**, on aura l'équation du nouveau rayon visuel **M B**,
$y - y'' = a'(x-x'')$. L'élimination entre ces deux équations
fera connaître les coordonnées du point **M**. Quand le point visé
est très-loin par rapport aux stations, l'intersection des rayons
visuels n'est pas très-sûre : si on recoupe le point d'une troisième station, l'élimination entre les équations des trois droites
donnera trois points, formant un petit triangle dans l'intérieur
duquel on logera le point, soit suivant une convention quelconque,
soit en prenant la moyenne des trois ordonnées et celle des trois
abscisses, soit en rejetant certains rayons visuels, comme offrant
moins de certitude. On évite l'élimination entre les équations des
droites, en substituant plus élémentairement, mais moins sûrement, un procédé graphique : on construit sur la minute ou sur
une figure à part, les trois directions, on calcule les coordonnées,
puis en amplifiant à une grande échelle, et en retranchant des
portions des coordonnées, on construit le triangle d'erreur, on
choisit l'emplacement du point, d'après la discussion qui fixe sa
probabilité, ce qui donne graphiquement ce qu'il faut ajouter à
ce qu'on a retranché des coordonnées pour avoir les distances à
la méridienne et à sa perpendiculaire.

Cette méthode de recoupements de points intérieurs, acces-
soires, additionnels ou de vérification peut être utile dans les
grandes masses de forêt.

Répartition angulaire entre deux bases. Imaginons une suite de
triangles entre une base de départ et une base de vérification.
Dans de bonnes triangulations la discordance est ordinairement
très-faible. On peut, il est vrai, modifier arbitrairement les éléments du réseau, ou mieux circonscrire et localiser les inégalités
par une discussion, mais le moyen d'éviter des essais et des tâtonnements fastidieux, est de se servir de la règle suivante, fort
simple. J'extrais ici cette marche, telle qu'elle a été formulée par
l'auteur Puissant.

Représentons par a la base du 1er triangle, par A l'angle opposé, par a' le côté commun avec ce triangle et le second ; par B l'angle adjacent à a, opposé à a', on aura $a' = \dfrac{a \sin. B}{\sin. A}$. Soit A$'$ l'angle opposé à a' du second triangle B$'$ l'angle adjacent à a' et opposé à a'', on aura encore $a'' = \dfrac{a' \sin. B'}{\sin. A'}$. En général, n étant le nombre des triangles d'un réseau continu, $a^{(n)}$ le dernier côté, on aura

$$a^{(n)} = \frac{a \sin. B \sin. B' \sin. B''. \, . \sin. B^{(n-1)}}{\sin. A \sin. A' \sin. A''. \, . \sin. A^{(n-1)}} \quad . \; . \; . \; (3)$$

Le dernier côté $a^{(n)}$ déduit diffère de sa mesure effective α, $\alpha = a^{(n)} + \varepsilon^{(n)}$. La différence $\varepsilon^{(n)}$ est la résultante des erreurs que les angles A, A$'$... B, B$'$... ont produites sur les côtés calculés a', a''.....

On pourrait bien faire disparaître cette différence, en altérant simplement les angles d'un seul triangle, si quelque cause vous y autorisait; mais quand tous les angles méritent à peu près la même confiance, il est naturel de les faire concourir tous. Supposons que tous les angles A soient diminués de x, et les angles B augmentés de la même quantité, on aura exactement

$$\alpha = a^{(n)} + \varepsilon^{(n)} = \frac{a \sin. (B+x) \sin. (B'+x)... \sin. (B^{(n-1)}+x)}{\sin. (A-x) \sin.(A'-x)... \sin. (A^{(n-1)}-x)}$$

Prenez les logarithmes, développez en série, réduisez au moyen de l'équation (3), arrêtez-vous à la première puissance de $\varepsilon^{(n)}$ et de x, ce qui est suffisant

$$\frac{\varepsilon^{(n)}}{a^{(n)}} = x \begin{pmatrix} \text{cot. A+cot. A}' +.... \text{cot. A}^{(n-1)} \\ +\text{cot. B+cot. B}'+.... \text{cot. B}^{(n-1)} \end{pmatrix}.... (4)$$

Le signe indiquera si la correction est positive ou négative. Si l'on veut corriger un des côtés intermédiaires, par exemple le 5e, on fera $n=5$. On aura

$$\text{log. } a \, ^{(n)} \text{ corrigé} = \text{log. } a \, ^{(n)} + M \, \frac{\varepsilon^{(n)}}{a^{(n)}}$$

$M = 0,43429$ est le module tabulaire.

Plus généralement, pour accorder deux bases, soient x, y, z les corrections à faire aux angles A, B, C du premier triangle; x', y', z' celles à faire aux angles du second on aura

$$a^{(n)} + \varepsilon^{(n)} = \frac{a \sin. (B+y) \sin. (B'+y')....}{\sin. (A+x) \sin. (A'+x')....}$$

d'où $\frac{\varepsilon^{(n)}}{a^{(n)}} = y$ cot. B $+ y'$ cot. B'$... + y^{(n-1)}$ cot. B$^{(n-1)}$

$- x$ cot. A $- x'$ cot. A'$..... (5)$

En outre $z = - (x+y)$, $z' = - (x'+y')......$

à cause de la somme des trois angles de chaque triangle. Dans le cas de triangles géodésiques, les angles sont corrigés de l'excès sphérique.

Si le réseau est bien conditionné, formé de triangles approchant de la forme équilatérale, on supposera assez exactement que le facteur de x dans (4) se réduit à $z\, n$ cot. 60°, donc en exprimant x en $1''$, on aurait

$$(7).... \quad \frac{\varepsilon^{(n)}}{a^{(n)}} = x\, (z\, n\, \text{cot. } 60°) \, \sin. 1'',$$

d'où l'on tire la valeur de x.

Nous verrons par la suite d'autres cas de répartition des différences. Quand on ne dépiste pas ces inégalités, en les localisant par une discussion des éléments introduits, et qu'on emploie des déformations arbitraires, ou qu'on use d'un procédé général et méthodique pour disperser la discordance, on risque de déplacer de bons points de leur position exacte. Il est vrai que l'écart sera toujours très-petit pour chacun ; car on ne doit être autorisé à répartir que quand le désaccord ne dépasse pas la limite des tolérances accordées pour les instruments : car sans cela, ce ne sont plus des inégalités, mais des erreurs, et on doit recommencer les mesures en totalité ou partiellement. Plus on aura procédé à la mesure des longueurs et des angles avec exactitude, plus les inégalités persistantes seront petites et négligeables et plus la question sera dégagée de répartitions.

PROBLÈMES.

I. Trois points A, B, C sont placés sur la minute : on demande de trouver la position d'un quatrième point D d'où on a mesuré les angles sous lesquels se voient les distances déterminées A C, A B; l'angle A B C est connu. Résoudre le problème au moyen de formules calculables par logarithmes.

Les trois points du problème précédent sont connus par leurs distances à la méridienne et à la perpendiculaire d'un lieu donné, on propose de déterminer directement les coordonnées du quatrième point, connaissant les angles sous lesquels on voit de ce quatrième point les distances A B, A C.

II. Par un point d'une plaine, mener une droite parallèle, perpendiculaire, ou, sous un angle quelconque donné, à une direction inaccessible, dont on peut viser deux points suffisamment espacés.

III. Quatre points A, B, C, D sont en ligne droite, dans l'ordre de ces lettres; on connaît les deux segments extrêmes A B, C D, et d'un point extérieur M, on a observé les angles sous lesquels on voit les trois segments : on propose de déterminer le segment intermédiaire B C.

IV. Quatre points A, B, C, D sont inaccessibles, mais visibles de quatre autres points E, F, G, H; trouver les distances respectives de ces huit points; on a seulement observé de chacun des points du second système les angles sous lesquels on voit les signaux du premier ensemble.

V. On connaît les angles A, B, C d'un triangle A B C, ainsi que les distances A O, B O, C O d'un point O, pris dans son plan, aux sommets du triangle : on propose de trouver les côtés de ce triangle.

VI. D'après l'expérience, un signal doit apparaître sous un angle d'au moins 31″, la tangente de cet angle est 0,00015 : trouver le rapport entre la hauteur h que doit avoir un signal et sa distance d. Pour un éloignement de 5 lieues ou 20000 mètres, par exemple, le signal doit être élevé de plus de 3 mètres.

LIVRE III.

MÉTHODES

DES LEVÉS DE DÉTAIL

PLAN GÉNÉRAL ET FEUILLES PARTIELLES.

DÉLIMITATIONS.

7

LIVRE III.

MÉTHODES DES LEVÉS DE DÉTAIL.

PLAN D'ENSEMBLE ET FEUILLES PARTIELLES.

DÉLIMITATIONS.

CHAPITRE PREMIER.

DU SYSTÈME DES LEVÉS QUI DOIVENT REMPLIR LE CANEVAS FONDAMENTAL.

Art. Ier. De la nature des instruments et des procédés de la planimétrie partielle ou du levé proprement dit.

Nous avons appris dans le livre précédent à former un canevas trigonométrique qui doit servir de fondement à tout levé d'une certaine grandeur. Il s'agit actuellement de savoir relier aux points trigonométriques les projections horizontales des divers contours et objets qui figurent sur le sol, tels que les limites, les divisions des champs, les périmètres et les sentiers des bois, etc. En groupant ces configurations nombreuses autour des signaux du canevas fondamental, vérifié et considéré comme ne devant plus céder, on a l'avantage de coordonner des opérations isolées, sans crainte de voir les inégalités du levé se pousser, s'agrandir ; de plus on aura un moyen d'atténuer, de disperser ces discordances en s'appuyant sur la position exacte des points trigonométriques. Cette marche est parfaitement rationnelle : pour un esprit judicieux, c'est le seul procédé qui offre le double avantage d'être à la fois sûr et expéditif. Cette manière d'opérer a le caractère d'une véritable méthode, et ce n'est pas impunément qu'on s'en écarte.

La triangulation est donc un moyen d'assurer les résultats définitifs de la planimétrie, c'est-à-dire, de la représentation du terrain
réduite à sa projection sur le plan de l'horizon, en opposition
avec *le nivellement topographique ;* ce sont les deux opérations
fondamentales auxquelles on ramène tout l'art des levés.

Il existe des terrains qui n'embrassent pas une superficie considérable et pour lesquels on peut préjuger qu'une triangulation
proprement dite, n'est pas indispensable. Cependant, dans ce cas
même, pour continuer à suivre une marche certaine et rapide,
éviter la confusion, on appuie les détails sur une opération qui,
faite avec plus de soin, tient lieu de canevas fondamental. J'ai
déjà fait ressortir l'utilité de l'emploi des polygones. Nous entrerons dans les développements nécessaires pour compléter la marche des levés dans tous les cas, levés d'ensemble et levés isolés.
Les instruments et les procédés de détail, que nous étudierons à
part, servent à la fois pour l'un et l'autre cas.

Ces instruments employés dans les opérations partielles n'offrent plus la précision des instruments angulaires de la triangulation. Mais s'ils comportent un maniement moins délicat, ils sont,
par cela même, plus expéditifs : les différences auxquelles cette
imperfection motivée donne naissance, s'atténuent par des
recoupements, par des vérifications propres à chaque instrument,
et se rectifient surtout, avons-nous dit, par la position rigoureuse
des signaux du canevas, dont c'est un des buts spéciaux. Il ne faut
pas perdre de vue cette sorte de classement des instruments et des
procédés : on commettrait une erreur grossière en topographie
si l'on prétendait se servir indifféremment, et pour toute espèce
d'opération, d'instruments qui, à le bien prendre, ont chacun une
destination particulière. Les méthodes des petits levés sont de
différentes natures, et il faut les employer avec discernement
selon les lieux. L'art consiste à opérer promptement et sans tâtonnements, par des mesures justes, prises avec des instruments
bien compris, et par des dispositions habiles de lignes d'opération, que nos exercices et l'usage achèvront d'enseigner.

Pour l'intelligence des canevas secondaires de terrains isolés
ou de levés qui doivent se grouper dans un réseau trigonométrique, nous admettrons qu'on sache, dès maintenant, exécuter,

par exemple, des cheminements, avec des instruments dont nous n'avons pas encore donné la description. Mais on peut supposer partout que ces cheminements sont pratiqués au théodolite ou au graphomètre, dont la théorie a été exposée; on comprendra plus loin comment il sera possible de leur substituer la boussole. Quant à l'emploi de l'équerre d'arpenteur, le maniement en est fort simple; on reviendra d'ailleurs, sur ce sujet dans une seconde lecture. On a, au reste, une notion suffisante de ces sortes de levés élémentaires, enseignés dans le cours d'admission. Il n'y aura donc pas ici de défaut d'enchaînement, mais au contraire une déduction logique dans l'exposition des méthodes.

Nous avons rappelé la nécessité d'un canevas fondamental dans une opération d'ensemble, nous venons de faire ressortir la différence de nature dans les instruments et les procédés de la triangulation et des levés partiels, l'esprit qui doit guider dans ces deux opérations. Nous allons, dès maintenant, montrer par quels moyens on parvient à systématiser les levés partiels dans un canevas général, quand son intervention est nécessaire.

Art. II. — De la coordination des opérations, de leur orientement ou rattachement dans le réseau trigonométrique.

Les différents levés à part dont se compose une grande opération présenteraient, avons-nous dit, de la confusion, des parties incohérentes tendant à se superposer dans leurs limites, si on ne les reliait pas entre eux, par l'intermédiaire du canevas fondamental. Les moyens qu'on emploie pour s'y rattacher sont nombreux : je distinguerai trois genres ou voies de solution de ce problème important. Les divers expédients rentrent plus ou moins dans ces procédés généraux; nous aurons soin d'ailleurs d'indiquer, à chaque instrument, les manières de se relier qui leur sont propres.

1er MOYEN :

Continuation d'une série de triangles d'ordre inférieur, recoupements, points additionnels.

L'idée qui se présente d'abord est d'ajouter au besoin des triangles de façon à jeter de nouveaux points dans les levés secon-

daires. Si l'on n'a qu'un point dans une de ces figures, elle sera
susceptible de tourner autour, mais si l'on ajoute un azimuth ou
un angle avec une direction établie, la figure sera fixée. Ou bien
si on s'appuie sur deux points, la figure partielle sera bien déterminée de position.

La méthode des intersections sous des angles pas trop aigus, de
nombreux recoupements, au nombre de deux au moins, ou rayons
visuels dirigés sur des points déjà placés, avec exactitude, dispo-
seront les levés en leur lieu véritable.

Le problème du quatrième point, à l'aide de 3 points déjà placés
sur la minute, problème développé dans toutes les trigonométries,
offrira une ressource utile, très-souvent applicable. Par ces points
additionnels, ou problèmes analogues, celui du transport des bases,
par exemple, on reliera des systèmes entre eux, et au canevas
trigonométrique dont, du reste, les stations peuvent être assez
nombreuses et assez bien dispersées pour unir parfaitement
entre elles toutes les opérations partielles.

IIe MOYEN.

Méthode dite des alignements, applicable surtout en pays découvert.

Cette méthode, dont je vais exposer seulement le principe, est
surtout employée heureusement dans des opérations détaillées,
telles que celle du parcellaire compliqué du cadastre. On suppose
un réseau trigonométrique étendu et multiplié convenablement.
Considérons un triangle A B C de ce réseau, Fig. 155 : prenons
un point *a* sur l'alignement jalonné de B C, chaînons avec soin
B *a*, C *a*, par continuité, de manière à retrouver en somme la
longueur totale connue par le calcul. Le point *a* sera bien déterminé. Prenons de même un point *b* sur A C, nous aurons une
ligne *a b* : on disposera également, d'après le même principe un
autre alignement tel que *c d*, et d'autres alignements secondaires
e f, etc., appuyés sur les premiers. Or, si les alignements *a b, c d,
e f...* sont choisis habilement, sur les lignes ou sur leurs prolon-
gements, de façon à couper les divisions des champs, en chaînant par continuité le long de ces directions on relèvera avec
facilité les divisions du parcellaire, dont les figures complètes

s'achèveront par de petits rattachements. L'art consiste à bien choisir ces transversales rectilignes; on continue ainsi, autant que cela est nécessaire pour couper les limites des parcelles, cette combinaison de lignes, dont les extrémités sont bien assurées, qui se vérifient en se recoupant, présentent des directrices de levés à l'équerre et procurent une espèce de canevas dérivant du premier.

Ce qui précède suffit pour faire comprendre l'esprit de ce procédé et quel genre d'adresse on doit y apporter.

Si on trouve dans le chaînage total d'un côté une différence tolérable avec le côté calculé, on procèdera à une répartition proportionnelle, par centaines de mètres; l'emploi d'un système de coordonnées facilitera l'opération et permettra le passage d'une feuille partielle à sa voisine.

Cette méthode ingénieuse, expéditive et sûre, et fournissant en outre une source de nombreuses vérifications, convient surtout en pays découvert : dans les bois, elle serait la plupart du temps impraticable, puisqu'on aperçoit difficilement les points du réseau les uns des autres. Les alignements, supposés possibles, exigeraient de nombreux abatis et les chaînages sur des brins coupés ne se feraient pas dans des conditions bien favorables.

IIIᵉ MOYEN.

Des cheminements, leur substitution en forêt aux alignements.

Le procédé consiste à partir d'un point trigonométrique et à aboutir au suivant en établissant une ligne polygonale qui les relie. On chaîne les côtés et on prend les angles, en longeant les grands côtés réguliers du périmètre, de borne en borne ; ou s'il devient trop sinueux, on substitue au plus près un ensemble de directrices. Dans l'intérieur des bois on chemine sur les routes, sentiers et des percées au besoin. C'est principalement à la boussole qu'on fait ces cheminements des levés de détail. Non-seulement on se rattache aux signaux, mais encore on corrige les inégalités de l'instrument par des répartitions dont nous parlerons plus loin, quand toutefois les différences ne dépassent par certaines limites. Il résulte que par la force des choses, on décompose en quelque sorte la forêt en polygones, qui se relient et se vérifient les uns les autres.

Les trois solutions générales de rapprochement ou liaison des levés partiels, que je viens d'exposer, sont chacune complète et féconde, surtout le 1er et le 3e moyens. Elles suffiraient séparément; à plus forte raison leur combinaison procurera-t-elle des procédés certains pour systématiser tous les levés partiels. On en rapportera graphiquement les figures par les modes de tracés enseignés, choisis convenablement. Un calcul de toutes les coordonnées des points sera presque toujours préférable, parce qu'il mettra beaucoup d'ordre dans la construction, permettra des répartitions régulières, et placera sur la minute tous ces points avec plus de précision et d'indépendance.

Art. III. — Des terrains de moyenne et de faible étendue pour lesquel une véritable triangulation n'est pas jugée indispensable.

Il arrive très-fréquemment qu'on a à lever des cantons d'une superficie peu considérable; un véritable réseau n'est plus nécessaire. D'ailleurs, par la nature même de ces terrains resserrés, on manque de points culminants, de stations convenables, et un réseau trigonométrique serait parfois difficilement praticable. On procède alors à un levé tout à fait isolé, qu'on rattache ordinairement au moins à une commune, et dont nous allons nous occuper à part.

Polygone enveloppe applicable aux terrains de faible étendue. Quand le périmètre d'une forêt ne présente pas partout de grands côtés réguliers le long desquels on puisse cheminer en prenant les angles et en chaînant les côtés, on entoure le canton de forêt d'un polygone jalonné, généralement extérieur, quelquefois mordant dans la forêt et la traversant dans des parties faciles, de manière à prendre des angles sur les jalons extrêmes des alignements. C'est en un mot substituer une forêt fictive, un périmètre voisin plus régulier, au contour trop irrégulier de la forêt réelle. Les côtés rapprochés, du périmètre de ce polygone enveloppe, serviront de directrices pour des levés à l'équerre qui relèveront les sinuosités réelles du périmètre, souvent très-déchiqueté, de la forêt ou de la portion de forêt à lever. Ici, comme dans les réseaux, il y a un certain art à bien échafauder les bases des levés à l'équerre, à bien disposer les lignes du polygone enveloppe pour qu'elles se relient, se vérifient, offrent des chaînages moins fautifs et de meilleurs angles.

Le polygone enveloppe peut s'exécuter au théodolite, au graphomètre, au pantomètre, à la boussole avec observations directes et renversées, à l'équerre, à angles droits ou à angles de 45° et 135°. Voir plus loin le maniement de ces derniers instruments, la Fig. 98 donne une idée de ce genre d'opération. Il nous sera facile de varier au tableau les dispositions convenables des lignes d'opération, suivant les difficultés et les contours d'une forêt.

Vérification et localisation des erreurs. Il importe d'observer que si le canton est percé de tranchées, routes, sentiers, ces lignes, surtout dans les parties étranglées, offriront des moyens de vérifier le polygone général : partant d'un point elles doivent aboutir ou fermer à leur sortie. Le polygone sera décomposable en d'autres plus simples, par exemple en trois polygones A, B, C. Si le polygone général ne venait pas à fermer, on distinguerait ceux des polygones qui s'accordent et on n'aurait plus à rechercher les causes des discordances dans l'ensemble, mais dans ceux des polygones partiels qui ne concordent pas. De cette façon, on s'est préparé non-seulement des moyens de vérification, mais encore on a localisé les erreurs ou les inégalités en les renfermant, les circonscrivant, les resserrant dans des limites où on parvient à les dépister, à les discerner et à les discuter.

Répartition entre les coordonnées dans le cas d'un polygone isolé. On peut évidemment construire le polygone par tous les moyens graphiques connus pour rapporter un plan, mais en employant des procédés assez précis et en rapport avec les instruments du levé. Le moyen le plus commode, le plus exact pour construire les sommets dans leur vraie position, en même temps qu'on prépare le calcul des aires, consiste à calculer les coordonnées de ces sommets, par rapport à deux axes, soient les axes magnétiques,

soient les axes nord-sud et est-ouest vrais, passant par un point
central, extérieur ou remarquable, sauf à transporter les· axes
parallélement à eux-mêmes, ou à les faire tourner dans le cas
d'axes auxiliaires. Alors si on enferme le polygone dans un rectangle formé par des parallèles aux x et aux y, les abscisses et
les ordonnées extrêmes devront s'accorder entre les deux projections opposées. Si le désaccord ne dépasse pas les limites
tolérées, on pourra procéder à une répartition et l'on prendra
la moyenne arithmétique entre les coordonnées extrêmes ; on
allongera d'un côté et on racourcira de l'autre dans les sens des
coordonnées fautives en répartissant la demi-différence proportionnellement aux coordonnées dans ce même sens. Ou mieux
l'on répartira les deux différences, ou celle seulement qui existera,
proportionnellement aux abscisses ou aux ordonnées, selon le
sens. C'est ce qu'on a de mieux à faire, si l'on veut adopter une
répartition méthodique ; si non, on cherchera, par voie de discussion, les régions où on a des motifs de faire porter l'altération.

Rattachement au clocher d'une commune voisine. Lorsqu'on ne
peut pas se procurer une base convenable pour se rattacher au
clocher d'un village, à un signal, comme·il ne s'agit ici que d'un
simple rattachement, on peut choisir deux points o, o', (Fig. 98)
tels que o o' servirait de base : on mesurera en o, o' les angles α, α'
sur le point de rattachement ; ou sur des jalons intermédiaires,
en formant au besoin une chaine de quelques triangles. Pour
avoir la grandeur o o' non chainable, on projettera le cheminement du périmètre sur o o' et on calculera facilement les portées
de ces projections, dont la somme donnera la distance o o' ; on
prolonge le cheminement au besoin pour avoir de bonnes stations.

Aire du canton de forêt. Le polygone étant déterminé avec soin,
on déduira sa surface avec exactitude, par les moyens dont nous
nous occuperons plus loin. Soit S cette surface : il ne restera
plus qu'à ajouter ou à déduire, c'est-à-dire, à ajouter la somme
algébrique des aires des petits trapèzes et triangles rectangles des
levés à l'équerre, appuyés sur les côtés du polygone comme di-

rectrices; on calculera ces aires partielles d'après les chaînages directs ou graphiquement, soit S' cette somme; la surface du polygone sera $X = S + S'$ avec d'autant plus d'exactitude que la partie principale S a été déduite *d'une sorte de canevas fondamental* et que les inexactitudes de S', renfermant son signe, ne portent que sur la moindre portion de la superficie cherchée. Du reste on peut varier le calcul des aires et nous reviendrons sur cette question.

Définition des terrains de moyenne et de faible étendue. Les terrains de moyenne ou plutôt de faible étendue, qui n'exigent pas une triangulation proprement dite, sont ceux qui renferment une contenance de 500 hectares au plus et dont la configuration peut tenir dans une feuille de papier Grand-Aigle, aux échelles $\frac{1}{2800}$ ou $\frac{1}{5000}$. Telle est l'étendue approximative de ces sortes de levés, dans lesquels on supplée à une triangulation par un polygone enveloppe ou par des moyens analogues, procédés moins précis qu'un ensemble de triangles, à cause des angles souvent défectueux, des jalons parfois trop rapprochés et non maintenus exactement sur l'alignement du dernier point de la ligne fréquemment invisible, ce qu'on doit éviter, et surtout à cause des nombreux chaînages des côtés sur un sol peu favorable.

Les agents forestiers doivent tous être en état de lever avec exactitude des cantons de cette étendue, dont ils sont plus ordinairement chargés que de vastes réseaux. L'idée du polygone enveloppe consiste au fond à disposer une suite de directrices de levés à l'équerre, aussi près que possible du périmètre de la forêt, et à relier solidement entre elles toutes ces directrices. Quand le polygone est fermé, les sinuosités du contour de la forêt se trouvent rattachées et coordonnées, par rapport au polygone auxiliaire, qui joue le rôle d'un canevas fondamental.

CHAPITRE II.

ARPENTAGE.

LEVÉS A L'ÉQUERRE, AU PANTOMÈTRE, AU GRAPHOMÈTRE,
A LA CHAINE. JALONNAGE ET CHAINAGE.

Art. Ier. — Prescriptions pratiques du jalonnage et du chainage.

L'arpentage proprement dit consiste à mesurer directement
sur le terrain les éléments nécessaires au calcul des superficies
agraires. Comme souvent la complication des divisions exige
qu'on construise une figure à l'échelle ou un plan, on a par extension, et à cause de la fréquence de cette opération dans les
campagnes, appelé arpentage l'art de lever les plans.

Jalonnage. Un jalon est un bâton, un échalas ou étai de cep,
une baguette : on plante les jalons les uns devant les autres, de
manière à se masquer mutuellement. Dans une fente pratiquée
à l'extrémité supérieure, l'arpenteur place un morceau de papier
blanc, afin de rendre plus visible le pied ou le sommet du jalon,
une tête de mousse dans le cas où il ne s'agit que de retrouver
des lignes.

Le jalonnage présente plusieurs cas : 1° jalonner le prolongement d'une ligne A B (Fig. 42). Cela n'oppose pas de difficulté.
Un jalonneur se place derrière A et fait poser un jalon C, de
façon que A et B cachent C, il se transporte ensuite en B, en C....

2° Jalonner entre A et B, A étant seul accessible. Un jalonneur
(Fig. 43), se place au point A et dirige, en faisant signe de la
main à droite ou à gauche, un autre jalonneur C, jusqu'à ce que
la verticale de A couvre à la fois C et B.

3° Trouver un point de A B entre A et B inaccessibles, mais
visibles. Un premier jalonneur C, étant dans une position c
(Fig. 44), un second jalonneur D se place dans le prolongement
de A c; C se meut ensuite de manière à se rapprocher de A B,

en faisant face à **D**, qui par des mouvements plus rapides que
ceux de **C**, se conserve dans le prolongement de **A** *c*, en *d'*, *d''*...
jusqu'à ce que, pour l'observateur **C**, **D** couvre **B**. Ou bien
(Fig. 45), après le premier alignement *d c* **A** des jalonneurs, **C** fait
mouvoir **D** jusqu'à ce que *c d'* **B** forme une même droite. Après
quoi le jalonneur **D** indique à **C** de venir en *c'*, puis **C** fait placer
D en *d''* et ainsi de suite jusqu'à ce que les deux plans verticaux
D C A, **D C B** se confondent.

4° En coteaux, on rapproche les jalons au sommet et à la base
des pentes : on fait passer le rayon visuel par la tête des uns et
par le pied des autres. Lorsqu'après être descendu on remonte,
les jalons du premier plateau doivent couvrir ceux du second
(Fig. 46), etc.

Les pinnules de l'équerre sont utiles pour prolonger du point
culminant d'un coteau la ligne des jalons du plateau en bas ; et
aussi pour jalonner entre deux points invisibles l'un de l'autre à
cause d'une convexité intermédiaire du sol, on déplace l'équerre
au point supérieur jusqu'à ce que les deux points extrêmes soient
dans le sens de deux pinnules. On a ainsi un point intermédiaire,
ce cas se présente très-fréquemment.

Souvent, en forêt, une ligne jalonnée rencontre un arbre qu'il
faut se dispenser d'abattre : il suffit de disposer devant les deux
derniers jalons deux autres jalons distants perpendiculairement
des premiers d'une quantité donnée. Le jalonneur obtient ainsi
un alignement parallèle et il rentre ensuite dans la direction du
premier par la même opération, mais il faut que les écarts soient
bien égaux et qu'on en mesure les portées avec le ruban gradué
ou un cordeau (Fig. 190). Il est facile d'opérer aussi avec une
équerre à 45°, comme l'indique la figure, procédé qui ne vaut
pas l'autre, dans lequel plus les écarts auxiliaires sont grands,
plus l'alignement est juste.

Pour avoir de bons jalons il vaut mieux employer des brins
très-droits, minces, taillés en biseau ou en pointe à la tête ; le
morceau de papier rectangulaire, ou triangulaire pour distinguer
les lignes, ne sert qu'à retrouver le jalon et c'est sur les pointes
ou les pieds qu'il faut s'aligner. Il est utile dans le service d'avoir
des jalons préparés qu'on relève et qui servent à d'autres opé-

rations. Des échalas de vignes, des bouts de lattes pris aux scieries, taillés pointus pour bien s'enfoncer dans un trou qu'on peut
préparer avec le bâton d'équerre, des baguettes pelées ou blan-
ches s'aperçoivent bien, se distinguent dans le feuillage.

L'opération du jalonnage est une des plus importantes et des
plus délicates dans les grandes lignes en forêt. Sur les flancs des
coteaux on a une tendance à planter des jalons plutôt perpendiculairement au sol qu'à l'horizon, on s'assure de la verticalité
réelle à l'aide d'une ficelle et d'une pierre faisant l'office de fil-à-
plomb. Il faut enfoncer les jalons solidement, parce qu'ils tendent
à s'incliner.

Les pieds doivent être la projection des têtes. La précision du
jalonnage dépend de la nature de l'opération ; si l'on a à jalonner
pour diriger un chaînage, on n'a pas besoin d'autant de soin que
si on se propose de prendre l'angle de deux alignements : il faut
toujours viser, autant que possible, sur les jalons extrêmes, ou
les jalons les plus éloignés d'un alignement : on conçoit que si,
n'apercevant pas ces derniers jalons, on vise sur les premiers,
dans un bois fourré, dans un ravin, etc., pour peu que le jalon ait
dévié, l'angle est faux, et sur le prolongement l'erreur se fera
sentir d'une manière très-notable. Pour avoir des alignements
bien droits, on peut se servir du renversement de la lunette plongeante d'un théodolite, comme dans le tracé d'une méridienne.
Dans les alignements moins importants, on utilise les pinnules
de l'équerre, mais cet instrument présente de l'incertitude et
quand on a bien placé les premiers jalons, on jalonne mieux et
plus rapidement à l'œil nu. La lunette servira dans les alignements prolongés et difficiles ; en montagnes, le fil vertical du
réticule, dans les plongées de la lunette, devra recouvrir la ligne
des jalons : même emploi de la lunette d'une boussole. L'angle
magnétique de l'aiguille elle-même sert, de station en station, à
se maintenir moyennement dans une direction constante. Dans
les forêts et surtout dans les taillis, de grands jalons vernis en
blanc, ferrés en bas et munis en haut d'un petit drapeau bicolore
flottant, sont très-commodes.

Les jalonnages servent non-seulement pour le levé même des
plans, mais aussi pour l'ouverture des routes, tranchées, etc., en

forêt, suivant diverses conditions que nous mentionnerons dans la polygonométrie. De grands jalons peuvent servir de distance en distance pour repérer l'alignement, on place ensuite de petits jalons intermédiaires.

Nous ne pouvons trop insister sur les soins qu'on doit apporter au jalonnage. C'est souvent et uniquement cette opération qui fait manquer un levé, surtout en forêt. Nous recommandons donc d'une manière toute spéciale de ne pas agir à la légère dans les alignements, non plus que dans les chaînages.

Règles du chaînage. La chaîne à maillons, composée de tiges de $0^m,2$ reliées par des anneaux, présente un inconvénient : ces anneaux se replient souvent l'un contre l'autre, il faut les décrocher, secouer la chaîne. La chaîne faite d'un ruban métallique est beaucoup plus juste; elle file mieux dans les herbes, sur un sol boisé. Elle est terminée par deux poignées à rainures : le porte-chaîne place la fiche qu'il va planter dans la rainure verticale de l'une de ces poignées, le chaîneur appuie la rainure de sa poignée tenue horizontalement sur la fiche qu'il va ramasser, ou inversement en adoptant le maniement le plus commode et le plus juste.

Il importe de bien vérifier les chaînes, avant et après les opérations, non-seulement dans la longueur de 10 mètres et une légère fraction dans le cas d'une chaîne lourde, mais encore dans les parties, ou de mètre en mètre. On placera deux repères sur un grand mur, sur le parapet d'un pont, etc., il sera facile aux Gardes ou aux chaîneurs de l'Agent d'appliquer la chaîne entre ces repères pour la vérifier rapidement au départ et même au retour. J'ai déjà indiqué dans le deuxième livre le maniement de la chaîne : on peut avec ces chaînes mesurer des lignes avec exactitude : ainsi, sur un terrain plat, en prenant une moyenne de plusieurs chaînages, on atteindra l'approximation de $0^m,1$ au plus sur 3000 mètres. Mais pour chaîner avec l'exactitude relative nécessaire, il faut se mettre en garde contre un grand nombre de causes d'erreurs : il importe donc de les signaler, car le chaînage est encore un des écueils de l'exactitude des plans.

1° Les chaîneurs doivent appliquer exactement les fiches

contre les poignées. Dans la chaîne ordinaire, la fiche à planter est tenue extérieurement à la poignée, l'autre intérieurement.

2° Le porte-chaîne, *celui qui marche en avant*, doit planter sa fiche bien verticalement.

3° Le chaîneur, *celui qui marche en arrière*, appliquera sa poignée contre la fiche plantée, sans la déranger de sa position.

On assure la fixité des points d'arrêt en appuyant la main contre la jambe. Le bâton d'équerre peut aussi servir à cet usage.

4° Il faut tendre la chaîne, pour éviter une trop grande courbure, et lui donner une tension constante de portée en portée. Une tension forcée, et même la tension ordinaire, tend à ouvrir les anneaux des chaînes ordinaires. Après vérification on resserrera ces anneaux par quelques coups de marteau.

5° Les fiches ne doivent pas être trop longues, pour éviter que les têtes ne dévient trop de la verticale du pied.

6° Les deux chaîneurs s'alignent et se maintiennent dans la direction jalonnée; ils doivent éviter avec soin de s'en écarter.

7° Avec la chaîne ordinaire à anneaux, faire disparaître soigneusement les nœuds dits voleurs.

8° La chaîne à ruban doit être assez élastique pour ne pas rester pliée; mais pas assez trempée pour se casser facilement. C'est à la section d'encastrement, c'est-à-dire, aux poignées, qu'elle se rompt le plus aisément, par des chocs sur des pierres, etc. Pour la raccommoder, on juxtaposera les deux bouts sur un petit morceau du même ruban et on rivera, au lieu de superposer les deux bouts; ou bien on agira dans ce cas sur l'attache des poignées, pour redonner à la chaîne la longueur voulue.

9° Vérifier fréquemment si les nombres de fiches du porte-chaîne et du chaîneur sont complémentaires l'un de l'autre et redonnent les 10 fiches. On n'en pose pas au point de départ.

10° Le chaîneur d'arrière évitera de relever la fiche avant que le porte-chaîne n'ait bien planté celle qu'il tient contre sa poignée.

11° A chaque 100 mètres, il y a rendement des fiches : il faut en prendre exactement note sur le calepin, ou mettre chaque fois un petit caillou dans sa poche. Les erreurs de 100 mètres, très-fréquentes, se retrouvent aisément.

Les erreurs de 10 mètres s'évitent, comme nous l'avons dit, en s'assurant souvent que les deux nombres de fiches sont complémentaires.

12° Les erreurs de comptage aux extrémités des lignes se font souvent, parce que le porte-chaine s'arrête au point d'arrivée ; il doit au contraire continuer, planter sa fiche au delà, et on compte le complément, ou bien l'excédant. Des erreurs d'emprunt se commettent aussi, quand on quitte la directrice pour chainer des perpendiculaires.

13° Le chaînage doit se faire par *continuité*, d'une extrémité à l'autre d'une ligne en plaçant toujours les fiches de 10 mètres en 10 mètres : on cote intermédiairement les rencontres des sentiers, ruisseaux, les pieds des perpendiculaires, etc. Si l'on mesurait de point en point, les erreurs s'accumuleraient à chaque changement d'origine. De même pour les portées de compas dans les constructions graphiques, par exemple, pour la position exacte des méridiennes et de leurs perpendiculaires.

14° Dans les nivellements ou chaînages en pente, on peut avantageusement se servir de fiches plombées qui tombent mieux dans la verticale. Dans le cas de rochers, on pose la fiche horizontalement, en travers, là où la pointe a marqué.

15° Dans les terrains très-peu inclinés, on s'assurera si en chainant dans le sens de la pente, la différence avec la projection est négligeable. Nous avons traité de la projection des bases, et il existe des tables de réduction à l'horizon. Quand les pentes sont très-roides, on chaîne de 5 mètres en 5 mètres, par exemple, en se servant de l'anneau du milieu, plus gros, comme de poignée, dans les chaînes ordinaires. Dans les longues pentes douces, on se guidera avantageusement sur le sol, sauf à bien mesurer l'angle de hauteur, pour la réduction à l'horizon.

Quand on chaîne directement dans la position horizontale, pour s'assurer de l'horizontalité de la chaîne, quand il s'agit de mesures précises, on appliquera une équerre, une longue régle, avec une traverse à angle droit et un fil à plomb, on usera d'une équerre ordinaire, du bord d'un calepin et d'un fil. On se placera en face de la chaîne, tendue par deux chaineurs, la verticalité du

8

corps et l'horizontalité de la ligne des deux yeux fera estimer assez juste l'horizontalité.

16° Il vaut mieux chaîner en descendant qu'en montant. En effet, dans ce dernier cas, c'est le porte-chaîne qui trouve un point fixe sur le sol, mais le chaîneur tend à être entraîné, ou il entraîne réciproquement en voulant résister. Il se servira utilement dans ce cas du bâton d'équerre, pour mieux fixer sa main qu'il est obligé de lever. Si, au contraire c'est le chaîneur d'arrière qui est en haut du coteau, il trouvera de la fixité contre le sol, et celui qui marche en avant laissera tomber librement sa fiche.

17° On évitera le chaînage de 5 mètres en 5 mètres, ce qui est une cause d'erreur dans le comptage, de la manière suivante. On chaîne à trois ; un chaîneur auxiliaire tient en main une onzième fiche, qu'il n'abandonne jamais au porte-chaîne. Il tient à la main le milieu de la chaîne et opère d'abord avec le chaîneur d'arrière, puis il opère avec le chaîneur d'avant, il relève sa fiche qu'il garde. Le porte-chaîne, de cette façon, ne relève ni plus ni moins de fiches que si on avait chaîné sur un terrain plat.

18° On perd souvent des fiches, ce dont on ne s'aperçoit quelquefois que lors de la construction avec des données fausses. Il est bon que le chaîneur regarde bien où le porte-chaîne plante sa fiche, et que celui-ci foule l'herbe autour avec ses pieds ou donne quelqu'indication à l'autre. Dans les bruyères, on attache parfois de petits rubans écarlates à l'anneau de la fiche pour la reconnaître.

19° Dans les bois, la chaîne tend à se courber par la résistance des brins, des souches, des hautes herbes. Les portées s'allongent donc sur le plan construit.

Dans le cas d'un terrain homogène présentant les mêmes causes, il serait facile de trouver un coefficient de correction. Mais ces influences cessent plus ou moins dans les clairières et le long des lignes.

20° Enfin, les chaînages seront mieux exécutés si l'on opère à trois : deux chaîneurs exercés s'inclineront et se relèveront successivement le long de la ligne, tandis que l'Agent, tenant le calepin surveillera avec soin tous les détails du chaînage.

Nous venons d'analyser et de résumer les principales difficultés de la pratique importante des chaînages. Avec ces règles qui lui serviront de guide, un opérateur attentif évitera des fautes, dont les conséquences donnent lieu au moins à de la fatigue et à des pertes de temps.

Art. II. — Equerre d'arpenteur, pantomètre.

L'équerre d'arpenteur se compose essentiellement de deux diamètres croisés à angle droit et portant à leurs extrémités des fentes ou pinnules munies de crins. Ces pinnules doivent être assez longues pour être plongeantes, de façon que le rayon visuel puisse monter et descendre d'une certaine amplitude dans le plan vertical des jalons. Il y a plusieurs formes d'équerre : la Fig. 47 représente une équerre ancienne; la Fig. 48 une équerre cylindrique, munie de quatre pinnules seulement ; la Fig. 49 est celle d'une équerre octogonale qui permet d'opérer non-seulement sous un angle droit, mais aussi sous un angle de 45°. On a aussi imaginé des équerres sphériques dont les pinnules circulaires fournissent de grandes plongées.

L'équerre est supportée par un pied nommé bâton d'arpenteur. Ce bâton, fort et ferré à la partie inférieure, est souvent alourdi avec du plomb pour lui donner plus de stabilité. Quelquefois aussi il est brisé en son milieu par une vis qui hausse ou baisse la partie supérieure et donne le moyen de partager ce pied en deux parties, ce qui le rend plus transportable. Le bâton d'équerre sert en outre parfois à préparer les trous où l'on veut planter les jalons.

Vérification de l'équerre. Pour vérifier une équerre d'arpenteur, stationnez en un point O (Fig. 47), et faites placer des signaux éloignés B, C, A, en regardant par les pinnules. Pour que l'équerre soit juste, il faut, la ligne B C étant droite, que les angles adjacents B O A, A O C soient égaux. Pour s'en assurer, imprimez un quart de révolution à l'instrument, de manière à amener le couple *a*, *b* des pinnules sur les signaux B, C : alors en regardant par *c d*, qui a pris la place de *a b*, le signal A devra

être caché par le crin de la pinnule d. Dans le cas contraire l'é-
querre est fausse ; ce procédé est analogue à celui qu'on emploie
pour vérifier sur le papier une équerre ordinaire en bois. La plupart
des équerres ne sont point rectifiables. On les rendrait facilement
telles, en adaptant une petite vis aux extrémités du crin de la pinnule, de façon à pouvoir déplacer un peu ce crin pour le ramener
dans sa vraie position. La vis d'attache peut remplir cette fonction.

Pantomètre. Les équerres précédentes ne donnent que les
angles droits ou ceux de 45°. On a remédié à cet inconvénient
par une modification ingénieuse qui étend l'usage de l'équerre,
ou plutôt par la création d'un nouvel instrument, auquel l'inventeur a donné le nom de *Pantomètre*. Il se compose (Fig. 50),
de deux portions de cylindre, dont l'une est mobile sur l'autre :
lorsque les pinnules forment un angle droit, l'instrument devient
équerre. A la circonférence de jonction, la moitié inférieure est
graduée à la manière des graphomètres ; l'autre fait vernier. On
peut ainsi avoir les divers angles ; pas très-approximativement,
il est vrai, à cause de la petitesse du diamètre. Dans tous les cas
cette équerre *opère sous un grand nombre d'angles.* Le pantomètre
considéré comme équerre est évidemment rectifiable. Souvent
l'instrument porte en haut une boussole pour orienter approximativement le plan, et plus bas un bouton à mouvement doux.
Quelquefois il est muni d'une genouillère : elle donne le moyen
de prendre les angles dans des plans quelconques et principalement des angles d'ascension et de dépression, suivant les plans
verticaux de nivellement.

La genouillère est composée d'une sphère pressée par une vis
entre deux joues ou faces creusées légèrement en calottes sphériques : une tige fixée à la sphère soutient l'instrument que le
serrement de la vis fixe sur son pied.

On a récemment modifié le pantomètre : l'intention était d'obtenir un instrument peu coûteux, peu embarrassant, capable de
suffire à la majeure partie des travaux ordinaires. Cette modification consiste principalement dans l'introduction de lunettes plongeantes (Fig. 51), addition utile surtout en montagnes, dans les
forêts accidentées où l'amplitude bornée des pinnules limite l'u-

sage du pantomètre simple. Il sera facile, ayant l'instrument
entre les mains, d'analyser les conditions auxquelles doivent
satisfaire ses parties constitutives. Le lecteur s'essaierait à un bon
exercice, en tâchant de trouver une combinaison du graphomètre,
du sextant, avec l'équerre, la boussole, etc., propre à offrir à
l'ingénieur forestier un instrument spécial pour ses opérations.
Mais nous nous hâterons d'observer que, dans un pareil rapprochement, un instrument de triangulation perdra de sa précision,
et qu'il faut avoir soin de conserver à celui de détail sa simplicité,
la célérité de son maniement : on devra prendre garde de faire
un instrument monstrueux ou bâtard. Cette remarque n'est point
une critique de la modification nouvelle du pantomètre, modification utile, mais le rappel de ce principe de topographie, qu'il
vaut mieux en général isoler les instruments et les perfectionner
dans leur but particulier. Celui de la modification, dont je viens
de parler, est de créer pour l'usage ordinaire un instrument unique et qui ne soit pas cher.

Pour peu qu'on réfléchisse à la nature de ces instruments,
équerre et pantomètre, on reconnaîtra que l'incertitude du pointé
par un système de pinnules, le peu de grandeur du diamètre,
empêchent de les employer pour des polygones considérables et à
côtés multipliés. L'équerre ne convient bien que pour des perpendiculaires peu prolongées. La rapidité de son maniement à l'aide
du bâton d'abord et des pinnules ensuite, rend l'instrument commode : mais s'il s'agissait d'un polygone enveloppe, même en se
servant de l'angle de 45° et de son supplément 155°, on aurait une
suite de directrices qui finiraient par offrir des déviations pronon-
cées et d'ailleurs un trop grand nombre de chaînages. Le pantomètre serait plus exact, dans ce cas, en se servant d'un pied à
trois branches, comme pour un graphomètre. Il sera facile, en
construisant une série de lignes avec des angles un peu altérés, de
voir l'effet des déviations qui ne se compensent pas toujours et se
poussent. L'équerre à crins conviendra pour des portées plus
longues que la petite équerre à simples fentes, mais très-mobile
et commode pour de courtes perpendiculaires appuyées sur des
directrices au graphomètre ou à la boussole longeant la forêt au
plus près.

Art. III. — Marche des levés à l'équerre.

D'abord on jalonne une directrice principale A B (Fig. 52),
rattachée à la triangulation et en appuyant sur cette ligne d'autres
bases, telles que C D, sous un angle droit, sous un angle de 45°
ou sous d'autres angles, selon la configuration du terrain. Il faut
choisir les directrices avec soin, de manière à pouvoir, sans trop
multiplier les perpendiculaires abaissées sur ces lignes, relever les
principaux points des sinuosités. Pour lever ces sommets des
contours, l'arpenteur chemine le long de la directrice, A B par
exemple, et il mène à l'équerre sur les sommets q, q' q''. . . .
des perpendiculaires $p\,q$, $p'\,q'$, $p''\,q''$. . . . . . Afin d'obtenir les
pieds p, p', p''. . . . . de ces perpendiculaires, il regarde alternativement par les deux couples de pinnules à angle droit, de
façon que l'un des rayons visuels coïncide avec la directrice et
que l'autre passe par le sommet du contour : il arrive à la vraie
position par un petit nombre d'oscillations ou de tâtonnements à
droite et à gauche, en atténuant chaque fois l'écartement, tâtonnements avec lesquels on se familiarise vite, pour peu qu'on
manie l'instrument. Il est de règle de chaîner *par continuité* les
distances à l'origine A des pieds des perpendiculaires abaissées,
ainsi que les longueurs de ces perpendiculaires, et d'inscrire
toutes ces mesures sur un croquis semblable à la figure, en dis-
tinguant, pour plus de sûreté, par le signe + ou le signe —,
les perpendiculaires qui tombent d'un côté de celles qui tombent de l'autre. Les longueurs chaînées seront aussi consignées
au besoin dans un calepin particulier.

Calepin d'un levé à l'équerre.

DIRECTRICES.	PERPENDICULAIRES.		OBSERVATIONS.
	+	—	
A p =		p q =	
A p' =		p' q' =	
. . . . . .			
A p'''			
. . . . . .	p''' q''' =		
A B =			
C i =	i K =		
C i' =	i' K =		
. . . . . .			
C D =			

Il faut sur le croquis dessiner à vue les petits détails, les arbres, les baies, la flèche de courbure des sentiers, la nature des cultures ; ajouter des écritures indicatives à main levée ; en outre indiquer dans la colonne des observations du calepin les distances de l'origine aux points où les sentiers coupent les directrices, l'espacement des arbres sur le bord des chemins, la largeur de ces chemins, dont on a pris l'axe, etc.

Enclaves, iles, étangs, clairières, etc. Les dispositions qu'il convient d'adopter pour l'établissement des directrices, dépendent, avons-nous dit, du terrain. Ainsi, pour une enclave, partie vide de forêt, ou pour une île, menez la base (Fig. 53), dans le sens de la plus grande longueur, et levez les dernières sinuosités par des perpendiculaires abaissées sur des directrices secondaires : c'est là le cas d'un terrain dont on ne sort pas. Lorsqu'il s'agit d'un terrain que l'on peut parcourir, formez, par exemple.

(Fig. 54), un triangle dont vous prendrez les trois côtés pour directrices. Enfin quand vous aurez à lever des étangs, des bois (Fig. 55), dans lesquels vous ne pourrez ou vous ne voudrez pas pénétrer, enveloppez ces portions de terrain d'un polygone rectangulaire, au besoin d'une suite de lignes sous des angles convenables, mais en nombre rond de degrés, canevas susceptible d'être très-exact par la nature même de l'équerre quand on emploie des angles droits ; etc.

Sentier intérieur. Nous nous proposons ici la question de savoir si avec l'équerre seule et la chaine, il serait facile de lever entièrement le plan d'un bois de peu d'étendue.

Lorsqu'on peut tourner librement autour des limites du bois, nous venons de voir comment on en lève le contour : or si nous pouvons figurer les sentiers intérieurs, nous saurons aussi décrire le périmètre dans le cas où le bois serait lui-même entouré d'autres bois. Soit A m''' m^v un sentier, A B une partie du périmètre (Fig. 56), on mènera la perpendiculaire m p', on chaînera A m et m p', et on opérera en p' comme on a opéré en A, ainsi de suite, en brisant successivement à angle droit les lignes menées à l'équerre : pour employer ce moyen, il faut peu prolonger ces lignes, ce qui rend l'opération longue. On voit qu'elle n'est praticable que dans des bois qui offriraient une consistance assez claire. Le pantomètre évite la difficulté : en effet, il suffira de mettre des jalons aux principales inflexions du sentier, de chaîner leurs distances, de prendre les angles de la ligne brisée avec le pantomètre. Sur le papier, vous construirez ces angles par la méthode de la table des cordes, et les côtés à l'aide du compas et de l'échelle. La boussole offre une autre solution. On facilite les portées par de faibles abatis, aux tournants.

Rattachement, orientement. L'équerre à 45°, le pantomètre, l'équerre simple elle-même, donneront aisément le moyen de rattacher le levé quand une des directrices n'aura pas été liée directement au canevas fondamental. La boussole corrigée de la déclinaison orientera le plan. Il sera facile de construire à l'échelle, à la règle et à l'équerre, les données prises sur le terrain. La minute renfermera les lignes d'opération en traits fins et cotés ; le plan portera l'échelle du levé, les écritures, une étoile, droite quand le plan sera orienté plein nord, orientement qu'il faut toujours préférer. Les teintes plates seront appliquées, et les détails seront rendus suivant les conventions du dessin topographique.

Contenance. Dans ces sortes de levés, le calcul des contenances s'effectue de deux manières. 1° D'après les nombres mêmes pris sur le terrain, ce qui est plus exact : ainsi, dans le cas de la Figure 55, on calculera les surfaces des trapèzes et des triangles formés autour du périmètre, d'après leurs bases et leurs hauteurs chaînées ; puis cherchant la surface du polygone total enveloppant, on aura, par une soustraction, celle du terrain ; 2° Lorsque les détails sont considérables, qu'il y a beaucoup de divisions de culture dont toutes les dimensions n'ont pas été chaînées , il faut faire un plan ou plutôt une minute : le terrain se décompose en trapèzes et en triangles ; on détermine à l'échelle et au compas les dimensions non mesurées, nécessaires pour le calcul des aires de ces figures élémentaires ; une combinaison d'additions et de soustractions conduit à la surface cherchée. Il est évident que l'échelle de la minute doit être grande et qu'on doit mener les perpendiculaires, c'est-à-dire, les hauteurs ou côtés de trapèzes, avec soin, afin que les erreurs graphiques dans la position de ces lignes auxiliaires n'en introduisent pas de grandes dans l'évaluation de la surface.

Arpentage par cultellation. On distingue deux sortes d'arpentage : celui par cultellation et l'arpentage par développement. Dans le premier, toutes les distances se mesurent *horizontalement :* on suppose abaissé de chaque point du sol un fil à plomb sur la surface prolongée des eaux tranquilles. Ce plan, ou tout autre parallèle, coupe perpendiculairement toutes les verticales, d'où vient la dénomination d'arpentage par cultellation. C'est cette sorte d'arpentage qui est usitée. On admet, pour la répartition des impôts, qu'il ne croît pas plus de tiges verticales (Fig. 57) sur un plan incliné que sur sa projection ; en outre la projection horizontale d'un terrain quelconque est toujours reproductible sans difficulté sur le papier.

Arpentage par développement. La différence consiste à chaîner dans le sens des pentes, à mesurer les dimensions des plans inclinés et non celles de leurs projections : alors le terrain est une surface censée *développable* et applicable sur un plan. Mais en général le terrain réduit à l'échelle ne peut se développer en une seule surface plane, et par conséquent n'est pas susceptible de s'appliquer sur le papier sans duplicature ni déchirure. En sorte que la première méthode est la seule employée : elle suffit pour les besoins.

Art. IV. — Levés au graphomètre, à la chaîne. 'Habitations, villages. Alignement entre deux points invisibles l'un de l'autre, etc.

Levés au Graphomètre Ce procédé n'est que l'emploi du principe suivant de géométrie élémentaire : un triangle est déterminé quand on connaît trois des six éléments qui le constituent, excepté le cas où on n'aurait que les trois angles. Lorsqu'une droite est déjà placée sur le plan et qu'il faut rapporter des points situés à des distances peu différentes de cette droite, stationnez tour à tour à ses extrémités, et après avoir à chaque station fixé le diamètre du zéro sur cette base, dirigez successivement l'alidade sur les points dont vous voulez déterminer la position. Pour plus de sûreté faites des recoupements, c'est-à-dire, stationnez en un point intermédiaire, duquel vous dirigerez de nouveaux rayons visuels qui devront concourir aux points d'intersection des premiers.

Vous pourrez aussi cheminer le long de lignes polygonales en mesurant successivement les côtés et les angles. Dans ces opérations de détails, les points sont peu distants et le graphomètre à pinnules trouve son emploi. Vous construirez les angles sur le papier à l'aide de la table des cordes ou *d'une table de tangentes.*

Levés à la chaîne seulement. Supposons qu'on ait chaîné les trois côtés d'un triangle, il est évident qu'il sera aisé de déterminer sur le plan la position d'un troisième point au moyen de simples intersections d'arcs de cercle, si deux de ces points sont déjà placés sur la feuille. Dans un levé, on a à mesurer des côtés et des angles, la chaîne fait connaître les premiers : voyons si, dans certains cas, elle donnerait un moyen d'éviter la mesure directe des angles. Soient A B et A C deux côtés dont on veut construire l'angle B A C (Fig. 58). Portons à partir de A sur chacun de ces côtés des longueurs arbitraires A N, A M et chaînons M N; ou bien, suivant la nature des obstacles, prolongeons B A de A P, mesurons A Q et Q P; il est évident que la construction des triangles N A M ou A Q P, au moyen de leurs côtés, déterminera sur le papier l'angle B A C. Le peu que nous venons de dire suffit pour faire comprendre la nature de ces opérations, et le groupe de la Figure 59 complétera ces indications. On peut encore lever à la chaîne certaines portions de forêts clarteuses ; au moyen de deux systèmes de parallèles se coupant à angle droit, espacées par exemple de 100^m en 100^m, du nord au sud, de l'est à l'ouest, en consignant les points où ces lignes coupent les sentiers, ceux où elles aboutissent sur le périmètre. J'ai déjà mentionné ce moyen.

Habitations, jardins. Ces sortes de levés n'opposent pas en général de difficultés. On se servira de la chaîne, d'un ruban gradué, d'un double mètre, d'un double décimètre.

Soit A B (Fig. 60), une face, un mur principal, orienté avec la boussole, rattaché par deux points, ou par un point et un angle, à des points déjà arrêtés sur le plan. Après avoir fait le tour en mesurant les murs, les allées principales, leurs angles, pour composer une sorte de canevas, on entrera dans les détails. On fera usage du procédé précédemment indiqué pour avoir les angles, à l'extérieur comme en B, ou à l'intérieur comme en C. Les trois côtés du triangle *a b c* détermineront la forme du rectangle *d c*. La plupart du temps les côtés sont à angles droits ; on ajoute aussi des diagonales. On cotera avec soin toutes les mesures : la Figure 60 représente une portion de croquis.

Villages. Lorsqu'on doit figurer un groupe d'habitations, on commence par lever sur le terrain un système d'alignement A B, C D, E F (Fig. 61) le long des rues et des principales divisions. Pour plus d'exactitude, on peut rattacher le réseau intérieur à un polygone enveloppant, à un système de triangles, et s'aider aussi de directions divergentes de certains points comme centres : quand c'est une ville, l'importance de l'opération réclame une véritable triangulation. L'ensemble étant ainsi divisé en compartiments ou îlots reliés entre eux, il ne reste plus qu'à remplir comme nous venons de l'indiquer et en complétant les détails par des dispositions et des expédients faciles à imaginer, avec adresse et sans confusion.

Alignement avec l'équerre entre deux points invisibles l'un de l'autre. Soit A B (Fig. 62), deux bornes en forêt, à une médiocre distance, et invisibles l'une de l'autre. Il s'agit de trouver des points intermédiaires M, M', de façon à pouvoir établir l'alignement A B. L'équerre et la chaîne donnent une solution du problème. Jalonnez d'abord de proche en proche une droite auxiliaire A C, assez voisine pour qu'en cheminant le long de A C vous puissiez mener la perpendiculaire C B sur la borne B. Elevez des points intermédiaires K, K', des perpendiculaires sur A C, à des distances connues A K, A K', égales par exemple au $\frac{1}{2}$, aux $\frac{2}{3}$ de A C; ou bien de 10^m en 10^m, de 20^m en 20^m, de 50^m en 50^m. Les triangles semblables A C B, A K M, A K' M' font connaître K M, K' M' et par conséquent la position des points M, M'.

S'il s'agit de prolonger l'alignement A B au delà d'un obstacle (Fig. 63), tirez une droite A K" auxiliaire, menez des perpendiculaires K B, K' X, K" Y, ou des droites sous un même angle, chaînez A K, K B, A K', A K" : les triangles semblables donneront X K', Y K", et par conséquent la position des points X, Y. Quand l'angle est nul, les perpendiculaires sont quelconques et égales, on chaîne parallèlement.

Largeur d'une rivière. Avec une équerre donnant les angles de 45° : sur la direction A B prolongée en C (Fig. 64), menez C D perpendiculaire à A B, puis arrêtez-vous en D, sur C D, de ma-

nière à voir C et A par les pinnules à 45°. D C égale A C : en
retranchant B C, vous avez A B.

Avec un graphomètre à lunette plongeante : stationnant en B,
on met le limbe horizontal et on incline la lunette sur A ; puis,
sans toucher à cette lunette, on la fait tourner par le mouvement
horizontal du limbe. La lunette décrit un cône, le rayon visuel
est reporté sur la prairie supposée de niveau et va percer le sol
en un point distant de B de l'intervalle cherché A B.

La largeur d'une rivière se détermine aussi à l'aide de jalons
seulement. Ayant prolongé A B (Fig. 65), de la quantité B C arbitraire, tiré C D aussi arbitrairement, chaîné C D, B D, prolongé C D de D E = C D et B D de D F = B D, on marche
sur la ligne E F jusqu'à ce qu'on arrive en un point X, tel que
D cache A ; il est facile de démontrer que F X = A B.

Les procédés que je viens d'expliquer donnent une idée
suffisante des moyens employés dans les opérations de ce
genre.

CHAPITRE III.

BOUSSOLE.

SOLUTION GÉNÉRALE DES LEVÉS EN FORÊT PAR L'EMPLOI COMBINÉ
DE LA BOUSSOLE ET DE L'ÉQUERRE D'ARPENTEUR.

Ressources qu'offre la boussole dans les bois.

———

Art. Ier. — Description de la boussole, lecture des angles, corrections de
l'instrument.

Principe de l'instrument. La boussole topographique est un
instrument qui est surtout précieux pour lever les détails en forêt
ou en pays couvert. Quand l'étendue de terrain n'est pas trop considérable, les directions de l'aiguille aimantée restent sensiblement parallèles entre les stations. L'instrument donne, en chaque
point, l'angle que la direction aboutissant à un signal visible fait
avec celle qui diverge de ce même point vers un signal invisible,
le pôle magnétique, et par conséquent aussi le pôle terrestre lui-
même, en corrigeant les angles de la déclinaison. Cette déviation
est actuellement occidentale ; elle tend à devenir zéro, pour
passer à l'orient, c'est-à-dire que le méridien magnétique oscille
de chaque côté du méridien terrestre, entre certaines limites et
dans de longues périodes d'années. La déclinaison change avec
les contrées, et l'aiguille peut être soumise à des aberrations dans
l'étude desquelles nous n'entrerons pas ici : nous renvoyons aux
traités de physique, où on devra relire avec soin ce qui se rapporte au principe fondamental de l'instrument. Les variations
diurnes rentrent dans la limite des erreurs de lecture. Les influences dans l'état électrique de l'atmosphère en temps d'orage
produisent des perturbations accidentelles. Nous avons indiqué le
moyen de déterminer directement la trace du méridien terrestre :

cette trace connue, il est facile d'en déduire la déclinaison de
l'aiguille pour le lieu des opérations.

Description de la Boussole du topographe. La boussole, cet important instrument, surtout au point de vue forestier, se compose (Fig. 66), d'une boîte carrée au centre de laquelle, sur le
pivot **C**, repose une aiguille aimantée dont on a détruit l'inclinaison en alourdissant la pointe blanche : la pointe bleue renferme le fluide austral et se dirige vers le nord. Le pivot est au
centre d'un cercle gradué en 360° ou en 400ᵍ, suivant que la
graduation est sexagésimale ou centésimale. Ce cercle est élevé
au-dessus du fond de la boîte à la hauteur de l'aiguille. On établit
une horizontalité du limbe suffisante pour les opérations, en disposant la boîte mobile sur une genouillère, de façon que les
pointes de l'aiguille rasent l'arête du cercle. Les pointes de l'aiguille sont très-rapprochées de cette arête, pour juger avec plus
d'exactitude la division devant laquelle se trouve la pointe bleue,
qui seule sert à lire les angles. Il faut se placer dans l'axe de
l'aiguille en comptant cet angle, afin d'éviter l'obliquité du rayon
visuel par laquelle la pointe serait projetée sur l'une des divisions
voisines.

La ligne qui joint les pôles boréal et austral de l'aiguille est
supposée bien coïncider avec l'axe de figure, c'est-à-dire avec la
plus grande diagonale du losange formant l'aiguille. On s'assure
par le retournement que cette condition d'aimantation est remplie.

L'aiguille aimantée est abritée sous un verre pour la soustraire aux agitations de l'air, cause de retard et d'erreur dans la
lecture. On doit aussi éloigner la chaîne, les fiches, tout ce qui
est en fer, lors de cette lecture des angles. Un lévier latéral
arrête l'aiguille, afin de ne pas fatiguer le pivot, dès que l'opération cesse.

Le fond de la boîte est divisé par deux diamètres, nord-sud,
sud-ouest : le diamètre nord-sud est parallèle au côté de la boîte
contre lequel est adaptée une lunette ou une simple visière plongeante, dans le but d'observer immédiatement les angles réduits
à l'horizon, le limbe et l'aiguille restant horizontaux. La boussole est portée sur un trépied, muni de sa coquille. L'horizonta-

lité du limbe s'établit par un tour d'horizon, les pointes rasant le bord ; puis la genouillère serrée, la boussole conserve un mouvement azimuthal général ; on ajoute quelquefois une vis de rappel.

Vous observerez si l'aiguille est bien centrée par l'égalité des angles opposés par le sommet.

Souvent la boussole se détache de la genouillère et sert de déclinatoire dans l'orientement de la planchette.

Dans certaines boussoles, le limbe tourne dans sa boîte de manière à déplacer le zéro pour opérer sur l'instrument même la correction de la déclinaison : alors les angles pris à la boussole sont immédiatement les angles des directions avec le méridien terrestre.

Il faut, avons-nous dit, dès qu'on n'opère plus, fixer l'aiguille, sans quoi on fatigue, on use le pivot et l'aiguille s'arrête avant sa position normale, les angles sont altérés.

Manière de lire les angles. Supposons d'abord l'oculaire *a* dans la verticale de la station et le rayon visuel dirigé sur le signal.

Il est convenu que la visière sera toujours à droite quand on se placera dans l'axe de l'aiguille coïncidant avec la ligne nord-sud, la pointe bleue vers le nord, le nord devant soi, la pointe blanche près de la poitrine. La graduation court de gauche à droite ou du nord à l'est en partant du nord. On tourne la boussole en sens contraire, de droite à gauche ou de l'est au nord : le zéro est ainsi rejeté en sens contraire de la graduation, vers l'ouest, et on lit l'angle quel qu'il soit en revenant dans le sens de la graduation, du zéro à la pointe bleue. Il faut bien se rappeler cette règle de mouvement qui évite toute confusion.

Le diamètre du limbe doit avoir au moins deux décimètres, pour obtenir les angles plus approximativement. On estime à l'œil nu, ou en s'aidant d'une loupe, les $\frac{1}{2}$, $\frac{1}{3}$, $\frac{1}{4}$ de degré, fractions qu'on peut exprimer immédiatement en minutes. Quand on veut aller vite, on prend le milieu des oscillations de l'aiguille. Lorsque l'oculaire *a* est, comme nous l'avons supposé, placé verticalement au-dessus du point de station, l'angle lu est le véritable

angle cherché, celui de la direction de la station au signal avec
le méridien magnétique : car (Fig. 67), cet angle x et celui de la
lecture sont égaux comme correspondants.

Excentricité de la visière. Le placement de l'oculaire au centre
de la station exige le déplacement du trépied. Pour que les angles
autour de ce point aient un centre commun, il faudrait réduire au
centre ou chaque fois déranger l'instrument. Cet inconvénient
disparaît en plaçant le centre même de la boussole dans la verticale de la station, mais alors il y a excentricité de la lunette,
cette excentricité est la même pour tous les angles. Voyons les
moyens de faire la correction et les cas fréquents où elle est négligeable. Soit (Fig. 68), A le point visé, C la station. On lit l'angle N k : mais si la visière était au centre C, on lirait l'angle
véritable N $k - \alpha'$. Or $\alpha' = \alpha$; donc la correction est l'angle α
sous lequel on verrait du point A l'excentricité $c f = d$ de la
visière.

Le triangle rectangle C A f

$$\text{donne } d = A f \times \text{tang. } \alpha; \text{ d'où tang. } \alpha = \frac{d}{A f},$$

$$\text{tang. } \alpha = \frac{d}{\sqrt{C A^2 - d^2}} = \frac{1}{\sqrt{\dfrac{C A^2}{d^2} - 1}}$$

Si α est très-petit, ce qui est le cas ordinaire, on remplacera
tang. α par l'arc α, et on réduira en secondes. Pour une excentricité $0^m,1$, l'erreur serait en secondes centésimales de $1273''$ à
50^m, de $657''$ à 100^m, de $424''$ à 150^m : or les variations diurnes
de l'aiguille aimantée, qui oscillerait, par exemple, entre $900''$ et
$5000''$, ont une influence négligeable dans les levés de détails :
de telles erreurs rentrent dans les limites d'approximation de
la lecture.

Le limbe des boussoles est ordinairement divisé en demi-de-
grés, on estimera aisément, à vue, la moitié de la dernière division; donc on peut dire, en règle générale, que la lecture s'obtient
sûrement à $\frac{1}{4}$ de degré ou $15'$ sexagésimales. En faisant dans la
formule l'angle $\alpha = 15'$, on déduira, d étant $0^m,1$, la valeur
limite $D = CA$, au delà de laquelle il ne sera plus nécessaire de

9

tenir compte de la correction. On se rappellera, pour simplifier et opérer par un calcul approximatif, que pour 1', à 1000ᵐ, l'écart, proportionnel pour les petits angles, est de 0ᵐ,3 environ. On pourra aussi confondre dans le calcul A C avec A *f*.

La correction due à l'excentricité devra seulement avoir lieu dans le cas de petites sinuosités, telles qu'il s'en rencontre dans les détours des sentiers en forêts.

Cette correction s'effectue alors, immédiatement et avec une approximation suffisante, par les moyens suivants. Visez à droite de A (Fig. 69), d'une quantité A A' égale à l'excentricité; disposez une longueur *a a'* = *d* à la partie inférieure du jalon, ou marquez la longueur sur l'axe de ce bâton et supposez-la rabattue; si l'épaisseur du jalon est contenue quatre fois, par exemple, dans *d*, portez à vue le rayon visuel vers la droite de la tige à une distance de quatre fois son épaisseur; ou bien visez le bord à droite du voyant de la mire; ou enfin, par tact, visez un peu à droite du jalon, d'une quantité sensiblement égale à l'excentricité, vous atténuerez ainsi l'erreur, et vous l'abaisserez suffisamment sans avoir recours aux dispositions précédentes, qui servent seulement pour la démonstration.

Correction de la collimation horizontale. Il faut que l'axe optique de la visière soit bien parallèle au diamètre nord-sud du fond de la boîte. Supposons que l'axe optique *a b* (Fig. 70), fasse un angle de collimation horizontale, c'est-à-dire qu'il ne coïncide pas avec la vraie position. Je tourne la boussole horizontalement de deux droits : la visière qui était d'abord à gauche en *a b*, prendra la position *a' b'*, je fais pivoter la visière de deux droits dans son plan vertical, l'axe optique prend la position *a" b"*, l'erreur se trouve doublée. Si la lunette porte à son oculaire ou à son objectif une vis de rappel, un appareil quelconque qui le rende rectifiable en permettant de déplacer le fil micrométrique, on fera marcher ce fil de façon qu'il coupe sensiblement en deux parties égales l'intervalle ou l'erreur visible dans le champ de la lunette. Ainsi, après avoir mis le limbe horizontal, on vise, visière à droite, un point éloigné : l'aiguille marque une certaine division, on fait tourner horizontalement, de façon que l'aiguille indique

a division diamétralement opposée, on retourne la lunette bout
pour bout, et si le point aperçu ne coïncide pas avec le premier,
ou ne se trouve pas à gauche d'une quantité égale à la largeur
de la boîte, c'est que l'axe optique a décrit une surface gauche :
amenez le fil de façon qu'il coupe le milieu entre les deux points,
ou qu'il réponde, sur la gauche, à la demi-largeur de la boîte,
quand le premier point n'est pas très-éloigné.

Art. II. — Marche des levés à la boussole : méthodes du cheminement, des
intersections et du rayonnement. Observations directes et renversées.

Quand on emploie un instrument angulaire, il se présente,
avons-nous dit, deux méthodes générales, *la méthode du cheminement et celle des intersections*, auxquelles on peut ajouter celle *du
rayonnement*. Ces méthodes se combinent au besoin selon les difficultés du terrain : appliquons au cas de la boussole.

Méthode du cheminement. Ce procédé s'emploie de préférence
pour le levé des polygones entourés et des sentiers. Soit (Fig. 71),
le croquis d'un levé, dont les sommets sont affectés de numéros
d'ordre. On s'avance progressivement dans le sens de ces numéros : on chaîne horizontalement les distances qui séparent les
stations, on écrit la distance correspondant au côté. Puis successivement et à chaque station on prend l'angle du côté suivant avec
la méridienne magnétique, ou avec le méridien terrestre si le
limbe a pu tourner pour faire la correction de la déclinaison sur
l'instrument même. Les angles sont indiqués sur le croquis par des
arcs de cercle exprimant le mouvement de la boussole; à côté
de ces arcs est inscrite la valeur de l'angle. Ces données sont
aussi consignées dans un calepin.

Recoupements. S'il se trouve, soit à l'intérieur, soit à l'extérieur,
des points tels que K, K', qu'il faut relever ou qui par leur position élevée sont visibles de plusieurs sommets du polygone, ces
points fournissent des vérifications : on fait ce qu'on appelle un
recoupement, c'est-à-dire que de trois sommets au moins, ou de
deux en chaînant une distance, on dirige la visière sur le point
K de recoupement. Dans la construction graphique, lorsqu'il

arrive que les rayons visuels se rencontrent au même point, c'est une probabilité que K est bien placé et que les sommets du polygone sont bien relevés. Si le point K est un point trigonométrique, le polygone est rattaché. Les divers polygones fermés ou les sentiers, ainsi liés aux derniers signaux trigonométriques, forment par leur juxta-position un réseau secondaire qui groupe et dispose les détails à leur place.

Observations directes et renversées. Avant de donner la forme complète du calepin d'un levé par cheminement à la boussole, il est nécessaire d'expliquer ce qu'on entend par observations directes et renversées et leur usage. Lorsqu'on prend l'angle méridien en visant de n° 1 à n° 2 (Fig. 72), on fait une observation *directe* dans le sens du cheminement; si, arrivé au point n° 2, on vise le point quitté, c'est-à-dire, le n° 1, on fait une observation *renversée.* Or il est facile de voir que, d'après la convention établie pour le mouvement de la boussole et la lecture des angles, *les deux valeurs angulaires directes et renversées doivent toujours différer de deux droits,* 180° ou 200ᵍ. De cette propriété dérivent plusieurs conséquences très-utiles.

Vérification de l'angle à chaque station. On inscrira dans le calepin et sur le croquis l'observation directe et la renversée en s'assurant que la différence égale deux droits. Quand on n'a fait que les observations directes et qu'en construisant le sentier sur la minute, on s'aperçoit qu'il y a une erreur d'angle, on ignore à quel sommet elle a eu lieu, en sorte qu'il faut aller recommencer tout le levé, s'il n'existe aucun document qui puisse faire découvrir le lieu de l'erreur. Mais dès que le calepin porte les deux observations, la renversée écrite sous la directe, la vérification de ce calepin apprend à quel angle est l'erreur; et quand on a laissé aux stations du terrain de petits piquets numérotés, il suffit de se transporter au piquet où cette erreur a été commise. Il y a plus, vous éviterez toute incertitude et un déplacement incommode, en effectuant la vérification sur le terrain même, à chaque station et avant d'inscrire; de manière qu'en chaînant les côtés deux fois, il ne pourra plus rester grandes chances d'erreurs. Le double mouvement de la boussole est si facile, le temps dépensé dans la seconde observation est si court, qu'on est largement dédommagé de ce petit retard par l'absence d'incertitude. Cette méthode convient surtout au cas d'un grand polygone enveloppe, qu'il importe de bien fermer.

Levé rapide en passant alternativement un sommet. Que vous vouliez au contraire lever rapidement un sentier de peu d'importance, vous passerez alternativement un sommet : car si aux n° 1 et n° 3 vous faites la double observation, il sera inutile de prendre l'angle au n° 2, l'angle direct en ce point étant le supplément de l'angle renversé au n° 3. Mais il est évident que ce que vous gagnez en temps, vous le perdez en certitude. En réalité vous prenez le même nombre d'angles, mais vous réduisez le nombre des stations.

Calepin d'un cheminement. Les données prises sur le terrain s'inscrivent dans les colonnes du calepin suivant. Dans celle des observations s'indiquent le point d'entrée et celui de sortie, si c'est un sentier ; ainsi que les points d'intersections avec les lignes de coupes, la laie sommière, les tranchées, en consignant la distance de chacun de ces points à la station qui le précéde ou qui le suit.

Calepin d'un levé à la Boussole par cheminement.

Sentier de. . . . .

STA-TIONS.	POINTS visés.	ANGLES méridiens.	CÔTÉS.	ANGLES.	PRIS sur	OBSERVATIONS.
N° 1.	N° 2.	Obs. directe			K	
		Obs. renvers.				
2.	3.	Id.			K'	
		Id.				
3.	4.	Id.			K''	
		Id.				
4.	5·	Id.				
		Id.				

Méthode des intersections. On choisit une base A B (Fig. 73), ou plusieurs pour vérifier. A chacune des deux stations extrêmes on mesure successivement les angles méridiens des directions sur les différents signaux. D'un point intermédiaire, tel que le milieu M, on fait des recoupements sur C, D, E..... Les recoupements ne sont d'ailleurs qu'un cas particulier de la méthode des intersections. Quand il y a impossibilité de s'appuyer sur une base unique, il est nécessaire de cheminer le long d'une ligne sinueuse en prenant des directions magnétiques à droite et à gauche sur les rochers et les mamelons voisins. La forme que prend alors le calepin est aisée à imaginer. La Figure 74 est un exemple de cette combinaison des deux méthodes où il importait de prendre, outre les éléments de la projection horizontale, les angles de nivellement des sommités visibles. On inscrira les valeurs angulaires et le chaînage de la base sur un croquis semblable à la figure et dans un calepin qui pourra avoir la forme suivante :

Calepin d'un levé à la Boussole, par intersections.

STATIONS.	ANGLES.	POINTS VISÉS.	OBSERVATIONS.
A			
B			
M			

Accumulation des erreurs. Comme tous les instruments de détail, qui permettent de gagner en célérité ce qu'on perd en exactitude, la boussole, en elle-même, n'est pas d'une très-grande précision : aussi faut-il éviter que les erreurs ne s'accumulent.

Lorsque le topographe a à lever de nombreuses et longues lignes sinueuses, qu'il les divise en levés partiels à la boussole par le moyen de points extrêmes et intermédiaires bien déterminés. Les points trigonométriques du canevas fondamental étant parfaitement placés sur la minute, si les levés à la boussole présentent de petites inégalités, souvent inévitables, les erreurs se répartiront sur l'ensemble, d'un point trigonométrique au suivant.

La boussole donne lieu à une remarque importante. Avec le graphomètre les erreurs d'angles se poussent, une erreur sur un point écarte toute la ligne en divergeant : avec la boussole, une erreur d'angle déplace un côté, mais si les autres angles consécutifs sont bons, la ligne brisée se déplace seulement parallèlement à elle-même, les lectures d'angles sont indépendantes.

Le théorème de la somme des angles égal à autant de fois deux droits qu'il y a de côtés moins deux, relation qui offre une très-bonne vérification dans les polygones au graphomètre, en prenant les compléments à quatre droits des angles rentrants, n'a plus lieu pour les angles magnétiques. Il existe toujours pour les angles mêmes des côtés entre eux. On peut, du reste, déduire l'angle des deux côtés par la différence des angles magnétiques, s'appuyant sur une même ligne d'origine, savoir la méridienne magnétique.

Bois de peu d'étendue. Nous répéterons ici la question que nous nous sommes posée au chapitre des levés à l'équerre : peut-on lever un bois avec une boussole seulement et avec la chaîne? La réponse est certainement affirmative, car la boussole est l'instrument qui offre le plus de ressources contre les difficultés des terrains couverts. Pour les sentiers intérieurs la boussole est plus avantageuse que le pantomètre. Quant au polygone enveloppe, il faudra avoir soin d'effectuer les observations directes et renversées et de s'aider de recoupements, si le terrain s'y prête.

Dans le cas de clairières, de routes qui se coupent, on lèvera encore par rayonnement (voir au chapitre de la planchette).

Art. III. — Construction des levés magnétiques sur le papier: traduction du
mouvement de la boussole.

Du Rapporteur. Le plus commode est un demi-cercle en corne
mince et transparente ; un rapporteur en cuivre salit le papier.
Son diamètre ordinaire est de deux décimètres : plus grand, il
indique mieux les angles, mais il se fausse plus aisément. Ayez
soin de l'abriter sous une pression légère pour le conserver
plat.

Le limbe est divisé comme celui des boussoles, de gauche à
droite, de 0° à 360° ou 400ᵍ. Les divisions sont tracées (Fig. 75),
sur deux circonférences cencentriques au bord du cercle, ainsi
qu'il suit : la circonférence extérieure porte les divisions de 0° à
180°, la seconde de 180° à 360°. Pour que le rapporteur traduise
commodément le mouvement de la boussole, il faut que les graduations 180° et 360° soient respectivement placées sous 0° et 180°,
comme l'indique la figure; il est préférable de se munir de rapporteurs qui satisfassent à cette condition et non de rapporteurs
simplement divisés de 0° à 180°, ce qui exige des soustractions et
une distinction d'angles orientaux et occidentaux.

On se propose de traduire sur le papier les angles de la boussole lus de 0° à 360°, suivant la convention établie. Imaginons un
cercle entier en corne transparente gradué comme le limbe de
l'aiguille : il est clair qu'en plaçant le zéro vers le nord de la
ligne du papier représentant le méridien magnétique, il suffirait
de tourner le cercle comme on a tourné la boussole, de marquer
au crayon la position nouvelle du zéro. Mais alors il faudrait
ôter le rapporteur, placer une règle pour tracer le second côté
de l'angle ; de plus, une méridienne magnétique devrait être tirée
à chaque station, ce qui serait long, couvrirait le papier de lignes
au crayon et salirait la minute.

Ces inconvénients s'effacent en pliant le cercle entier en deux,
ou plutôt en ne conservant qu'un demi-cercle gradué de façon à
pouvoir effectuer le même mouvement, et en se ménageant une
règle sur le bord du rapporteur même : le centre ne doit être
marqué que par l'intersection des deux diamètres perpendicu-

laires, et la base de la règle doit être bien dressée. C'est au moyen de cette règle qu'on trace les directions sur le papier. La fraction de double graduation qui se voit dans l'intérieur du demi-cercle forme le rapporteur complémentaire que nous expliquerons après le rapporteur simple.

Tracé des directrices magnétiques. Pour rapporter les angles sur la minute, commencez par y construire au crayon un système de parallèles faisant avec la ligne plein-nord du papier un angle de 22° $\frac{1}{2}$ vers l'ouest, ou plus généralement égal à la déclinaison locale et actuelle ; espacez-les de 4 à 5 centimètres. Quand on veut se servir du rapporteur complémentaire, il suffit de les éloigner de $0^m,10$, et de les recouper par un second système de parallèles, espacées aussi de $0^m,1$, et perpendiculaires aux premières. Ce petit nombre de lignes bien tracées est suffisant pour tous les détails du plan au rapporteur; on est ainsi dispensé d'en mener à chaque station, et la feuille se conserve plus propre. Ces directrices doivent être établies avec soin, parce qu'un défaut de parallélisme influerait sur tous les détails levés à la boussole.

Maniement du rapporteur simple. Soit M M (Fig. 76), une des directrices magnétiques, A le point, extrémité, par exemple, du dernier côté construit d'un sentier, où il s'agit de tirer une nouvelle direction.

Après avoir placé le centre C et la graduation de l'angle donné sur M M, on fait glisser le rapporteur avec les doigts posés sur son plan, de façon que C et la graduation passent toujours par M M et que le bord de la règle arrive en A. On tire alors au crayon le long de la règle, *du centre au zéro*, le côté cherché. L'angle R A M' == M C B, M' M' n'étant pas figuré sur la feuille. Ce mouvement est fondé sur ce que les méridiennes sont sensiblement parallèles : elles forment avec la règle du rapporteur des angles égaux, quelle que soit l'inclinaison du rapporteur sur les lignes M C, A M'. Il est donc possible de se servir indifféremment de l'une d'elles pour rapporter un angle quelconque : ce moyen dispense de tirer des méridiennes à toutes les stations. On porte ensuite la longueur du côté, ce qui donne un nouveau point, sommet de l'angle suivant.

Tous les angles de 0° à 180° se rapportent à l'ouest de la méridienne magnétique et la division est au nord de cette méridienne. Tous les angles de 180° à 360° se rapportent à l'est de la méridienne, et la division du rapporteur se trouve sur sa partie sud. Dans sa position de départ, le zéro étant sur la méridienne vers le nord ou le haut de la feuille, la partie convexe du demi-cercle est à droite, comme la visière de la boussole. Pour faire mieux comprendre le maniement, construisons les deux cas suivants :

1re Question. Au point A (Fig. 77), construire un angle de 36° avec la méridienne magnétique :

Placez le rapporteur sur la méridienne de A ou sur une méridienne voisine, de façon que le centre C et la division 36° soient sur cette méridienne. Faites glisser jusqu'à ce que le bord extérieur de la règle passe par A, tirez A R du centre au zéro.

2e Question. Construire au point A (Fig. 78), un angle méridien de 216° : cet angle étant plus grand que 180°, on se servira de la seconde circonférence graduée. Je place le centre C et la graduation 216° sur M M, je fais glisser jusqu'à ce que le bord de la règle passe par A, je tire A R côté cherché, du centre au zéro.

Rapporteur complémentaire. Les méridiennes auxiliaires, tracées en petit nombre sur la minute, ne servent plus quand la règle dans son mouvement n'atteint pas le point de station, inconvénient qui arrive lorsque la règle du rapporteur fait un angle très-petit avec la méridienne.

Ce qui se présente d'abord à l'esprit est de tracer des parallèles aux premières directrices, par les points de stations ou à des distances telles que la règle du rapporteur puisse les rencontrer dans son glissement. On évite ces constructions en rapportant les petits angles d'après la perpendiculaire à la méridienne magnétique la plus voisine, en opérant sur cette perpendiculaire comme relativement à la méridienne, tenant compte de l'angle de 90° que ces lignes font entre elles.

Puisqu'il faut ajouter un droit à chaque angle à rapporter à la perpendiculaire, il suffira de disposer une seconde graduation dans le plan du demi-cercle : on regardera le rayon passant par 90° comme le zéro de la division, c'est-à-dire qu'on écrira sur chaque rayon, à partir de 90°, les numéros des rayons perpendiculaires. Les angles y et z (Fig. 79), sont égaux à x. Les deux nombres écrits au bord D du rapporteur simple sur C D, sont inscrits au rapporteur complémentaire sur le rayon perpendiculaire C E, et réciproquement.

On s'exercera sur les deux cas suivants :

1ʳᵉ Question : Par un point A, rapporter à la perpendiculaire un angle de 10°. Placez C et la division du rapporteur complémentaire sur la perpendiculaire voisine, faites glisser sur cette ligne jusqu'à ce que la règle passe par A.

2ᵉ Question : Par un point A, rapporter à la perpendiculaire un angle de 160°. Appliquez C et la division 160° du complémentaire sur la perpendiculaire voisine, faites glisser, etc.

Vous remarquerez qu'au moyen de ces deux systèmes de directrices perpendiculaires entre elles, on obtient deux glissements différents de la règle du rapporteur, l'un dans le sens du nord au sud magnétiques, l'autre de l'ouest à l'est ; en sorte que, pour chaque angle, les points que ne rencontre pas la règle dans le premier mouvement, sont atteints dans le second. Cette combinaison d'un double mouvement du rapporteur est très-ingénieuse : elle permet de réduire le nombre des directrices qui servent à rapporter sur la minute tous les différents levés à la boussole.

Quand le polygone n'est pas considérable, on peut encore construire tous les angles autour d'un même point, ou de plusieurs centres, et rapporter ensuite, par le glissement de l'équerre, les directions dans leurs véritables positions.

Exercice pour le maniement du Rapporteur.

STATIONS.	POINTS visés.	ANGLES.	CÔTÉS.	OBSERVATIONS.
1	2	502° 40'	16ᵐ	Les coordonnées du
2	3	221° 40'	59	point n° 1, par rapport
3	4	153° 27'	54 , 40	au point trigonométri-
4	5	261°	88 , 80	que de rattachement,
5	6	342°	48	sont :
6	7	315°	151	$x = + \ 855^m, 50$
7	8	333° 50'	41	$y = + \ 2295.$
8	9	301° 50'	47	
9	10	203° 40'	98	Construire à échelle
10	11	270°	62	
11	12	332°	70	$\dfrac{1}{2500}$
12	13	316°	85 , 75	
13	14	10°	233 , 50	
14	15	289°	205	
15	16	26°	27	
16	17	46°	170 , 40	
17	18	61°	74 , 20	
18	19	78°	96 , 40	
19	20	95°	43 , 40	
20	21	118° 40'	122 , 40	
21	22	126° 50'	84	
22	23	184° 50'	110 , 40	
23	24	124°	28 , 20	
24	25	94°	86 , 40	
25	26	159°	139	
26	27	166° 46'	35	
27	28	181° 10'	47	
28	29	183°	250	

Lorsque le limbe de la boussole est centésimal et que le rapporteur est sexagésimal, il faut transformer les nouveaux degrés en anciens. Il existe des tables, mais on peut effectuer la transformation rapidement, ainsi qu'il suit : $100^g = 90^d$, donc :

$1^g = \dfrac{9}{10}$ de degré; retranchez $\dfrac{1}{10}$ de la valeur en grades, ce qui s'effectue aisément par un déplacement de la virgule et une petite soustraction, à chaque angle qu'on construit. Ainsi, par exemple, soit 23^g, 45 à transformer, retranchez 2,345, ce qui donne 21,105, nombre de degrés demandé. Il est vrai qu'on n'a pas la fraction en minutes sexagésimales cela se réduirait d'ailleurs à prendre les $\frac{108}{100}$ de 60′ ; mais peu importe, car on estimera aussi bien qu'il faut ajouter $\frac{1}{2}$, $\frac{1}{3}$, $\frac{1}{4}$, de degré, au moyen de la partie décimale, que si la valeur eût été calculée en minutes : les portions de degré se construisent à vue avec le rapporteur.

Art. IV. — Ressources qu'offre la boussole dans les bois.

Série de points additionnels. — Causes perturbatrices dans le sol. — Alignements entre des points invisibles l'un de l'autre. — Parallèle et perpendiculaire à des directions par un point donné.

Crête de rochers, rattachement d'un îlot. La propriété des observations renversées fournit le moyen de rattacher isolément une série de points tels que M, M', M''.... (Fig. 80) à deux points visibles A et B déjà placés sur la minute. Cette suite sera ou un détail levé séparément et qu'il s'agit de rattacher, ou la réunion de certains points accessibles sur une crête de rochers, mais séparés entre eux par des profondeurs impraticables. On stationnera en M pour y prendre les angles avec les méridiens magnétiques ou terrestres des directions M A, M B ; il est évident qu'on en déduira aisément les angles des mêmes directions, tels qu'ils eussent été pris en stationnant en A ; par conséquent il sera facile de construire sur la minute les directions A M, B M, lieux géométriques, dont l'intersection déterminera le point M. Ce que nous venons de dire pour M, nous le répéterions pour M', M'', ainsi de suite.

Cas où le sol contient des substances attractives. La propriété caractéristique de la boussole est d'orienter toutes les directions prises de stations isolées, ce qui ne peut se faire avec un goniomètre, avec la planchette, qu'en relevant la position d'une ligne commune à la station que l'on quitte et à celle où l'on va. En renonçant aux stations isolées, rien n'empêchera de se servir de la boussole comme d'un goniomètre ordinaire.

Ceci s'applique au levé des galeries souterraines pratiquées

dans les mines de fer, à celui de la surface des terrains où est
enfouie la substance attractive. On lève les plans des travaux
souterrains et de la surface du sol en les liant ensemble à l'aide
d'une direction commune observée à l'entrée des galeries : en
traçant un de ces deux plans sur du papier transparent, et en
l'appliquant sur l'autre, l'ingénieur juge de la position relative
des objets et projette les ouvrages ultérieurs.

Lorsque l'observation a lieu aux deux extrémités d'une ligne
droite sur un terrain sans influence, les deux angles diffèrent de
180° : si a' pris à la première station, est moindre que 180°, on
aura, pour l'angle a'' mesuré à la seconde, $a'' = a' + 180°$; au
cas contraire, $a'' = a' - 180°$. Si donc, dans le passage d'une
station à la suivante, l'aiguille éprouve une variation v, au lieu
de trouver la valeur a'', on aura une valeur a''' trop grande de v,
quand l'aiguille aura dévié dans le sens nord-est; trop petite de
v, quand la déviation aura eu lieu en sens contraire. On retranchera de a''' la valeur a'', ou $a' \pm 180°$; si le reste est positif,
il exprimera la déviation de l'aiguille dans le sens nord-est; s'il
est négatif, une déviation contraire. Par conséquent on pourra
suivre de station en station les positions relatives de l'aiguille et
opérer avec la boussole comme avec un goniomètre ordinaire;
le lecteur fera bien de s'exercer sur une figure. Les positions
respectives de l'aiguille à deux stations désignées s'obtiennent
en faisant la somme algébrique des déviations aux stations intermédiaires. Dans les mines, la position de la ligne qui joint
deux stations se fixe à l'aide d'un cordeau.

*Alignements entre des points éloignés invisibles l'un de l'autre. So-
lutions particulières et solution générale.* La boussole offre un moyen
commode de mener des lignes parallèles par deux points éloignés, mais toujours dans les limites d'un levé topographique : j'en
déduis la solution suivante du problème de l'alignement. Soient A
et B (Fig. 81), les deux points invisibles l'un de l'autre; je jalonne
à partir de A des alignements approximatifs A A', B B'. Je prends
en A les angles de ces directions avec le méridien magnétique,
puis me transportant en B je mène à la boussole et je jalonne des
alignements B A', B B' respectivement parallèles à A B', A A'.

Il est facile en cheminant sur ces lignes de trouver les points A',
B'. La figure A B A' B' étant un parallélogramme, le milieu de
A' B' sera le milieu de A B et la difficulté sera réduite à trouver
d'autres points, si cela est nécessaire, entre A et M ou entre B
M. Si A' et B' étaient encore trop éloignés pour pouvoir tirer
A' B', on opèrerait pour A' B' comme pour A B : on formerait
un parallélogramme moindre, dont la petite diagonale passerait
encore en M, ainsi de suite.

Ou bien tirez un alignement approché B M (Fig. 82), menez
sous un angle quelconque une ligne A M, puis d'un point M'
conduisez une parallèle à M A, chaînez B M, M A, B M' : une
quatrième proportionnelle fait connaître M' X.

Voici encore d'autres façons d'opérer. Je jalonne et je chaîne
les alignements approchés A E, E B (Fig. 83). Je prends E C, E D
égaux respectivement au $\frac{1}{10}$, par exemple, de B E, A E : si le
point C est visible de D, je mesure l'angle méridien de la direction
C D parallèle à A B, en tenant compte de l'excentricité ; puis je
me transporte en A et je tourne la visière de manière à ce que
l'aiguille indique le même angle, la visière se trouve alors dans
l'alignement cherché : D C est le $\frac{1}{10}$ de A B.

La construction précédente donne aussi le moyen de résoudre
la question sans employer un instrument angulaire. Je mesure
D C, je prends A e = D E ; je fixe en A l'une des extrémités d'un
cordeau, d'une chaîne ou mieux d'un ruban gradué ; une personne tend horizontalement ce ruban à une distance de A égale à
D C. Je fixe en e un deuxième ruban gradué qu'une seconde
personne tient tendu d'une quantité égale à E C. Puis les deux
personnes marcheront de façon à se croiser : quand leurs doigts
placés sur les graduations respectives des rubans se toucheront,
le point i d'intersection des arcs décrits sera un point de l'alignement A B. On jalonnera ensuite de proche en proche. Passons à
des solutions plus larges et les véritables à employer.

La question de l'alignement entre deux points invisibles l'un
de l'autre donne lieu à une opération souvent difficile en forêt,
quand les deux points sont assez éloignés. Aussi vais-je donner

de ce problème une solution complète et sûre qui évitera des tâtonnements, des pertes de temps et des abatis sans résultat certain : Nous distinguerons trois cas :

1° Quand les deux points A et B ne sont pas loin l'un de l'autre, la solution par l'équerre, ou déplacement proportionnel des jalons, suffira, moyen que nous avons déjà expliqué et qu'on rendra plus commode en calculant les écarts pour des distances constantes de 50 en 50 mètres, par exemple, tous les déplacements successifs des jalons se déduisant du premier.

2° Quand les deux points sont trop loin et que l'alignement auxiliaire exige des tâtonnements prolongés, on fera un cheminement à la boussole (Fig. 56), on mesurera bien les angles magnétiques et on chaînera exactement les côtés, en passant par des endroits commodes ; puis on construira, à une assez grande échelle, ce cheminement, on tirera la ligne sur la figure et on prendra au rapporteur l'angle magnétique de cette direction. Alors si du point A, ou de B, on fait le même angle avec la boussole, on tombera sur l'autre extrémité, ou non loin ; et alors, si cela est nécessaire, on rectifiera par l'emploi de l'équerre ou la première solution, et enfin on déplacera tant soit peu les jalons : on arrivera rapidement, par ces méthodes convergentes, à la position cherchée. On peut aussi faire un cheminement au théodolite, au graphomètre, au pantomètre, et procéder à la détermination de l'angle par des moyens plus précis.

5° Quand les deux points sont très-loin l'un de l'autre, le mode de solution consiste à les rattacher à des points trigonométriques, à déduire l'azimuth, partant l'angle de la direction cherchée avec une ligne connue du réseau et la longueur de la ligne ; on ouvrira cette ligne avec un théodolite et on fera la correction du petit angle d'écart, si cela est nécessaire. L'emploi de la boussole résoudra toujours le problème avec facilité dans le cas des distances moyennes.

Alignement au delà d'un obstacle ; parallèle et perpendiculaire à une direction donnée. Très-souvent on rencontre de gros arbres dans les alignements que l'on prolonge. Aux solutions que nous avons déjà données avec l'équerre, ajoutons la suivante, qui est rapide et assez sûre. Prenez l'angle magnétique de la ligne jalonnée du côté de l'arbre où vous aboutissez ; puis vous plaçant de l'autre côté du tronc, faites le même angle et alignez avec la lunette. Si l'angle est bien le même, il n'y aura pas divergence ; si on a commis une légère erreur de déplacement de l'autre côté de l'arbre, l'alignement ne sera rejeté que d'une très-petite quantité parallélement à lui-même (Fig. 190), en B'. La boussole servira aussi très-utilement pour cheminer sous un angle constant à travers les bois.

Enfin si d'un point situé dans un fourré, loin d'une tranchée, dont on connaît l'angle magnétique, on veut mener une parallèle, une perpendiculaire, une ligne sous un angle quelconque, à cette route, rien ne sera plus facile avec la boussole. On pourra aboutir à cette tranchée, ou sortir sur le périmètre de la forêt par le plus court chemin, etc., etc. Il est facile de tirer un grand nombre de conséquences utiles de l'emploi de la boussole et de comprendre toutes les ressources qu'elle offre dans les bois.

Art. V. — Emploi combiné de la boussole et de l'équerre pour les levés du périmètre et des sentiers d'une forêt. Atténuation des inégalités de la boussole.

La boussole est un instrument facile à manier et à transporter : aussi sera-t-on disposé à s'en servir de préférence pour les configurations des levés partiels. On cheminera le long des côtés réguliers du périmètre, et quand il deviendra trop sinueux, on établira des directrices sur lesquelles on fera des levés à l'équerre, à courtes perpendiculaires. Il faut faire, surtout sur le périmètre, la double observation directe et renversée, ce qui n'exige que des mouvements faciles et prompts. *Ces deux instruments suffiront donc pour les configurations générales extérieures et intérieures.*

Il est bien entendu, quand il s'agira d'opérations plus précises, de délimitations, de grandes voies traversant la forêt et se reliant à un réseau, de routes à ouvrir, etc., qu'il faudra substituer à la boussole, le graphomètre et même le théodolite. La boussole a l'avantage de n'exiger, à la rigueur, qu'un point visible de la station où l'on se trouve, le point consécutif; et de plus une erreur

10

d'angle ne fait pas diverger toute la ligne, mais la transporte seulement parallèlement à elle-même.

Nous avons déjà indiqué, à plusieurs reprises et à dessein, cette marche générale des levés et les opérations fort simples auxquelles elle donne lieu : nous la résumons ici après l'explication complète des instruments qui y concourent. Lorsque nous aurons ajouté un éclimètre à la boussole et appris à calculer les cotes de niveau de tous les points, c'est-à-dire, rendue possible l'application des méthodes descriptives du relief, la contrée levée sera entièrement décrite et définie.

Mais, objectera-t-on, la boussole est un instrument peu exact, elle ne donne régulièrement les angles qu'à $\frac{1}{4}$ de degré : N'oublions pas les principes que nous avons précédemment posés et voyons comment nous atténuerons, nous corrigerons des imperfections inhérentes aux trois instruments dont l'emploi paraît nous suffire. Et d'abord si l'on a appuyé l'ensemble des opérations sur un réseau trigonométrique, les polygones seront partagés en lignes brisées, partielles, allant d'un signal à un autre, en sorte que la difficulté se trouve considérablement réduite. Il reste à faire concorder chaque cheminement entre les deux points trigonométriques auxquels ils aboutissent.

Soient A et B, deux points trigonométriques et faisons l'hypothèse qu'en rapportant le levé à la boussole, le cheminement ne ferme pas et qu'au lieu de tomber en B, on arrive en B' (Fig. 185). Supposons qu'on ait calculé les coordonnées des sommets du cheminement à la boussole par rapport à de mêmes axes que les signaux. On déduira aisément les longueurs A B, A B', même B B', et l'angle B A B' différence d'ailleurs des azimuths et co-azimuths qui s'appuyent sur les coordonnées relatives. On corrigera tous les azimuths du cheminement de l'angle B A B', selon son signe, ce qui fera tourner le système des sommets de façon à reporter A B' dans la direction de A B ; puis, connaissant la différence de A B' et de A B, on allongera ou on raccourcira tous les côtés, c'est-à-dire qu'on répartira cette différence totale proportionnellement aux côtés chaînés. Il est très-facile de comprendre la nature de cette espèce de répartition, de quelque manière qu'on la présente ou qu'on la modifie.

Par cette répartition régulière d'écarts renfermés dans les limites des tolérances, on convergera vers la position exacte des points à l'aide des signaux trigonométriques et on remédiera aux inégalités inhérentes à l'emploi de la boussole, à celles de déclinaison, tout en conservant les avantages de l'instrument. Si les différences dépassaient les tolérances, il y aurait erreurs et de nouvelles mesures à prendre. Souvent quand ou emploie plusieurs boussoles, il peut se faire que par une légère rotation du limbe ou pour toute autre cause, elle n'opère pas sous une même déclinaison : en effectuant pour chaque boussole, la correction azimuthale précédente, on saura quelle rectification il faut supposer à chacune des boussoles, qui deviendront ainsi comparables.

Revenons encore aux répartitions pour les appliquer aux cheminements au graphomètre et aux levés à l'équerre d'arpenteur. Quand on emploie un graphomètre, on peut faire la répartition des petites inégalités attribuables à l'instrument, en ajoutant ou en retranchant un petit angle, facile à trouver, à chaque angle du cheminement; ou conserver les angles, en déplaçant les côtés parallélement, après avoir varié proportionnellement les projections sur la vraie direction; ou faire pivoter le système, comme précédemment; ou enfin, après avoir calculé un système de coordonnées, faire porter proportionnellement les différences totales dans les deux sens sur les différences des abscisses et les différences des ordonnées.

Quant aux levés à l'équerre, les distances continues partant de l'une des extrémités d'une directrice et les perpendiculaires ne sont qu'un système de coordonnées qu'on a chaînées directement, et les méthodes de répartitions déjà indiquées ailleurs sont applicables.

Il est évident que, pour ces procédés, on opérera ou par le calcul, ou graphiquement si on le juge suffisant. Telles sont les méthodes régulières de répartitions relatives aux trois instruments fondamentaux des levés forestiers, le graphomètre, la boussole et l'équerre. On les emploiera pour mettre de l'ordre dans la dispersion des inégalités admissibles, quand on ne se bornera pas à de légers déplacements arbitraires ou qu'on n'aura pas de motifs particuliers pour faire porter la répartition sur un ou plusieurs points, à l'exclusion des autres supposés exacts.

CHAPITRE IV.

PLANCHETTE.

NÉCESSITÉ D'UN CONTRÔLE POSSIBLE DES LEVÉS ADMINISTRATIFS.

Art. Ier. — Description et propriété spéciale de l'instrument.

Planchette. Elle consiste en une tablette rectangulaire portée sur un pied à trois branches (Fig. 84), et disposée de façon que le plan de la tablette établi horizontalement reste doué d'un mouvement azimuthal.

On fixe sur la tablette une feuille de papier avec de la colle à bouche, ou, ce qui est mieux, on la tend au moyen de rouleaux adaptés latéralement : par cette modification, on peut enrouler successivement la partie où le dessin est terminé, en déroulant du papier blanc. Pour éviter le travail du papier exposé à l'humidité, à la sécheresse, il est bon de coller ce papier sur de la mousseline fine. Il faut avoir soin de protéger la feuille par un garde-main, quand on la remplit de détails. Le grand avantage de la planchette est de *construire le plan tout en le levant.* Cet instrument angulaire sert à relever les détails qui doivent se rattacher au canevas fondamental, ou bien d'abord à préparer la triangulation.

Outre ces emplois de la planchette comme instrument proprement dit, elle est susceptible d'être considérée sous un autre point de vue, comme une simple tablette sur laquelle il sera commode de construire immédiatement les levés à la boussole, les détails à vue, en appliquant de suite le dessin conventionnel et les teintes plates des plans-minutes. Il est fort utile d'arrêter ainsi aussitôt des détails nombreux qui s'effaceraient de la mémoire ou exigeraient, dans des levés compliqués, des calepins et des croquis figuratifs trop chargés.

Alidade. La planchette est accompagnée d'une alidade à pin-nules ou à lunette.

L'alidade à pinnules (Fig. 85), est une règle surmontée à ses deux extrémités de deux pinnules susceptibles de se rabattre pour se loger dans une boîte-étroite.

Les milieux des ouvertures des pinnules relevées sont dans le même plan vertical que la face de la règle contre laquelle s'applique le crayon pour tracer la direction observée. Le plan dans lequel plongent les rayons visuels s'appelle *plan de collimation*, le bord de la règle se nomme *ligne de foi.*

Dans l'alidade à lunette, une petite colonne porte une lunette plongeante qui se meut dans le plan vertical de la ligne de foi (Fig. 86) : la ligne tracée au crayon représente exactement la projection du rayon visuel.

Quelques alidades sont construites de façon à pouvoir être vérifiées par le retournement de la lunette et rectifiées par le mouvement du réticule. Il faut pour cela que la portion C L de la lunette soit moindre que la hauteur du support, pour que le retournement bout pour bout puisse s'effectuer. En retournant également la règle on fait une deuxième observation. Cette double observation met en évidence le défaut de parallélisme entre l'axe optique de la lunette et le côté F F' de la règle.

Art. II. — Mise en station ; des trois méthodes employées dans les levés à la planchette. Déclinatoire.

Mise en station. Les conditions à remplir pour la mise en station, sont : 1° que la planchette soit horizontale ; 2° que le point de station A du terrain (Fig. 87), et son homologue *a* sur la feuille soient dans la même verticale ; 3° que la ligne *a c* tracée sur la planchette soit dans le même plan méridien que la ligne A C du sol, auquel cas, la planchette est dite orientée. On obtient l'horizontalité au moyen du niveau à bulle d'air, ou en posant sur la feuille une petite sphère qui doit rester immobile, etc.

Quand on veut opérer avec précision on amène *a* dans la verticale de A, à l'aide d'un compas courbe dont les branches embrassent la tablette. Souvent on aperçoit aux planchettes des ajustements qui semblent la compliquer, mais qui ont pour but d'établir des mouvements rapides et doux, permettant de faciliter, d'accélérer avec précision la mise en station.

Méthode du cheminement. Concevons un polygone (Fig. 88), dont les sommets soient numérotés, et un point intérieur ou extérieur trigonométrique, de rattachement ou simplement de recoupement. Le sommet n° 1 et le point trigonométrique *a* étant marqués sur la planchette, on la met en station au n° 1 dans une position horizontale, la projection du point de station dans la verticale de son correspondant, la direction du n° 1 au point trigonométrique coïncidant avec la droite tracée sur la feuille. La planchette est ainsi orientée, on la fixe. Après avoir planté verticalement une aiguille au n° 1 sur la feuille, fait tourner autour d'elle l'alidade et avoir amené l'axe optique sur le n° 2, on trace au crayon, le long de la ligne de foi, la projection du rayon visuel.

Puis on porte sur le papier à l'aide de l'échelle, gravée ordinairement sur la règle même de l'alidade, la distance chaînée de n° 1 à n° 2, ce qui arrête la position du n° 2.

Alors se transportant au n° 2 du terrain, on place la règle sur la ligne de n° 1 à n° 2, le point n° 2 du papier dans la verticale de la nouvelle station ; par le mouvement azimuthal de la planchette, on amène l'alidade, toujours placée sur la ligne n° 1 à n° 2, vers le jalon mis au n° 1 : la planchette est alors orientée sur ce point. La planchette fixée, on fait tourner l'alidade autour de l'aiguille plantée au n° 2, on l'amène sur le n° 3 et sur le point *a* trigonométrique ou de recoupement. On trace la direction, ainsi de suite en s'orientant sur le point précédent ou *point arrière.* Il y a certitude, lorsqu'arrivé au dernier point de station, la planchette étant orientée sur l'avant dernier, l'axe optique passe par le n° 1 de fermeture : en outre la distance chaînée doit s'accorder avec la distance conclue du dernier point au premier, et les recoupements sur *a* doivent se rencontrer en un même point. Le levé doit *fermer en direction et en chaînage.*

Vous remarquerez qu'il y a deux mouvements : c'est d'abord
la planchette qui tourne emportant l'alidade fixée sur une ligne
du papier; puis sur la planchette devenue fixe, l'alidade se meut
pour déterminer une autre direction.

Méthode des intersections. Les extrémités A, B (Fig. 73), d'une
base, et la longueur proportionnelle de cette base étant rapportées
sur la planchette, stationnez en A, orientez la planchette sur
B. La planchette fixée, dirigez successivement l'alidade vers les
différents sommets extérieurs à la base. Transportez-vous ensuite
en B, orientez la planchette sur A, et dirigez l'alidade vers les
mêmes sommets. Les intersections de deux rayons visuels détermineront graphiquement chaque point. Pour vérifier, stationnez
au milieu, par exemple, de la base, et faites des recoupements sur
les mêmes sommets.

Méthode par rayonnement. Je nommerai ainsi une troisième
manière de se servir de la planchette. Soit A B C D (Fig. 90), un
polygone à lever; je stationne en un point central tel que O, je
fixe la planchette et je tourne successivement l'alidade sur les
sommets A, B, C, D. Je fais chaîner les distances O A, O B, O C....
du point O aux sommets du polygone et je porte leurs longueurs
réduites à l'échelle sur les directions divergentes tracées au
crayon. Il est évident qu'en joignant les extrémités de ces distances, j'aurai sur le papier un polygone semblable à celui du
terrain. Quand le point O coïncide avec un des sommets, A par
exemple, les distances à chaîner sont les deux côtés contigus
et les diagonales du polygone.

Déclinatoire. Cet instrument offre un autre moyen d'orienter la
planchette. C'est la boussole, mais réduite (Fig. 91) à une forme
étroite, les pointes de l'aiguille ne pouvant parcourir que deux
portions d'arcs suffisants pour l'emploi du déclinatoire. Le grand
côté de la boîte rectangulaire est exactement parallèle à la ligne
des divisions 0° et 180°, bissectrice des arcs. Si on tire sur la
planchette horizontale une ligne qui représente la trace du méridien magnétique, qu'on place le long côté du déclinatoire sur

cette ligne, la planchette sera partout orientée dès que les extrémités de l'aiguille coïncideront avec la ligne nord-sud tracée au fond de la boîte.

Le point trigonométrique *a* et le n° 1 du cheminement précédent étant donnés sur la planchette, stationnez au n° 1, orientez la planchette sur le point *a*, et fixez-la ; puis ayant placé le déclinatoire sur un des bords, amenez les pointes de l'aiguille sur la ligne nord-sud en la tournant sur le papier ; tracez le long du grand côté une droite sur laquelle vous poserez le déclinatoire pour mettre la planchette dans une position parallèle à la première, quand vous transportez l'instrument à d'autres stations.

Art. III. — Usage de la planchette en forêt.

Dans les bois la planchette est en général moins commode que la boussole, à cause des branches qui peuvent déchirer la feuille ou la mouiller quand on vient à les agiter après la pluie. Ces inconvénients n'ont lieu que jusqu'à un certain point, et la planchette est susceptible d'être employée avantageusement pour relever rapidement par la méthode des intersections des portions d'un périmètre découvert, ou pour lever par celle du cheminement des sentiers intérieurs.

Rappelons-nous que la planchette donne immédiatement sur le terrain même une figure semblable à celle qu'on veut lever : je déduis de cette propriété fondamentale la solution suivante du problème de l'alignement entre deux points invisibles l'un de l'autre. Soient A et B les deux points ; je trace deux directions sur deux points auxiliaires visibles C D. Je me place en A avec la planchette, je porte arbitrairement *a d* sur la feuille (Fig. 92), pour représenter A D. Soient aussi d'autres points E F visibles des stations successives. Je vais stationner en D, j'oriente sur A et je tire les directions *d c, d f, d e ;* en cheminant ainsi de station en station, je détermine par recoupement les points *c, f, e,* jusqu'à ce que j'arrive en B. La figure obtenue sur la planchette est semblable au réseau du terrain. Je tire *a b* sur le papier ; puis je me place à l'un des deux points, A par exemple, j'oriente la planchette sur D ou C : l'alidade placée sur *a b* indique la direction cherchée. On l'obtient ainsi sans lecture d'angle, sans chaînage et sans calculs. Si A D est chaînée et représentée à une certaine échelle, la figure semblable donne, outre la direction, la grandeur de A B.

Quand d'un point intermédiaire C (Fig. 93), on aperçoit les points A et B, la solution se simplifie. Je stationne en C et j'y tire les directions homologues *c a, c b*. Je chaîne C A et C B, je porte sur la planchette des longueurs proportionnelles *c a, c b,* à une échelle quelconque : en joignant les extrémités *a b*, la droite *a b* sera l'homologue de A B. En sorte que si, me plaçant en A et orientant la planchette sur le point intermédiaire C, je pose l'alidade sur *a b*, il ne restera plus qu'à jalonner suivant le rayon visuel de ses pinnules.

Art. IV. — De la nécessité d'un contrôle possible des levés administratifs.

Il semblerait que la planchette serait l'instrument le plus commode pour certaines opérations de forêt, telles que l'assiette des coupes, et qu'on déterminerait rapidement sur la figure à grande échelle, les éléments d'ouverture et de vérification, puisque la planchette construit le plan en même temps qu'elle le lève. Cependant les fourrés, l'humidité ordinaire des bois, les dimensions de l'instrument, l'ont fait regarder comme peu convenable pour l'assiette des coupes, les levés de périmètre ou des délimitations, les opérations en forêt, quoiqu'on ait exagéré un peu, et qu'il soit susceptible d'être très-utile dans beaucoup de circonstances.

Mais l'avantage même qu'il possède lui donne un défaut capital pour les opérations Administratives, *qu'il est nécessaire de contrôler*. En effet, avec la planchette, il n'y a généralement de vérification régulière possible, ou complète, qu'en levant de nouveau et en procédant à un véritable réarpentage. Tandis que la boussole et les autres instruments exigeant la confection de croquis proportionnels bien cotés, l'inscription des valeurs mesurées, angles et côtés, fournit un moyen de discussion, de recherche des erreurs et de vérification. En outre les constructions au net se font sur des feuilles exemptes des retraits

de celles que l'on fixe sur la planchette, qui enfin n'offre au fond
que des constructions purement graphiques.

Telles sont les raisons qu'on allègue, et qui font préférer dans
les régions boisées l'emploi du graphomètre, de la boussole et
de l'équerre.

CHAPITRE V.

INSTRUMENTS A RÉFLEXION. STADIA.

DE LA TOPOGRAPHIE IRRÉGULIÈRE ET A VUE

CROQUIS COTÉS.

Art. Ier. — Instruments à réflexion et stadia.

Il existe une classe d'instruments fondés sur les principes de l'optique et que l'on appelle instruments à réflexion, parce qu'ils dérivent principalement des propriétés catoptriques de la lumière. Je renvoie aux traités de physique pour l'exposé de ces propriétés. Je vais expliquer le sextant et dire un mot des autres instruments de ce genre. *Leur caractère spécial est de ne pas exiger de pied :* on les tient à la main. On peut s'en servir à cheval, sur un vaisseau, malgré ses mouvements : aussi sont-ils principalement en usage dans les opérations nautiques et pour les· reconnaissances rapides.

Sextant. Une alidade mobile sur une portion de limbe porte au centre (Fig. 94 et Fig. 95) un miroir M bien ·perpendiculaire au plan du limbe. Lorsque les zéros de l'alidade et du limbe sont en coïncidence, le miroir M se trouve être parallèle à un second miroir N, qui est immobile et en partie étamé. C'est à travers cette portion non étamée qu'on vise avec la lunette l'un des signaux : on fait marcher l'alidade jusqu'à ce que l'image du signal C, réfléchie par le miroir M sur le bord de la ligne non étamée de N, coïncide avec l'autre signal B visé à travers la partie transparente. L'arc parcouru par le zéro de l'alidade sur le limbe est la moitié de l'angle des signaux ; mais comme l'arc total qui est de 60° est divisé en 120°, l'instrument donne par sa lecture l'angle lui-même.

Prolongeons les rayons visuels C M, B N, jusqu'à leur rencontre A et menons N F, M E respectivement perpendiculaires au plan de chaque miroir. Les angles de réflexion étant égaux aux angles d'incidence, A N F $=$ M N F et C M E $=$ E M N; donc C M N $=$ 2 E M N et M N A $=$ 2 M N F. L'angle E M N, moitié de C M N extérieur au triangle A M N, vaudra la demi-somme $\frac{MAN+MNA}{2}$; E M N est aussi extérieur au triangle M N F, il vaut M F N $+$ M N F. Ces deux sommes sont donc égales. Mais $\frac{1}{2}$ M N A $=$ M N F; retranchant cette partie commune, on aura $\frac{1}{2}$ M A N $=$ M F N. De ce que M F et N F sont perpendiculaires à M D et N D, l'angle M F N $=$ N D M. Ce dernier M D N est égal à D M H comme alterne; donc $\frac{1}{2}$ M A N $=$ D M H, c'est-à-dire, l'angle décrit par l'alidade à partir de la ligne fixe du zéro du limbe. L'angle à mesurer est réellement B M C. Or B M C $=$ M A N $+$ M B A, et l'angle M B A est d'autant plus négligeable que le signal B est plus éloigné : M N est d'ailleurs très-petit.

Le sextant est plus précis que la boussole : pour un rayon de trois pouces et avec vernier, il donne l'angle à une minute; sous les mêmes dimensions, la boussole mesure tout au plus à trente minutes près. On a construit en Angleterre des sextants appelés sextants en tabatière, qui approchent à une minute. Dans la marine on se sert aussi de sextants en bois, ce qui les rend plus légers. Un usage plus répandu de cet instrument expéditif et précis serait avantageux dans la topographie ordinaire, surtout s'ils étaient plongeants.

Équerre à réflexion. On concevra aisément sur quels principes on peut s'appuyer dans la construction d'une équerre à réflexion. Imaginons un miroir M (Fig. 96) incliné de 45° sur l'axe optique d'une visière dirigée vers le jalon A d'une directrice. Le miroir porte une partie non étamée. Soit B le point qu'on veut rattacher à la ligne A C. On s'avancera ou on reculera sur cette directrice jusqu'à ce que l'image de B réfléchie au bord de la partie étamée s'applique sur le jalon A vu directement. Cette équerre, comme les autres instruments à réflexion, n'exige pas de pied, et le tâtonnement semble devoir être moins long. Il faut que l'appareil soit suffisamment éclairé, afin que la vision soit nette. La lumière est souvent éteinte et il peut y avoir fréquemment précipitation gênante de vapeur sur le verre. On vend des équerres à réflexion composées d'un prisme.

Boussole à réflexion. Sur le pivot central d'une boîte circulaire repose la chape d'agate d'un petit barreau aimanté auquel est fixé un limbe très-léger. Contre la paroi de la boîte est adaptée à charnière une pinnule ; l'oculaire opposé est muni d'un prisme triangulaire débité dans une sphère de cristal, de façon que l'une des faces latérales appartient à la surface sphérique tournée en face des divisions du limbe emporté avec l'aiguille. La graduation est ainsi amplifiée ; par leur réfraction et leur réflexion les rayons visuels sont aperçus simultanément dans la direction de l'axe de la pinnule.

Lunette de Rochon. De même qu'on a inventé des instruments angulaires à réflexion, de même on en a cherché qui puissent mesurer les distances en vertu des propriétés dioptriques de la lumière. Le micromètre à double image ou lunette de Rochon, mesurant le petit angle sous lequel un objet éloigné est aperçu, donne sa grandeur quand on a sa distance et réciproquement. Cet instrument est fondé sur les propriétés de la double réfraction : je renvoie pour sa théorie et sa description aux traités de physique. De son vaisseau, le navigateur aperçoit toujours des objets lointains dont la grandeur est connue et il en déduit la distance du bâtiment au moyen de la lunette : on en a fait usage en guerre, et elle a servi aussi à mesurer avec une grande précision le diamètre apparent des planètes.

Il existe des niveaux à réflexion : ce que je viens de dire sur cette classe d'instruments suffira pour en faire comprendre la nature et les applications, leur importance relative selon le genre d'opérations.

Donnons encore ici une idée succincte d'un instrument d'une autre nature, de la stadia, par laquelle on évite les chaînages.

Stadia. **Deux fils** *b a, e c,* **sont adaptés au bout d'un tuyau ou au micromètre d'une lunette (Fig. 97). Les rayons visuels** *o a, o c,* **partant de l'oculaire** *o,* **vont intercepter le long de la verticale T S une certaine longueur A C. Posons** $o\,t = d$, $o\,A = D$, $r\,t = h$ **et A C = H, on aura la relation** $\frac{D}{H} = \frac{d}{h}$.

Connaissant trois des quantités qui la composent, la quatrième s'en déduit. Supposons d **et** h **invariables : on trouvera le rapport** $\frac{d}{h}$ **en mesurant la portion interceptée H à une distance connue D.**

Le rapport $\frac{d}{h}$ **une fois connu, on estimera des distances variables D au moyen des hauteurs H interceptées par une règle verticale T S dont les divisions principales sont formées de gros points. Cette règle, qui se plie en deux pour faciliter son transport, a reçu le nom de stadia. Il y a des lunettes de 15 centimètres de longueur qui permettent de distinguer les divisions à 500 mètres.**

On a beaucoup varié les solutions réciproques tirées du même principe. Dans les opérations ordinaires, dans celles du forestier, dans les opérations administratives, qui demandent de la sûreté pratique, il est tout aussi rapide et plus certain d'employer simplement et directement la chaîne pour mesurer les distances.

Art. II. — Topographie irrégulière, levés à vue.

Les généralités que je vais exposer indiqueront l'esprit de ces sortes de levés. Ces méthodes sont utiles dans les reconnaissances rapides et pour les derniers détails d'un plan principalement descriptif.

On formera, comme pour la topographie régulière, une espèce de canevas fondamental, afin de répartir les erreurs. Les instruments n'étant plus précis, il faudra de préférence mesurer les côtés des triangles, parce que des différences sur ces côtés produiront des erreurs graphiques moins grandes que celles qui naîtraient d'erreurs dans les angles.

Vitesse du son. **Parfois les grandes bases se mesurent approximativement à l'aide de la vitesse du son, qui, par un temps calme,**

dans les circonstances ordinaires de l'atmosphère, est moyennement de 337 mètres par seconde. Le vent n'influe sensiblement
que lorsqu'il souffle dans la même direction : on a évalué à 10
mètres l'altération de vitesse pour un vent ordinaire, et à 30 mètres celle que produit un vent d'orage. L'observateur mesurera
le temps écoulé entre l'apparition instantanée de la lumière éma-
nant de l'explosion d'une arme à feu et l'audition du bruit : il
multipliera le nombre de secondes comptées par 337 mètres
plus ou moins la vitesse du vent, qu'il pourrait estimer d'ailleurs
à l'aide d'un corps léger abandonné à l'impulsion. On opèrera
avec plus d'exactitude et on rendra la mesure indépendante de
l'influence du courant d'air, en faisant deux opérations en sens
contraire, aux extrémités de la distance.

Soient T T' les temps mesurés par deux observateurs placés
aux extrémités de la base, V la vitesse du son dans l'atmosphère
calme, λ la correction due au vent, D la distance, on aura respectivement pour les deux observateurs :

$$D = T (V \pm \lambda), \quad D = T' (V \mp \lambda).$$

$$\text{D'où : } V = \frac{D (T'+T)}{2\,T\,T'}, \quad \lambda = \frac{D (T'-T)}{2\,T\,T'}.$$

$$D = \frac{2\,V\,T\,T'}{T+T'}.$$

Connaissant D, on tirerait de ces formules les valeurs de V et
de λ; c'est ainsi que par une moyenne de plusieurs opérations,
on a trouvé les valeurs qu'il convient d'adopter. Il est évident
qu'il faut atténuer autant que possible les erreurs d'observation
du temps. En discutant les limites de ces erreurs on peut évaluer
à 84 mètres l'erreur possible ; en sorte que pour une base de
8400 mètres, ou deux lieues environ, l'erreur ne serait que de
$\frac{1}{100}$ de la longueur mesurée. (*Voyez dans les traités de physique
mathématique la théorie plus approfondie de la vitesse du son.*)

On emploie aussi, pour évaluer les distances, des *odomètres*
ou compteurs adaptés à des voitures, à des espèces de brouettes.
Les distances accessibles se mesurent au pas, après que chacun
a déterminé le rapport entre son pas de route et le mètre, à l'aide
d'une base chaînée exactement et parcourue plusieurs fois. Ou

bien on mesure à l'allure du cheval, à la montre, après les avoir réglées. Les distances inaccessibles pourront être évaluées avec une lunette à micromètre, avec la stadia, en projetant.

Pour composer le canevas d'un levé à vue, on concluera, selon la nature du pays, le rapport des distances itinéraires des points principaux avec les distances directes : on prendra le rapport $\frac{1}{7}$ pour les pays de plaine et $\frac{1}{5}$ en montagnes ; les cartes existantes offriront aussi des renseignements.

La détermination suivante de la largeur d'un cours d'eau fera ressortir la nature des moyens employés dans les derniers détails. On stationnera au bord, on inclinera la visière d'une casquette de façon que le rayon visuel qui la rase passe par le bord opposé du cours d'eau, puis on se retournera sans déranger la visière et l'on remarquera le point du terrain où le rayon visuel va le percer. Ou bien jetant une pierre dans l'eau, près du bord, on suivra le long de ce bord le rayon grandissant A B (Fig. 100) du demi-cercle extrême formé par les ondes circulaires, jusqu'à ce qu'on voye le pli annulaire toucher en C l'autre rive.

Les côtés des triangles étant obtenus, calculez sans faire de corrections, rapportez les sommets à un système d'axes.

Le sextant pourra être employé à mesurer quelques angles. La planchette sera remplacée par une couverture de livre, par le dessus du chapeau de l'opérateur, par un carton porté sur sa canne. L'alidade sera une règle ordinaire, les pinnules se réduiront à deux épingles, ou bien un papier plié formera l'alidade ; un second pli ou les deux côtés de la couverture du calepin serviront d'équerre. La boussole de poche sera substituée au déclinatoire, etc.

Quant au relief du terrain, on distinguera les pentes douces des pentes roides au moyen d'un rapporteur au centre duquel sera suspendu un fil à plomb. Ces pentes roides ou douces seront indiquées par des hachures fortes ou fines, par des teintes d'encre de Chine.

Les quatre couleurs fondamentales sont susceptibles d'être aisément emportées avec des pinceaux dans une boîte. Le topo-

graphe distinguera les cultures par des teintes plates, les détails
par le dessin à la plume. Enfin il complétera les indications par
des écritures. Ici se fait sentir l'avantage d'une longue habitude
du dessin topographique au cabinet et sur le terrain.

Art. III. — Importance des croquis cotés dans les levés en général.

La construction d'un plan est rendue d'autant plus facile que les
calepins et les croquis sont mieux tenus. On se retrouve plus
aisément dans le dédale des cotes, si elles sont consignées sans
confusion. L'opérateur, grâce à cet ordre, suspendra et reprendra
son travail sans peine à des intervalles de temps considérables ; il
le laissera interrompu à un successeur qui le continuera sans
embarras ; enfin la vérification des opérations devient praticable,
lorsqu'il y a lieu à contrôle.

La confection de bons croquis, au fur à mesure du levé, n'est
pas une chose facile surtout aux débutants : aussi nous entrerons dans quelques développements à ce sujet ; et d'abord, les
croquis ne doivent pas se faire sur des feuilles volantes, mais dans
des calepins reliés. Il faut autant que possible, dessiner et coter
immédiatement à l'encre ; sinon, transcrire à l'encre, prochaine-
ment sur une feuille en regard, le croquis fait au crayon, genre de
croquis qui s'efface, s'altère et pâlit surtout sous la main pendant
les grandes chaleurs ou pendant la pluie. On ne doit rien laisser
de vague, rien abandonner au simple souvenir.

Les croquis mal faits présentent des configurations déformées,
qui n'ont presque rien de commun avec les contours du terrain.
On s'efforcera de dresser des croquis proportionnels, c'est-à-dire,
des figures, le plus possible, semblables à la réalité. C'est en cela
que gît la principale difficulté : Voyons à donner quelques préceptes et à rendre de suite habiles, ceux qui ont le moins de
dispositions naturelles pour ce genre de travail. Au lieu de figurer
le polygone entier, à moins qu'on ne veuille présenter d'abord
une figure d'ensemble, ce qu'on fera d'ailleurs mieux après, on
morcellera le levé, en groupant seulement, de proche en proche,
cinq ou six lignes, par exemple, du périmètre : On dessinera sé-
parement ces groupes sur les versos successifs d'un calepin,

11

avec nᵒˢ d'ordre, ou amorces, portions de croquis partiels consécutifs. En construisant à part ces sections du croquis général, à
une grande échelle, on évitera la confusion dans les cotes, et ces
groupes limités seront d'autant plus faciles à construire proportionnellement qu'ils seront moins compliqués. On adoptera pour
les longueurs une échelle mentale : par exemple, on représentera le mètre par un millimètre, les dizaines de mètre par un centimètre, etc.; ou bien on prendra le demi-millimètre. Dans le
commencement, on s'aidera même du double décimètre. Quant
aux angles, on dressera sur une feuille du calepin, un rapporteur ou quelques angles principaux, au début on se servira
d'un petit rapporteur en corne ; ou bien on se placera en regard
de l'une des deux directions et on tracera, une ligne dans l'autre,
à peu près comme avec la planchette. Après quelques exercices
on arrivera à soutenir la proportionnalité passablement, ce qui
suffit du reste pour un croquis d'inscription.

Mais ce n'est pas le tout : le croquis doit être bien coté, suivant
des notations acceptées, sans confusion. Quand on reconnaît
qu'une cote est fausse, il faut écrire la nouvelle, sans surcharge,
et biffer l'ancienne, on devinera aisément le but de cette dernière
règle. Il n'y a pas à la rigueur de notations bien arrêtées, bien
convenues ni reçues, ce qui est un mal. Voici quelques exemples
de notations fort simples, telles qu'on peut s'en servir dans les
exercices.

D'abord toutes les notations que nous avons employées
dans nos figures, peuvent être admises : l'essentiel c'est qu'on soit
d'accord avec soi-même et que les divers opérateurs s'entendent.
Dans les levés à l'équerre, on chaîne par continuité et l'on cote
toujours à sa droite, *dans le sens de la marche*, sur les directrices
et sur les perpendiculaires. Le chaînage total des grandes lignes
s'inscrit dans une petite ellipse (Fig. 189) : il importe de retrouver
de suite les valeurs totales des grandes lignes par lesquelles on
doit commencer la construction du plan et qu'il faut d'abord relier
et vérifier. L'angle de deux de ces lignes peut s'inscrire à l'extrémité d'une flèche bissectrice, quand l'angle est pris au graphomètre.

Dans le levé des chemins on arrête les perpendiculaires au

milieu ou au bord, en indiquant la largeur; dans le cas de courbe, on inscrit la valeur de la flèche. Pour les levés à la boussole, si on n'adopte pas les arcs de cercle qui indiquent le mouvement de l'instrument, on inscrira entre parenthèses l'observation directe et la renversée, en écrivant celle-ci en sens contraire, le long de la ligne. Si l'on fait un nivellement, on inscrira aux stations les angles d'ascension et de dépression avec les signes + ou —, ou les initiales a et d. Telles sont les notations les plus simples et les plus générales : d'ailleurs des modèles de croquis visuels, lithographiés, devront être remis aux élèves, avec toutes les indications nécessaires, au début des exercices. Il faut joindre à ces notations, fort simples, le tableau des signes conventionnels (Voir les modèles).

Parfois, dans le service, on évite la proportionnalité, en se bornant à former une suite de numéros de stations séparées par des lignes non proportionnelles, près desquelles on inscrit avec soin les chaînages et les angles : la construction établit la véritable configuration du cheminement.

Ainsi, en règle générale : bonne confection de croquis proportionnels, cotés sans confusion ; figure exacte des limites des propriétés, des sinuosités, des ruisseaux, sentiers, etc.; clarté, disposition régulière dans l'inscription des nombres, chiffres bien distincts; dans ces brouillons du levé, arrêter les conventions, ne plus les changer. L'adoption de notations uniformes, qui seraient généralement reçues, constituerait un notable progrès dans la pratique des levés : Comme nous l'avons dit, le remplaçant d'un premier opérateur ne peut tirer parti de notes confuses et inintelligibles ; l'examen des opérations devient plus difficile pour un vérificateur; l'opérateur lui-même construit moins facilement les nombreux détails d'un plan compliqué.

Nous insistons sur les conditions que doivent remplir les croquis des levés : c'est une des difficultés de l'art, qu'il faut joindre à la bonne mesure des angles, à l'habile disposition des lignes d'opération, aux soins qu'exigent les jalonnages et les chaînages.

CHAPITRE VI.

PLANS D'ASSEMBLAGE ET PLANS PARTIELS.

DES TOLÉRANCES EN GÉNÉRAL.

DÉLIMITATIONS.

———

Art. Iᵉʳ. — Canevas trigonométrique. Plan général, feuilles partielles.

J'ai expliqué avec tous les développements convenables, surtout dans le chapitre Iᵉʳ du troisième livre et dans les suivants, comment on procède à l'ensemble des opérations d'un levé. Il serait superflu de rapprocher tout ce que nous avons dit, sous forme de résumé. C'est un exercice d'ailleurs, une récapitulation que le lecteur doit faire lui-même : mais nous devons compléter en indiquant la nature des plans qui présentent le tableau des opérations et leur conclusion définitive et utile.

Après avoir exécuté sur le terrain toutes les mesures d'angles et de côtés, sur des lignes habilement combinées entre elles, avoir consigné toutes ces données, sans confusion, dans des croquis proportionnels, bien cotés, avoir procédé aux calculs successifs et rapporté, construit et vérifié sur *la minute* les différentes parties du travail, il faut en présenter le résultat final, ce qui se fait par trois genres de plans, l'épure du canevas trigonométrique, le plan général ou d'assemblage, et autant de feuilles partielles que cela est nécessaire.

Épure du canevas trigonométrique. On doit le construire sur une feuille de papier Grand-Aigle, à l'une des échelles $\frac{1}{5\,000}$, $\frac{1}{10\,000}$, $\frac{1}{20\,000}$, $\frac{1}{40\,000}$. La totalité du réseau doit y apparaître avec clarté. Ce plan, comme tous les autres, orienté plein nord, porte

une échelle, une étoile, un cartouche renfermant les indications
générales : CANEVAS TRIGONOMÉTRIQUE DE LA FORÊT DOMANIALE
DE *..., ETC.

Les longueurs chaînées y seront tracées à l'encre noire, les
côtés conclus à l'encre rouge, les grandes lignes d'opération en
bleu ; les angles mesurés seront cotés en noir, les angles déduits en
rouge. Le périmètre de la forêt y sera indiqué par un trait fort
ponctué en noir, ou par un trait fin continu, relevé d'un liséré
rouge pâle. Les méridiennes et les perpendiculaires, présentant
des carreaux de 0^m,1, seront bien cotés sur les bords du cadre.
Les points trigonométriques seront entourés d'une petite circonférence de 0^m,002 environ de rayon ; les lettres ou les numéros
d'ordre de ces signaux, ainsi que leur désignation sont en noir,
etc., etc.

Un tableau des résultats définitifs sera dressé dans un des
angles libres de la feuille : on y consignera dans diverses colonnes
les indications relatives aux signaux, les distances à la méridienne et à la perpendiculaire du point de rattachement.

Ce canevas trigonométrique est accompagné d'un registre des
calculs de la triangulation, dont nous avons donné un exemple
dans le second livre de ce traité.

Plan général ou plan d'assemblage. Ce plan doit être construit
sur une seule feuille Grand-Aigle, sans bandes additionnelles, aux
mêmes échelles que le canevas trigonométrique. On préférera
la plus grande possible de ces échelles. Ce plan d'assemblage doit
reproduire avec exactitude l'ensemble des configurations consignées dans les feuilles partielles du levé. C'est un dessin sans
cotes, avec indications, cartouche, écritures de différentes espéces
et grandeurs, intérieures et extérieures.

On doit y voir indiquée la circonscription générale de la forêt
domaniale, sa division en cantons, sections, séries, coupes : on
y figure les chemins, sentiers, ruisseaux, maisons forestières,
scieries, etc., etc., les limites des territoires des Communes, les
habitations, les fermes, à une distance de 500 mètres de la forêt,
les points trigonométriques.

Des teintes conventionnelles, des lisérés doivent distinguer les masses de futaies, les séries de taillis, les genres de traitement, les essences, etc. Dans les plans d'avant-projet, et de projet d'aménagement de grandes forêts, il faut employer des conventions spéciales, soit qu'on analyse la forêt par des parcelles ou sections décrites d'après l'état actuel des bois et de leur situation, soit qu'on arrête synthétiquement un système définitif pour l'avenir.

Plans partiels des cantons, sections ou séries. Chacune de ses portions distinctes et circonscrites, portant une lettre majuscule de renvoi, doit être construite sur une feuille Grand-Aigle. Chaque feuille entière peut évidemment contenir plusieurs cantons, sections ou séries.

On adoptera de préférence l'échelle $\frac{1}{2500}$; quand la portion de forêt ne pourra pas tenir dans la feuille, on construira à l'échelle $\frac{1}{5000}$.

Les feuilles partielles portent tous les détails cotés régulièrement; des lisérés suffisent ordinairement pour séparer les diverses limites.

Chaque Administration dresse ses plans conformément au service dont elle est chargée. Nous n'avons point pour but ici d'entrer dans toutes les conventions graphiques qui concernent les trois genres de plans dont nous venons de nous occuper. L'aspect des modèles de l'école, les atlas des agents locaux, apprendront immédiatement beaucoup de détails qu'on ne pourrait résumer que longuement. Il convient de renvoyer pour de plus amples renseignements et les indications complémentaires aux *instructions* et aux *circulaires* concernant le service actif.

Art. II. — Des tolérances généralement admises dans la pratique des levés.

Il a déjà été souvent question des tolérances ou approximations qu'on est obligé d'accorder, car il est matériellement impossible d'obtenir des résultats mathématiquement exacts, comme s'il s'agissait de pures abstractions.

Les inégalités inévitables dépendent d'un grand nombre de causes physiques, que nous avons besoin d'analyser et d'indiquer au fur à mesure : il faut sans cesse se mettre en garde contre leur influence par des vérifications et des rectifications d'instruments, un maniement habile. On s'efforce ainsi de les amoindrir. Les résultats de ces imperfections portent sur les longueurs, les angles, les surfaces.

Influence réciproque des inégalités, leur déduction les unes des autres. Les différences linéaires, angulaires et superficielles ne sont pas indépendantes : elles s'engendrent mutuellement, elles sont fonctions les unes des autres. Nous avons déjà vu, quand il s'est agi du choix du cercle dans une triangulation, comment, la tolérance linéaire étant donnée, on pouvait en déduire la limite de l'erreur angulaire, et la nature de l'instrument à employer. Réciproquement, la même formule fait connaître l'erreur linéaire d'après celle de l'angle. Il suffit d'ailleurs, plus élémentairement, de calculer l'écart auquel donne lieu à 1000 mètres une différence d'une minute. On trouve par le sinus ou la tangente, que cet écart est de $0^m,29$: et comme pour les très-petits angles les deux lignes trigonométriques sont proportionnelles à la graduation, que l'écart est aussi en proportion de la distance, il sera très-aisé de conclure l'une des différences de l'autre. De même les différences en surface dépendront des inégalités de leurs éléments : ainsi qu'on ait commis de légères imperfections dans la mesure des deux dimensions d'un rectangle, dans les deux bases parallèles et la hauteur d'un trapèze, les formules respectives de ces deux figures mettront de suite en évidence l'influence des erreurs des lignes sur la vraie valeur de la surface.

Il est donc naturel de poser les limites de l'une des trois espèces de grandeur, pour en déduire les deux autres, et ce sera des tolérances linéaires que l'on devra partir, parce qu'elles comprennent à la fois les lignes directement chaînées et celles qui se calculent d'après des angles. Cependant on pourrait, d'après une moyenne de résultats, non des opérateurs les plus adroits, mais des praticiens moyennement habiles, établir, indépendamment les unes des autres, des tolérances linéaires, angulaires et de surface. Ces efforts du possible dans la pratique tendraient à confondre les deux résultats, à donner lieu à des disparates trop sensibles entre les discordances d'un usage incomplétement raisonné et le premier mode de déduction, qui, plus savant, est la méthode analytique et rationnelle de ce genre de questions.

Quant à l'abaissement progressif des inégalités, on l'obtient généralement par des moyennes d'un grand nombre d'opérations.

Distinction entre les différences qu'il est permis de répartir et les erreurs proprement dites qui donnent lieu à de nouvelles mesures. La théorie des inégalités, auxquelles on n'a pu se soustraire, se lie à celle dite des erreurs absolues et des erreurs relatives, que j'ai placée à l'article du calcul des aires, dans le dernier livre. On rapprochera et on méditera ces deux parties de la doctrine des approximations. Nous établirons ici une distinction importante : Les différences dont il vient d'être question, sont les inégalités persistantes que l'espèce de l'instrument, un pointé plus ou moins défectueux, etc., que la nature des choses, en un mot, ne nous permet pas d'atténuer au delà d'une certaine limite ; tandis que nous réserverons le nom d'erreurs aux discordances qui résultent d'un manque de soin, d'un faux maniement, d'une inscription erronée au calepin, etc. Nous serons autorisés à répartir, avec plus ou moins de probabilité, plus ou moins méthodiquement les différences, tandis que les erreurs proprement dites, il faudra les rechercher, les corriger par les données sûres des vérifications qu'on s'est ménagées, ou recommencer de nouvelles mesures. On voit que ceci touche à l'art du vérificateur.

Nomenclature des tolérances pratiques. Actuellement il convient de poser des règles capables de nous guider, de donner des exemples de tolérances admissibles. On doit, au reste, tendre toujours, le plus possible, à opérer exactement pour s'affranchir des répartitions.

Dans l'arpentage, pour des longueurs de 10^m à 100^m, on peut tolérer 0^m,1, indistinctement, vu l'incertitude fréquente de la position exacte du point de départ ; au delà de 100^m, on admettra

$0^m,1$, par centaines, et proportionnellement pour les distances intermédiaires, dans l'hypothèse acceptable de sols homogènes, et d'une cause constante d'inégalités.

Dans les triangulations forestières, une base directe doit avoir au moins 1 000 mètres. Il faut la déduire d'une moyenne de plusieurs observations, en rejetant celles qui donneraient une différence de plus de $0^m,50$. Dans les chaînes de triangles, les cheminements, on doit mesurer les bases, les côtés et les angles, les combiner de manière qu'entre deux points trigonométriques quelconques, on ne commette pas, sur la suite des triangles qui les séparent, une erreur supérieure à $0^m,50$ pour 1 000 mètres, en général $\dfrac{1}{2\,000}$ de la longueur du développement. Les approximations angulaires se déduiront des tolérances linéaires précédentes.

Nous compléterons ces données, quand nous traiterons du réarpentage et de la vérification des plans.

Art. III. — Opération spéciale des délimitations forestières.

Le but d'une délimitation est de définir très-exactement le périmètre d'une forêt. Ce n'est qu'en opérant avec précision qu'on déterminera sûrement la contenance de la propriété boisée, et qu'on se défendra contre les anticipations, le déplacement des bornes, résultat d'inondations, ou d'accidents quelconques. Cette définition rigoureuse des limites, consignée dans un procès-verbal très-détaillé et dans des plans annexés, constitue une portion essentielle des titres de propriété : cette opération se fait contradictoirement, avec le concours d'experts, et en suivant de nombreuses formes légales et administratives, dont nous n'avons pas à nous occuper, ne devant envisager ici la question qu'au point de vue géométrique. On distingue la délimitation générale et les délimitations partielles. Elles diffèrent plus particulièrement par les formalités : elles ont toutes deux pour but de déterminer rigoureusement les limites et de satisfaire à une condition capitale : *la possibilité et la facilité de rétablir ces limites.* Dans cette question de propriété, il importe donc que le levé et sa représentation graphique soient exacts et fidèles, et fournissent des moyens sûrs de retrouver les vrais et incontestables contours qui séparent le propriétaire de la forêt des propriétaires riverains.

Délimitation générale. Quand on embrasse le périmètre entier d'une vaste forêt, il convient d'assurer l'opération par un canevas, une triangulation périmétrale, du moins par un polygone enveloppe levé avec soin.

Cette triangulation est susceptible de se combiner avec celle qu'on pourrait avoir à faire pour le levé général de la forêt. L'une et l'autre opération, quoique indépendantes au fond, précèdent ordinairement l'aménagement d'une forêt.

Les points principaux bien établis et reliés, il ne reste plus qu'à procéder entre eux par des délimitations intermédiaires, qui rentrent dans les délimitations partielles.

Délimitations partielles. Nous distinguerons deux cas : 1° quand le contour présentera de belles lignes, le long desquelles il sera facile de cheminer, on chaînera les côtés, en prenant la moyenne de deux chaînages, on mesurera les angles au graphomètre, en adoptant la moyenne de deux observations inverses, et on s'avancera ainsi de borne en borne, de piquet en piquet; 2° quand le périmètre deviendra trop sinueux, déchiré ou déchiqueté, on jalonnera un système de directrices ou un périmètre auxiliaire fictif, au plus près de la forêt, les perpendiculaires des levés à l'équerre devant être courtes et ne pas dépasser environ 50 mètres.

Il convient d'interdire l'usage de la boussole dans les délimitations, à cause de la précision que réclament les exigences de la propriété : pour des lignes qui dépassent 200^m, il faut employer le graphomètre. On sait que, vu l'incertitude des pinnules et le petit diamètre des équerres et des pantomètres, on ne doit employer ces instruments que pour des portées restreintes.

Pour assurer le bornage, on rattache les extrémités des directrices à des points fixes ou à des arbres que l'on marque du marteau de l'Agent. Il faut rattacher au périmètre le plus possible, au moins un nombre convenable, d'objets stables, tels que maisons, clôtures, chemins, ruisseaux, croix, etc., etc. Le tout consigné sur les plans du procès-verbal, pour faciliter le rétablissement des limites.

Quant aux limites contestées, on doit lever l'une et l'autre. Le levé est au fur à mesure figuré sur des croquis, appelés *croquis visuels,* faits avec beaucoup de soin, bien cotés. Les plans du procès-verbal s'appellent *tracés géométriques* : on les construit aux échelles $\frac{1}{2500}$, $\frac{1}{5000}$, sur des feuilles successives, avec *amorces* et lettres de renvoi, c'est-à-dire qu'aux deux bouts de chaque tracé on figure le commencement du suivant.

Le périmètre existant sera indiqué par une ligne pointillée ; et dans le cas d'une modification proposée, le nouveau sera représenté par un trait noir. Des lisérés marqueront les limites : les parcelles revendiquées par le propriétaire se distingueront par une teinte jaune, celles que réclament les riverains par une teinte bleue. Chaque parcelle porte sa contenance et le nom du propriétaire, etc., etc. C'est encore ici le cas de renvoyer, pour tous les détails, aux instructions et aux circulaires administratives, aux usages consacrés du service actif.

Le Bornage est une opération à part, qui se fait un an après, lorsque les limites sont assurées par la signature des propriétaires intéressés : c'est le complément de la délimitation. Le bornage se fait par des fossés continus ou discontinus, par des bornes, le tout bien disposé, par des alignements exécutés avec soin sur les limites; on trace sur la tête plate des bornes les directions des côtés et l'on dispose sur la pierre les indications qu'elle doit rappeler.

Rétablissement des limites. Nous allons donner, pour exemple de ces *problèmes inverses* des levés, des cas principaux dont la solution mettra en état de résoudre toutes les difficultés du genre.

1re Question : Retrouver un signal perdu (Fig. 167). Soient A, B, C, trois points de la campagne, placés sur le plan en *a, b, c,* on veut retrouver sur le terrain la position d'un signal M, marqué en *m* sur la carte. On connaît à peu près la position du point M, on se placera dans un point M' approché et en prenant

en M' les angles sous lesquels on voit A, B, C, on pourra, par
le problème connu des quatre points, placer l'homologue m' sur
le plan, par le calcul ou graphiquement : on joindra sur le
plan, m' à m, on calculera l'angle a m' m et la distance m m'; puis
on fera en M', sur le terrain, l'angle A M' M = a m' m, et en portant le chaînage M' M, dans la direction M' M, égale à m m' amplifiée d'après l'échelle, on tombera en M, point cherché. On pourra
même parfois retrouver le piquet, ou des traces du signal enfoui
ou caché sous l'herbe.

En rétablissant ainsi un certain nombre de points trigonométriques, on reconstituera des points importants des limites. On
propose de résoudre le même problème par la boussole : deux
points suffisent alors.

2ᵉ Question : Rétablir la directrice P Q, fig. 194, pouvant stationner aux bornes A, B subsistantes, les autres a, b, c, d, intermédiaires ayant disparu. On connaît les perpendiculaires h, h'
d'après le plan : si donc de A et B on décrit au cordeau des circonférences avec ces perpendiculaires, en menant une tangente
commune on retrouvera P Q, dont le chaînage devra s'accorder
avec le plan; puis avec les cotes de ce plan on reconstruira le
levé à l'équerre et on replacera les bornes intermédiaires.

Deux observateurs, munis chacun d'une équerre, peuvent en
tournant sur ces circonférences, chercher la position pour laquelle ils se verront à la fois dans deux des pinnules, en bornoyant
par les autres les points A et B.

5ᵉ Question : Transformation d'un levé par directrices en un
cheminement. On connaît h, h' et la distance d des pieds des perpendiculaires, fig. 195 : donc, dans le triangle rectangle A a O,
on a les côtés h — h' et d, l'angle droit, donc on peut calculer
l'hypothénuse A a et l'angle A a O ; de même dans le triangle
rectangle voisin, la somme des angles en a donnera l'angle total
A a b. En calculant ainsi de proche en proche, on trouvera la
ligne brisée suivant laquelle il faut cheminer par angles et par
côtés pour reconstituer la limite. On aura une vérification si on
aboutit juste sur un point connu de position ; ces vérifications se
rencontreront d'intervalle en intervalle.

4ᵉ Question : On a construit sur le plan du procès-verbal, au crayon, ou sur une copie à une grande échelle, des levés à l'équerre additionnels ou des cheminements qui se relient avec les points cherchés : traduire sur le terrain ces opérations auxiliaires et en déduire la position des premières lignes d'opération.

Nous avons dit qu'on avait dû, dans l'opération de la délimitation, recouper, rattacher de nombreux points fixes, par un chaînage et un angle, ou par deux chaînages ; il suffira généralement de prendre, à différents piquets, l'angle d'une direction sur un point fixe avec la perpendiculaire, correspondante au point, menée sur la directrice, en mettant un jalon dans le prolongement pour assurer l'angle. On peut se proposer de rétablir les limites avec ces données, ce qui ne présente point de difficultés.

Nous varierons, au tableau, ces genres d'exercices très-utiles aux arpenteurs forestiers.

Rectification d'une portion de périmètre. D'un accord commun, et sur place, on veut substituer à un contour trop sinueux des limites droites ou une ligne brisée présentant moins d'angles. Cette question peut d'abord se résoudre graphiquement, en faisant glisser un sommet sur une parallèle à une diagonale, de la même façon qu'on transforme un polygone en un triangle équivalent (Fig. 195): on fait ainsi disparaître successivement un sommet dans le cheminement. Mais un procédé plus général, plus exact et plus commode, consiste à jalonner une ligne qui résoud le problème approximativement, à faire un levé à l'équerre sur cette ligne, à calculer directement d'après les chaînages les aires, en plus ou en moins, qui débordent la ligne : on connaît alors ce qui manque à l'un ou à l'autre propriétaire, et l'on corrige par un petit triangle, dont la base est la ligne connue et dont on calcule la hauteur. Voir d'ailleurs dans la polygonométrie les divers moyens de diviser les surfaces.

Nous venons de clore le résumé des opérations de la première partie de la topographie, c'est-à-dire, ce qui concerne la topographie plane. L'élève devra insister sur *la mesure des angles avec des instruments bien vérifiés, sur le jalonnage et le chaînage, sur la combinaison des lignes principales d'opération selon les difficultés et les circonstances, sur la tenue des calepins, sur la proportionnalité et la netteté des croquis régulièrement cotés.* Pour définir entièrement le terrain et nous mettre en état de discuter, d'opérer sur les plans comme sur le sol lui-même, il nous reste à savoir mesurer les éléments du nivellement : nous pourrons dès lors appliquer les méthodes descriptives que nous avons exposées dans le premier livre.

PROBLÈMES.

I. A l'aide d'une chaîne, d'une équerre à 45°, et en se rappelant que la perpendiculaire est une moyenne proportionnelle entre les deux segments du diamètre, mesurer sur un alignement une portion impraticable, qui serait, par exemple, couverte d'eau.

II. On se trouve avec une planchette en un point M du terrain, d'où l'on aperçoit trois points A, B, C ; leurs homologues *a, b, c,* sont déterminés sur la minute ; on demande de trouver l'homologue *m.* Résoudre le problème par des courbes d'erreurs ou de recherche : trois directions approximatives forment un *chapeau* ou petit triangle ; par des déplacements de la planchette, les sommets consécutifs des triangles successifs forment les courbes qui convergent vers le point cherché.

III. Deux droites sont données, ainsi qu'un point intérieur ou extérieur, sur le terrain : mener par ce point une troisième droite qui concoure à l'intersection des deux premières, quoiqu'on ne puisse pas voir l'endroit où ces lignes doivent se couper.

IV. Elever, sans employer d'instrument angulaire, une perpendiculaire à l'extrémité d'une droite qu'on ne peut pas prolonger.

V. Transformation des coordonnées : on a calculé les x et les y des sommets d'un polygone par rapport à la méridienne magnétique passant par un point donné et à sa perpendiculaire, on demande de déterminer les coordonnées topographiques des mêmes sommets par rapport à la méridienne terrestre et à sa perpendiculaire passant par un autre point, le clocher d'une Commune voisine. Rotation et transport d'un système de coordonnées.

VI. Faire partir un levé de détail d'un point trigonométrique visible, mais inaccessible : On se trouve, par exemple, près du périmètre d'un bois sur le bord d'une rivière, le clocher d'un village étant de l'autre côté.

VII. On connaît l'angle magnétique d'une tranchée et on se trouve loin d'elle, en un point situé au fond de la forêt : mener par ce point une parallèle, une perpendiculaire, une direction sous un angle donné, à cette route. Sortir du fourré par le plus court chemin.

VIII. Déterminer avec une boussole les positions relatives de deux droites connues de longueur, invisibles l'une de l'autre, mais des extrémités desquelles on découvre un même point du terrain. Relier des opérations exécutées dans deux vallons séparés par une hauteur où se trouve un point visible.

IX. Etant donnés des points ou des droites ajoutées à un plan, trouver leur emplacement sur le terrain : Problèmes inverses des levés.

X. Quand il se présentera quelque question à résoudre, on s'exercera à en chercher une solution successivement par l'équerre, par le pantomètre ou le graphomètre, par la boussole, par la planchette, ou en ne se servant que de jalons et de la chaîne, selon les circonstances du problème, et pour se familiariser avec la nature et les ressources des divers instruments.

LIVRE IV.

_____

NIVELLEMENT TOPOGRAPHIQUE.

RÉDACTION DU MÉMOIRE DESCRIPTIF
ou
STATISTIQUE FORESTIÈRE.

12

LIVRE IV.

CHAPITRE Iᵉʳ.

CANEVAS FONDAMENTAL DU NIVELLEMENT.

MESURE DES ANGLES VERTICAUX.

Art. Iᵉʳ. — Choix des signaux.

Jusqu'à présent nous ne nous sommes occupés que de la *Planimétrie,* c'est-à-dire, de la projection du terrain sur un plan horizontal : nous allons actuellement étudier les moyens d'en exprimer le relief, ses mouvements ou ondulations verticales au-dessus du plan de projection.

La planimétrie se divise en deux parties, l'une relative au canevas formé du réseau des points trigonométriques, l'autre correspondant aux détails qui se groupent autour de ces points et se corrigent par eux ; dans le nivellement topographique, il est aussi plus exact d'appuyer les opérations partielles sur un nivellement fondamental.

Dans la triangulation plane les sommets sont rattachés par leurs coordonnées à une origine commune, par exemple au clocher de la Commune voisine, à un point de la carte de France ; dans le canevas fondamental du nivellement, les signaux seront rapportés à un plan de niveau convenu, tel que la surface des eaux prolongée sous la superficie du sol, le plan tangent à la portion culminante du terrain, celui qui passe par un sommet déterminé ou à une distance donnée de ce sommet.

Ce plan horizontal s'appelle le plan de *Repère ou de comparaison, d'origine;* et de même que l'on forme un tableau des coordonnées planes des signaux de la première triangulation, de même on calcule et on consigne dans un registre les distances des signaux de la seconde au plan de repère, distances que l'on nomme *cotes absolues de niveau;* ces cotes doivent se vérifier entre elles par des recoupements, par l'accord entre les résultats extrêmes. Ayant appris à trouver la troisième ordonnée, la distance verticale d'un point quelconque du terrain, nous aurons résolu le problème de la représentation complète, puisque nous pourrons saisir toutes les inflexions du sol (voir le 1er livre).

Les signaux de la triangulation, fondement de la planimétrie, satisfont aux conditions les plus favorables à l'enchaînement des opérations : autant que possible on les adoptera pour les sommets du second canevas trigonométrique. Voici les avantages qui en résulteront : d'abord on aura toutes calculées les distances horizontales des sommets entre eux, distances qui serviront à la détermination des *cotes relatives* d'un point à l'autre et partant des cotes absolues ; ces longueurs seront fournies par la première triangulation. En outre, observant les distances zénithales aux signaux de cette triangulation, angles qu'il faut connaître pour le nivellement, on possédera les éléments de la réduction à l'horizon pour le canevas du plan, quand le goniomètre n'aura pas de lunettes plongeantes. On mesure les distances zénithales avec un bon graphomètre, un cercle répétiteur, rendus *éclimètres.* Le mot éclimètre est ici l'expresion générique par laquelle on désigne un instrument qui donne les angles dans les plans verticaux.

Art. II. — Formule générale du nivellement topographique.

Etablissons la formule générale du nivellement, dans le cas où la sphéricité du globe est insensible et lorsqu'on n'a point à faire la correction de la réfraction, lorsqu'enfin on opère par angles.

Il s'agit de trouver la différence de niveau entre deux points

A et **B**, dont on connaît la distance horizontale **D**. Soient **H**, **H'** les hauteurs **A K**, **B K'** au-dessus du plan de repère **K K'**. Le signal est élevé d'une quantité **S** au-dessus du sol, et l'instrument l'est de i.

Dans le cas de la figure (101),
$$H' + i = H + S - M E \; ; \text{ et dans le cas de la figure (102),}$$
$$H' + i = H + S + M E.$$

Nommons δ la distance angulaire zénithale de **M**, observée en **C**, on a respectivement
$$H' + i = H + S - D \text{ tang. } (1^d - \delta)$$
$$H' + i = H + S + D \text{ tang. } (\delta - 1^d)$$
et remarquant que
$$\text{tang. } (\delta - 1^d) = - \text{ tang. } (1^d - \delta),$$
ces équations n'en feront qu'une
$$H' + i = H + S - D \text{ tang. } (1^d - \delta).$$

Le facteur tang. $(1^d - \delta)$ se trouve positif ou négatif, selon que δ est plus grand ou moindre que 1^d : c'est-à-dire, selon que **C** est au-dessous ou au-dessus de **M**.

La différence de niveau sera
$$H' - H = S - i - D \text{ tang. } (1^d - \delta).$$ Il est facile d'en déduire la cote de niveau du point **M**, quand on connaît celle du point précédent **C**. Observez les signes et la situation des points.

L'angle $1^d - \delta$ est celui que fait le rayon visuel **C M** avec l'horizon ; c'est *l'angle de hauteur*. On mesure directement cet angle dans les nivellements de détail. On rend leur marche plus rapide en faisant $S = i$, quand il n'y a pas d'obstacles, c'est-à-dire, en amenant la ligne séparative des couleurs du voyant de la mire verticale en coïncidence avec le centre de la lunette, avant de transporter cette mire au changement de pente, ayant soin de la planter aussi profondément à la nouvelle station que près de l'instrument.

L'erreur qui peut avoir lieu rentre, pour les levés de détail, dans les limites de leur précision. Le rayon visuel **C M** est alors parallèle à la pente et la différence de niveau se calcule par une formule plus simple, $h = d \text{ tang } \alpha$, α étant l'angle de hauteur, h la cote relative de niveau, d la distance horizontale. Cette formule dérive de la première.

On appliquera la formule à l'exemple numérique suivant, (exercice près de Nancy). Le signal B (Fig. 103), est placé à l'extrémité du chemin qui descend à la maison du Garde, sur le périmètre du bois de l'hôpital ; V est un point intermédiaire pris sur une terrasse, à l'angle de la vanne des Grands-Moulins. Les coordonnées planes de ces deux points trigonométriques, par rapport à la boule de la tour nord-est de la cathédrale, sont respectivement :

$x = 992^m, 3, y = 2519^m, 9$, et $x = 768^m, 9, y = 919^m, 6$.

L'angle d'ascension de la vanne au signal B est $5^g, 55 = 4° 59' 42''$; la hauteur du centre de l'instrument en V est $1^m, 25$; la hauteur du sol de la terrasse, au-dessus de l'eau à l'arête de la vanne, est $2^m,01$; la hauteur du centre du signal B au-dessus du sol est $1^m,78$: on demande l'élévation du sol en B, au-dessus du niveau de l'eau à la vanne V. Les données précédentes rattachent l'exercice du bois de l'Hôpital à la cathédrale de Nancy et au niveau de la Meurthe.

Il est très-facile de procéder à un changement de plan d'origine et de calculer les nouvelles cotes qui s'y rapportent.

Art. III. — Mesure des angles verticaux du canevas.

Les détails dans lesquels je vais entrer mettront en état de comprendre le maniement qu'il faudra faire subir à tout cercle vertical, dont on aura préalablement étudié la disposition des pièces ; et quelles modifications successives rendront l'instrument de plus en plus précis.

Éclimètre à perpendicule. Soit A B une ligne inclinée à l'horizon; un fil-à-plomb (Fig. 104) suspendu en o fera avec la perpendiculaire abaissée de o sur A B un angle égal à l'inclinaison de A B sur A C. Si l'on retourne la base du niveau bout pour bout, le fil-à-plomb prendra une position symétrique par rapport à cette perpendiculaire, en sorte que la ligne moyenne sera la perpendiculaire à A B ou la ligne que doit battre le fil-à-plomb pour que la droite A B devienne horizontale. Si le point de suspension du fil-à-plomb est le centre d'un arc gradué, *la demi-différence* des deux graduations battues par ce fil mesurera l'inclinaison, et la *demi-somme* indiquera la graduation que doit toucher le fil pour qu'il coïncide avec la perpendiculaire à A B. Il résulte de la nature de cet instrument, qui sert de principe à la théorie, qu'il est possible d'opérer de trois manières

Ce principe du niveau à perpendicule donne le moyen de rendre éclimètre tout goniomètre au centre duquel on suspendrait un fil-à-plomb. On disposera (Fig. 105), le limbe verticalement et on amènera l'axe visuel de la lunette sur la direction A B par le mouvement du limbe. Le fil-à-plomb indiquera une graduation g. L'instrument retourné, on ramènera l'oculaire près de l'œil par une demi-révolution du tuyau de la lunette dans son plan de collimation. L'axe visuel étant dirigé sur A B, le fil-à-plomb battra une autre graduation g'. L'inclinaison cherchée égalera $\frac{g'-g}{2}$, et la graduation qui réglera l'instrument sera $\frac{g'+g}{2}$. Cette graduation placée sous le fil rendra l'axe visuel horizontal : on pourra mesurer immédiatement l'inclinaison d'une droite, en dirigeant par la rotation du limbe l'axe sur cette droite : on retranchera de la graduation indiquée par le fil la graduation d'origine $\frac{g'+g}{2}$, disposant le limbe de façon que le sens de la graduation de la partie concave soit inverse au sens où on estime les inclinaisons.

Certaines boussoles nivelantes portent pour éclimètre une lunette sous la base de laquelle s'adapte un rapporteur métallique et du centre duquel descend un fil-à-plomb : cet instrument de détail rentre dans le principe précédent du niveau à perpendicule.

L'incertitude de lecture due à l'épaisseur du fil et sa suspension au centre s'évitent de la manière suivante. L'angle des traces du perpendicule dans les deux positions de l'éclimètre est double de l'inclinaison i : si dans la seconde position, on ramène par la rotation du limbe la première trace sous le perpendicule, l'axe visuel de la lunette aura été déplacé de $2\,i$. En remettant cet axe sur A B, par le mouvement de la lunette, il sera facile de voir que la nouvelle graduation g' sera donnée par la relation $g' = g + 2^d - 2\,i$, en sorte que

$i = 1^d - \left(\frac{g'-g}{2}\right)$ (Fig. 106), *g et g′ étant actuellement les gradua-*

tions indiquées par le vernier de l'alidade. **Dans ce maniement le mouvement de l'alidade indique l'inclinaison : il suffit que la trace du fil-à-plomb reste la même dans les deux positions de l'écli- mètre. Donc on pourra suspendre le perpendicule sur la face non graduée du limbe, sans être obligé de le faire passer par le centre, le fil coïncidant avec la génératrice d'un cylindre dont l'axe idéal serait la verticale du centre. On effectue cette suspension au moyen de deux pinces d'égale épaisseur : la première porte une échancrure pour attacher le fil, l'autre un repère que doit raser le perpendicule. En partant de chaque graduation successive, comme d'un nouveau zéro, on aura une suite d'équations entre lesquelles on éliminera facilement les arcs intermédiaires, et qui donnera finalement l'angle résultant de la répétition : il suffit de faire la somme des équations successives et de supprimer les parties intermédiaires communes.**

Distances zénithales. **L'angle** $\frac{g'-g}{2}$ **est le complément de l'in- clinaison** i **; c'est la** *distance angulaire zénithale* δ **du point B. Les inclinaisons à l'horizon se comptent de bas en haut ; les distances angulaires de haut en bas, en prenant le zénith pour origine.**

Voyons comment on mesurera directement l'angle δ. Je place le limbe verticalement, face à droite, par rapport à la direction visée, l'axe visuel de la lunette dirigé sur A B ; l'alidade indique une graduation g. **Je retourne l'instrument face à gauche et la lunette bout pour bout. Par le mouvement du limbe je ramène le repère de la pince inférieure sous le perpendicule. L'angle zéni- thal se trouve rejeté de l'autre côté, et pour ramener l'axe visuel sur C B, il faudra faire décrire l'angle zénithal double, en sorte que si** g' **est la seconde lecture, on aura** δ $= \frac{g'-g}{2}$. **Le mouve- ment du cercle éclimètre mesure, comme on voit, la distance zénithale plus immédiatement que l'angle de hauteur.**

Réglons l'instrument de façon à pouvoir donner les distances zénithales simples. La graduation étant supposée de droite à gauche et les distances zénithales étant comptées de haut en bas, plaçons l'alidade sur la graduation $\frac{g'-g}{2}$ **; puis par le mouvement**

du limbe disposé verticalement face à gauche, amenons l'axe
visuel sur B et disposons les pinces de manière que le fil-à-plomb
couvre le repère inférieur sur la face non graduée : *l'un des côtés
de l'angle coïncidant avec A B, l'alidade amenée sur le zéro sera verticale.* Si donc à une station quelconque, on fait coïncider par le
mouvement du limbe le fil-à-plomb avec son repère, la ligne des
zéros sera calée verticalement, de sorte que l'instrument étant disposé face à gauche, le mouvement de l'alidade donnera l'angle δ.

J'observerai que, dans ce qui précède, la graduation g était
restée arbitraire : si donc nous considérons g' comme un nouveau
point de départ, et si nous recommençons la double observation,
nous aurons, en désignant par g'' la graduation qui correspond
au g' de la première opération, $g'' - g' = 2\,δ$. Or on avait déjà
$g' - g = 2\,δ$, d'où $g'' - g = 4\,δ$. On aura successivement, en
continuant ces doubles observations,

$$g' \ - g \ = 2\,δ$$
$$g'' \ - g' \ = 2\,δ$$
$$g''' - g'' = 2\,δ$$
$$\cdots\cdots\cdots$$
$$g.\,^{(n)} - g\,^{(n-1)} = 2\,δ$$

d'où $g\,^{(n)} - g = 2\,n\,δ$ et $δ = \dfrac{g\,^{(n)} - g}{2\,n}$. Il sera donc possible
d'atténuer les erreurs par la répétition des angles : mais l'approximation dépend de l'exactitude avec laquelle, dans les retournements, le repère inférieur est ramené devant le fil-à-plomb.

Eclimètre à bulle d'air. On substitue avec avantage un niveau
à bulle d'air au perpendicule : Nous verrons plus loin pourquoi
ce niveau est plus sensible. Concevons contre la face non graduée
du limbe un niveau mobile autour d'un axe au moyen d'une vis
de rappel. Je dispose le limbe perpendiculairement face à droite
à l'aide du fil-à-plomb. Je mets l'alidade en coïncidence avec ses
zéros, pour plus de simplicité. Je dirige le rayon visuel sur le
signal par le mouvement du limbe, et j'amène la bulle dans ses
repères. Je retourne l'instrument face à gauche, autour de la
verticale du centre, la lunette bout pour bout, et je ramène la
bulle par le mouvement du limbe; je remets l'axe optique sur
A B, l'angle δ est la moitié de la graduation g'.

On pourra régler le niveau. Pour cela, je mets l'alidade sur la division $\frac{g'}{2}$, je dispose verticalement le limbe face à gauche, je dirige par son mouvement l'axe optique sur le signal, la ligne des zéros sera verticale dans cette position. Alors par la vis de rappel du niveau j'arrêterai la bulle au milieu du tube : en sorte que si, à une autre station, je fixe la bulle dans ses repères par le mouvement du limbe, l'alidade partant de la verticale indiquera l'angle zénithal, le limbe étant face à gauche et en adoptant le sens précédemment convenu pour la graduation.

Les raisonnements sont les mêmes que dans le cas du niveau à perpendicule. Partant de la graduation g', comme d'un nouveau zéro, on a successivement les multiples de l'angle.

La discussion précédente, qui renferme le fond de la théorie des éclimètres, fait voir comment on peut prendre les angles verticaux de trois manières différentes : soit par une double observation, soit par une simple opération après avoir réglé l'instrument, ou enfin en corrigeant toutes les lectures d'une collimation de départ ou erreur commune ; comment, pour éviter les erreurs, il faudra se rendre bien compte du maniement du cercle, face à droite ou à gauche, selon le sens de la graduation. Le lecteur s'exercera au besoin avec un cercle en carton qu'il graduera ; il fera pivoter au centre une alidade en papier, autour d'une épingle, et il suspendra un petit fil-à-plomb au limbe.

Il y a lieu de se demander si le principe de la répétition appliqué à la mesure des angles verticaux, donne lieu à des atténuations d'erreurs aussi convergentes que dans le cas du théodolite pour les angles horizontaux.

Art. IV. — Influence du défaut de verticalité du limbe, réduction au centre.

Lorsque j'expose les corrections relatives à un instrument angulaire, je le fais pour deux motifs : d'abord afin de savoir effectuer ces corrections lorsqu'elles sont inévitables ; ensuite, ce qui est très-important, pour qu'on apprenne quelles sont, parmi ces déviations, celles qui ont le plus d'influence, et qu'on sache, comme je l'ai déjà dit, se servir de l'instrument en connaissance de cause.

Déviation verticale du limbe. Proposons-nous d'apprécier l'erreur qui résulterait d'une imparfaite verticalité du limbe dans les opérations précédentes.

Soit N N¹ (Fig. 107) le diamètre horizontal du limbe, $c z$ la verticale de la station, $c z^1$ le rayon perpendiculaire à N N' ou la fausse verticale, le plan $z^1 c$ N' du limbe est écarté du plan vertical $z c$ N¹ d'un angle $z c z' = \varphi$. Appelons δ la distance angulaire observée de M, Δ la vraie distance angulaire. Le plan $z c z^1$ est perpendiculaire au limbe; Δ, δ et φ sont les trois côtés d'un triangle sphérique rectangle suivant $c z^1$; on aura par conséquent cos. $\Delta =$ cos. δ cos. φ.

Or cos. $\varphi = 1 - 2$ sin.$^2 \frac{\varphi}{2}$

et cos. $\delta -$ cos. $\Delta = 2$ sin. $\left(\frac{\Delta+\delta}{2}\right)$ sin. $\left(\frac{\Delta-\delta}{2}\right)$:

la formule se transforme et donne

$$\sin. \left(\frac{\Delta-\delta}{2}\right) = \frac{\cos. \delta}{\sin. \left(\frac{\Delta+\delta}{2}\right)} \sin.^2 \frac{\varphi}{2}.$$

Δ diffère peu de δ et il est permis, sans erreur sensible, de remplacer sin. $\left(\frac{\Delta+\delta}{2}\right)$ par sin. δ.

Donc finalement

$$\sin. \left(\frac{\Delta-\delta}{2}\right) = \cot. \delta \sin.^2 \frac{\varphi}{2}.$$

Or les angles δ se rapprochent assez de l'angle droit pour que la cot. δ soit généralement très-petite. Donc une légère déviation du limbe hors du plan vertical ne produit pas de grandes erreurs : on pourra donc se borner à mettre le limbe vertical simplement au moyen du fil-à-plomb.

Réduction au centre. Cette question se décompose en deux : 1° quand on s'écarte horizontalement ; 2° quand on se déplace verticalement. Le cercle ne peut pas toujours se poser dans la verticale de la station.

Soit c (Fig. 108) la projection horizontale de la vraie station sur le plan de niveau passant par la station auxiliaire voisine o ; $z o$ M $= \delta$ l'angle observé, $z^1 c^1$ M $= \delta^1$ la distance angulaire telle qu'on l'aurait mesurée en c. Nous rabattons $c\,p$ sur l'horizontale $p\,c'$ passant par o. On aura évidemment $\delta' - \delta = m$, en appelant m l'angle au signal. Le triangle M $o\,c'$ donne

$$\frac{\mathrm{M}\,c'}{o\,c'} = \frac{\sin.\ \mathrm{M}\,o\,c'}{\sin.\ (\delta'-)}$$

Or sin. $c'\,o\,\mathrm{M} = \cos.\ \delta$ et $o\,c' = c\,p - o\,p$. Il résulte de là que la correction exprimée en seconde est donnée par la relation

$$\delta' - \delta = \frac{c\,p - o\,p}{\mathrm{M}\,c'} \cdot \frac{\cos.\ \delta}{\sin.\ 1''}.$$

Plus les distances zénithales s'approcheront de l'angle droit, plus le signal sera loin, plus à fortiori ces deux conditions tendront à être réunies, moins grande sera l'erreur.

Il reste à descendre verticalement sous la projection c de la vraie station c_1 (Fig. 109). La nouvelle correction est l'angle obtenu en c moins l'angle sous lequel du signal on verrait la hauteur $c_1\,c$. On raisonne de même, par la proportionnalité des côtés aux sinus des angles opposés, et on réduit en secondes. La proportion introduit la hauteur $c_1\,c$, qu'on mesure directement, et l'une des distances au signal qu'il suffit d'avoir approximativement, comme dans les corrections du second livre.

CHAPITRE II.

BOUSSOLE A ÉCLIMÈTRE.

MARCHE DES OPÉRATIONS DE DÉTAILS SUR LE TERRAIN.

CALCUL EXPÉDITIF DES COTES DE NIVEAU.

Art. Iᵉʳ. — Description de la boussole à éclimètre.

La boussole nivelante ne diffère de l'autre que par l'appareil latéral ou éclimètre qui sert au nivellement. Cet éclimètre se compose d'un limbe L L' (Fig. 110), sur lequel pivote autour du centre, à frottement doux, l'alidade à vernier d'une lunette o o'.

Un niveau à bulle d'air n n' est adapté à la face opposée, non graduée, du limbe. Lorsqu'on place le bouton v sur la tête de la vis v' et qu'on tourne, le niveau n n' pivote autour d'un axe fixé au limbe derrière L, de manière que le niveau change de position avec la ligne des zéros du limbe et par conséquent avec l'axe optique de la lunette, les zéros étant en coïncidence.

Si on laisse le bouton sur la vis v et qu'on tourne, cette vis fait marcher lentement le limbe, la lunette, le niveau, emportés d'un mouvement commun, sans déranger leur corrélation. C'est là le mouvement de rappel dans les observations, le mouvement rapide s'effectuant par la genouillère. La vis v' ne doit être mue qu'une fois pour faire la rectification, comme nous allons l'indiquer. Cette rectification terminée, le bouton restera sur la vis v, près de l'observateur, la visière étant à sa droite ; il ne faudra plus faire agir v', et ne pas perdre le bouton v quand il est mobile, ainsi que nous le supposons, d'une vis à l'autre.

On rencontre des boussoles nivelantes dans lesquelles la disposition des pièces de l'éclimètre est plus ou moins différente ; il en est, avons-nous dit, qui portent un éclimètre à perpendicule.

C'est une chose facile que de se rendre compte de ces modifications par fois ingénieuses ou défectueuses.

L'instrument est accompagné d'une mire (Figure 111), qui
consiste en une tige graduée le long de laquelle se meut *un voyant*
dont les deux couleurs sont séparées par *la ligne de mire.*

La boussole, à la boîte de laquelle est adapté l'éclimètre, est
une boussole ordinaire : on s'en sert, comme nous l'avons dit
dans le 3ᵉ Livre ; en cheminant on exécute en même temps le
plan et le nivellement.

Art. II. — Correction de l'éclimètre.

Il faut, pour que l'instrument soit exact, que le zéro du vernier
étant en coïncidence avec celui du limbe, l'axe optique de la
lunette soit parallèle à la ligne du niveau, de façon que la ligne
des zéros soit horizontale dès que la bulle est revenue dans ses
repères : la lunette, en pivotant en dessus ou en dessous, donnera
alors les angles *d'ascension* ou *de dépression.*

Outre la difficulté, pour le constructeur, de satisfaire à cette
condition, l'éclimètre adapté à la boîte de la boussole peut se
fausser. C'est la raison pour laquelle est introduite la vis v', afin
de rendre l'instrument rectifiable.

Avant d'opérer on devra procéder à cette correction de la
collimation verticale, et ensuite vérifier de temps à autre cette
rectification, lorsqu'il s'agira de longs nivellements et qu'on pré-
sumera que l'instrument pourrait s'être dérangé.

Nous supposerons d'abord que la lunette est capable de pivoter
librement bout pour bout autour de son centre A. La vis v' de la
correction ayant peu de course, je commence par rectifier le plus
possible à vue, d'après l'instrument lui-même. Puis je dispose
verticalement le limbe face à droite, j'équilibre la bulle dans ses
repères par le mouvement de la genouillère et par la vis de rappel:
la lunette étant sur le zéro, supposons que son axe ne soit pas parallèle à la tangente du niveau n n', à la ligne des extrémités de
la bulle ou des repères, et que le rayon visuel fasse un angle de
collimation α sous l'horizon (Fig. 112). Je meus la lunette de
manière à viser un point M peu élevé au-dessus de N N', je lis

une graduation i au lieu de la véritable x : j'ai $i = x + \alpha$. Je retourne la lunette bout pour bout et l'éclimètre face à gauche, je ramène la bulle par les mouvements du système : l'angle α aura lieu en sens contraire ; je dirige la lunette sur M et je lis une autre graduation i'. Je suppose que le limbe porte à ses deux extrémités une double graduation, l'une ascendante au-dessus du zéro, l'autre descendante en dessous. Evidemment $i' = x - \alpha$. De ces deux relations je déduis $x = \frac{i+i'}{2}$. Si la ligne C M tombait dans l'angle α, il suffirait de tenir compte des signes. Cette formule s'accorde avec la relation $i = 1^d - \left(\frac{g'-g}{2}\right)$ que j'ai donnée précédemment : g' et g sont comptés à partir du même zéro ; ici l'angle que décrit la lunette pour être ramenée sur le point de mire est lu en sens contraire de la première graduation à partir d'un zéro diamétralement opposé, en sorte que g'' étant cet angle, on aurait $g' = 2^d - g''$; et, en substituant, $i = \frac{g'+g}{2}$.

Vous remarquerez que par une double observation il est possible de connaître l'angle à l'horizon et même l'angle α de collimation, sans rectifier l'instrument.

Pour effectuer la correction et rendre l'éclimètre propre à donner immédiatement les angles vrais, on pourrait placer le zéro de la lunette sur la division $x = \frac{i+i'}{2}$; puis par le mouvement du système, diriger l'axe optique sur le point de mire M choisi pour faire la correction. Alors l'axe de la lunette est horizontal ; on agira sur la vis du niveau pour le ramener à l'horizontalité. On ne touchera plus à la vis v', on retournera l'instrument corrigé, face à droite, dans sa position naturelle.

La manière suivante, qui évite de lire des angles, est parfois préférable. Je mets le limbe face à droite, les zéros en coïncidence, j'établis l'horizontalité du niveau par les mouvements du système ; je fais mouvoir le voyant d'une mire éloignée de façon que la ligne des couleurs passe par le fil horizontal de la lunette. Le porte-mire lit la graduation de la mire à laquelle s'arrête le voyant. Supposons toujours un angle α de collimation en dessous

de l'horizontale. Je retourne la lunette bout pour bout et le limbe
face à gauche ; je ramène la bulle par la vis du système. L'angle
α aura lieu en dessus après le retournement (Fig. 113). Je fais
monter le voyant en M' : le porte-mire, après avoir lu la seconde
graduation de la mire, arrête la ligne séparative des couleurs au
milieu M" de l'intervalle M M'. Je dirige par le mouvement du
système l'axe optique sur M" : il est horizontal. J'agis sur la vis v'
pour ramener la bulle et je retourne face à droite l'instrument
corrigé.

L'emploi de la mire n'est pas même indispensable : il suffit de
remarquer dans la première position de la lunette un point éloigné
de la campagne, les fenêtres, la toiture d'une maison. En ne
voyant plus ce point, dans la seconde position, coïncider avec
le fil horizontal du réticule, on estimera à vue l'écartement, et
par le mouvement du système on fera couper également l'écart
par ce fil; l'axe optique sera sensiblement horizontal, et le
parallélisme du niveau sera établi du moment que la bulle
aura été remise dans ses repères au moyen de la vis v'.

Quand la lunette ne peut pas pivoter de deux angles droits, le
correcteur effectue le retournement en se transportant d'une
station à l'autre (Fig. 114) : après avoir mesuré la hauteur $a\,d$ du
centre de la lunette, puis la hauteur de la mire $b\,e$, il porte
l'instrument en b, il mesure la hauteur $c\,d$. Le voyant étant élevé
à la hauteur moyenne $f\,d$, la lunette placée en b est dirigée sur
f; puis le correcteur agit sur le niveau. Au surplus, les divers
modes de rectification dériveront tous de la théorie générale
précédemment développée.

Art. III. — Boussole à éclimètre mobile et à cercle entier, appropriée au
service forestier.

La boussole, telle qu'elle a été employée pour la carte de
France, par les officiers d'état-major, est munie sur le côté droit
de sa boîte rectangulaire d'un éclimètre qui lui est invariablement
fixé. Quand il s'agit d'exécuter à la fois le plan et le nivellement,
cette disposition ne présente d'autre désavantage que d'alourdir
un peu l'instrument et de tendre à le faire pencher, inconvénient
auquel on remédie par un serrement suffisant de la genouillère.

Mais lorsqu'on n'a pour but que d'obtenir la projection horizontale, il serait utile de pouvoir détacher aisément l'éclimètre
latéral de la boussole et d'y substituer une simple lunette plongeante. Cette disposition a été à la fois suggérée par la théorie et
réclamée, dans la pratique, par la nature même de certaines
opérations où le nivellement est mis de côté. En outre, par une
petite table additionnelle, gravée sur l'instrument, il peut équiva-
loir à un niveau de pente, et par conséquent il devient susceptible
de servir à trouver directement les directions, dans les tracés
de routes, suivant lesquelles il faut s'avancer pour monter ou
descendre suivant des pentes données.

L'éclimètre modifié diffère des éclimètres ordinaires de boussole en ce qu'au lieu des portions échancrées d'un limbe incom-
plet, il se compose d'un cercle entier et central, d'un diamètre
peu considérable (Fig. 89). La lunette fait corps avec le cercle :
elle entraine, dans ses mouvements de plongée, le limbe lui-même
contre un vernier fixe, ce qui est l'inverse de l'éclimètre ordinaire. La grande différence de l'instrument consiste en ce que le
système s'attache à la boîte de la boussole et s'en détache à volonté, au moyen de deux vis à large tête et de trous cylindriques
disposés avec précaution, pour que l'application de la règle d'appui
contre le flanc droit de la boîte n'engendre pas d'erreur sensible
de collimation. On aura une idée nette de l'agencement des parties de l'instrument en le démontant et en le remontant avec le tour-
nevis de la boîte. Quant à la lunette en elle-même, au niveau, aux
vis de rappel, ces parties ne diffèrent pas essentiellement de celles
des autres éclimètres.

La lecture des angles se fait horizontalement sur la tranche ou
épaisseur du limbe, sous l'œil de l'observateur, sans qu'il soit
obligé de s'incliner ou de se déplacer. Le vernier est double pour
lire les angles d'ascension et de dépression. On ramène aisément
les mouvements de la lunette et du vernier à ceux de l'éclimètre
ordinaire. En effet, le limbe est mobile, le vernier fixe : si l'on
imprime par la pensée un mouvement commun égal et de sens
contraire au limbe et au vernier, ce sera comme si le limbe était
fixe et que le vernier fût mobile en sens contraire. Si l'on prend
des dépressions, ce sera le vernier inférieur qui sera censé courir

13

sur le limbe ; si c'est une ascension, on consultera le vernier
supérieur. Dans l'ancien éclimètre le zéro est sur l'horizon ; dans
le nouvel éclimètre, le zéro répond au rayon visuel. Le vernier
est centésimal, à cause des tables ; il est formé d'un intervalle de
24 demi-grades divisé en 25 parties égales, donc l'approximation
est de 2 centigrades.

Une addition utile a consisté à graver, comme nous l'avons dit,
sur la face libre du cercle plein une petite table des pentes par
mètre. Cette table indique les angles qui correspondent aux pentes
par mètre les plus usuelles ; ainsi pour une pente $0^m,05$, l'angle
correspondant est de $5^g,20$, ainsi des autres.

La vérification de l'instrument et ses rectifications se feront
pour la collimation verticale comme à l'ordinaire. Négligeons la
correction de réfraction, appelons i la lecture d'un angle vertical,
face à droite, i' sa lecture, face à gauche, soit qu'on ait pris ces
angles par le double retournement de l'instrument, en renversant la
lunette bout pour bout, et en faisant pivoter la boussole de deux
droits, soit qu'on ait effectué ces retournements en alternant deux
stations par des observations renversées ; nommons α l'angle
d'erreur, x l'angle vrai, nous aurons généralement
$$x = i \pm \alpha \text{ et } x = i' \mp \alpha, \text{ d'où : } x = \frac{i+i'}{2} \text{ et } \alpha = \frac{i'-i}{2}.$$ On connaîtra donc l'angle à l'horizon en faisant partout la double obser-
vation, à la même station ou aux deux extrémités d'une même
pente ; ou en corrigeant de α tous les angles face à droite, ne faisant qu'une fois l'observation double pour avoir α ; ou enfin,
troisièmement, on réglera l'instrument : ayant trouvé pour un
point de mire $x = \frac{i+i'}{2}$, on fera marquer cette graduation à l'a-
lidade, on dirigera l'axe optique sur le signal par le mouvement
général et de rappel du limbe, puis on amènera la bulle entre
ses repères. Enfin on réglera l'instrument par la bissection de
l'écart symétriquement double sur une mire ou sur un objet lointain, une maison, etc.

La correction de la collimation horizontale dans l'éclimètre
mobile demandait un examen attentif : on conçoit, en effet, qu'en
vissant et en dévissant l'éclimètre, en le remplaçant par une lunette simple, l'axe optique est susceptible de dévier du parallé-

lisme de la ligne 0 — 180° du limbe de l'aiguille; les diverses
boussoles employées à la fois ou la même boussole remaniée ne
seraient plus comparables. La forme cylindrique, sans ballotte-
ment, des trous dans lesquels s'engagent en partie les têtes de vis
de pression d'attache résoudra l'objection.

L'instrument est très-portatif. La genouillère étant rabattue
contre la boîte, l'autre face recouverte de son couvercle à coulisse, la boîte se logera aisément dans un sac de chasse; la lunette de rechange dans un étui. Quant à l'éclimètre détaché, il
n'exige dès lors qu'une boîte de dimensions très-réduites et por-
tative elle-même dans un sac. L'instrument ainsi séparable est plus
approprié aux divers services; il présente du reste dans sa construction un caractère remarquable d'invariabilité et de simplicité (1).

Art. IV. — Forme du calepin et croquis sur le terrain.

Concevez que nous suivions une ligne polygonale enveloppant
un canton ou un sentier serpentant dans la forêt. Nous chaîne-
rons les côtés d'une station à l'autre horizontalement; l'aiguille
aimantée de la boîte, rasant le bord de son limbe, indiquera les
sinuosités horizontales du cheminement. Pour saisir les inflexions
verticales, nous placerons la mire aux changements de pente, en
donnant pour hauteur au voyant celle de l'axe de rotation de la
lunette, afin de simplifier le calcul : les petites concavités ou
convexités qui n'appartiennent pas aux mouvements généraux
du terrain sont négligeables. Nous amènerons la bulle dans ses
repères par le mouvement du système, puis nous ferons pivoter
la lunette et nous lirons l'angle d'ascension ou de dépression
(Fig. 115 et 116).

En général on pourra avoir à niveler par *cheminement*, par
intersection, en suivant un contour, ou par *rayonnement* autour
d'un ou de plusieurs points. La forme des calepins et des croquis

(1) L'éclimètre modifié est fabriqué à Paris, chez Richer, fournisseur de
l'Ecole forestière.

n'est pas difficile à imaginer. Voici un calepin de cheminement où figurent à la fois le plan et le nivellement.

Calepin d'un nivellement à la boussole.

NUMÉROS DES STATIONS	POINTS VISÉS	ANGLES MÉRIDIENS	CÔTÉS	ANGLES		CÔTÉS VERTICAUX des triangles rectangles	CÔTES de NIVEAU	OBSERVATIONS
				d'ascension	de dépression			
1	2			+	—			
2	3							
3	4							

A ce calepin est joint un croquis (Figure 117) où sont cotés les angles avec la méridienne magnétique, les côtés qui séparent les stations, les angles verticaux avec le signe + ou le signe —, suivant qu'ils sont d'ascension ou de dépression.

Art. V. — Calcul des différences et des cotes de niveau par des tables.

En nommant h le côté vertical O M = A g du triangle M C O, i l'angle d'inclinaison de la parallèle au terrain, p la projection horizontale chaînée, h sera donné par la formule $h = p$ tang. i.

Il serait long et pénible de calculer par logarithmes tous les triangles d'un nivellement compliqué. On emploie pour évaluer les verticales des tables centésimales, portatives et commodes, dites *Tables de Maissiat*, du nom du Topographe qui en a introduit l'usage : « Cette table n'est autre chose que celle des tangentes » naturelles augmentées de leurs multiples jusqu'à 9 et réduites » aux décimales nécessaires pour obtenir, dans les cas les plus » défavorables, les différences de niveau à 1 mètre près. »

Les tables de Maissiat sont épuisées, mais on les retrouvera dans un petit Agenda de l'Officier d'état-major. On a aussi imprimé d'autres tables, plus ou moins approximatives. La manière de se servir de ces tables est très-facile; je renvoie à l'instruction qui les précède.

Les deux colonnes du calepin précédent intitulées côtés et cotes de niveau forment le registre où s'inscrivent les différences de niveau calculées par les tables et les cotes de niveau ou *sommes algébriques des côtés verticaux des triangles : en d'autres termes, les distances des points au plan qui sert d'origine.*

Les cotes de niveau des points d'entrée et de sortie d'un sentier, des points d'intersection des sentiers ou des lignes de coupes, doivent s'accorder entre elles dans les limites d'approximation de l'instrument. Elles doivent aussi être conformes à celles des points trigonométriques du canevas.

Le niveleur préparera autant de calepins qu'il y aura de cheminements partiels. Il les modifiera quand le nivellement aura lieu par rayonnement dans certains endroits du cheminement. Il aura soin de bien indiquer en tête le nom des sentiers nivelés et les points où ces chemins se rattachent entre eux.

CHAPITRE III.

Proposons-nous actuellement de déterminer, d'après une combinaison de nivellements, l'ensemble des projections horizontales des sections équidistantes qui définissent les mouvements du terrain. Cette question se réduit à la suivante : trouver, pour un cheminement donné, les points de la projection horizontale par où passent les projections des courbes de sections. Ce problème se résout graphiquement ou par le calcul.

Art. Iᵉʳ. — Méthode graphique des profils.

Soit un cheminement dont la partie inférieure de la Fig. 118 représente la projection horizontale A B C..... E F G, c'est-à-dire, les sinuosités dans le sens horizontal levées à la boussole. Les distances d'une station à l'autre sont les traces horizontales des plans verticaux contenant les pentes ou rampes suivant lesquelles on a cheminé réellement.

Concevons A B C..... E F G développé suivant une ligne droite A' B'..... F' G', ou les plans verticaux des pentes rabattus sur l'un d'eux. On effectuera ce développement en portant sur A' G' des distances A' B', B' C'..... égales aux chainages successifs A B, B C.....Soit N N' l'intersection du plan de rabattement avec le plan horizontal de départ ou de repère. Supposons l'équidistance égale à 2 mètres. Le registre du nivellement faisant connaître les cotes de niveau ou les distances des points B", C", D"... du terrain au plan de départ, il sera facile de construire à une échelle donnée la position de ces points sur le rabattement : dans

le cas où le cheminement A B.... F G serait droit, on aurait ainsi
une coupe du terrain suivant cette direction. A partir de N N', je
mènerai à cette ligne une série de parallèles, à l'échelle, et distantes entre elles de 2 mètres. Ces parallèles figureront les intersections des plans horizontaux sécants avec le plan de rabattement :
elles couperont les pentes ou hypothénuses en des points que je
projetterai horizontalement sur A' G'. Or il est évident que si je
ramène les plans verticaux des pentes dans leur position naturelle, les points d'intersection des hypothénuses et leurs projections ne feront que tourner sans que les distances de ces
projections aux stations A, B, C.... soient changées. Je porterai,
par leur distance à B C...., ces points sur la projection horizontale A B.... F G du cheminement. Je coterai ces points
des numéros des plans sécants auxquels ils répondent : ce sont
les points cherchés suivant lesquels les projections des sections
coupent la projection horizontale du cheminement. C'est une méthode que nous avons déjà exposée dans les préliminaires.

Art. II. — Méthode plus expéditive, par le calcul, pour tracer les projections
des sections équidistantes.

Soit un chemin A B C D E..... rapporté en projection sur la
minute même (Fig. 119) ; ce sentier est figuré par une ligne brisée,
dont les angles s'arrondissent sur le dessin topographique. A
chaque station, ou plutôt à chaque changement de pente, on
inscrira sur la minute, à côté d'une petite flèche, la cote calculée
du point. Supposons que les sections équidistantes partent de la
station A, et que l'équidistance soit de 2 mètres : les raisonnements seraient les mêmes pour une autre équidistance. On a
chaîné horizontalement sur le terrain, en montant le long de l'hypothénuse d'un triangle rectangle dont le côté vertical est de 15
mètres. Imaginez en B, perpendiculairement au plan de la figure,
une hauteur de 15 mètres réduite à l'échelle ; joignez par la
pensée le point A à son extrémité supérieure. Soit A B B' ce plan
vertical détaché et vu de face : la ligne B B' sera partagée par les
plans sécants, à partir de B, en huit parties dont les sept premières
seront égales et la dernière sera $\frac{1}{2}$ des précédentes. Or il est évi-

dent, en menant des parallèles à A B et des perpendiculaires projetantes sur cette base, que l'hypothénuse et sa projection A B seront divisées précisément dans le même rapport. En sorte qu'il est tout à fait inutile de construire un profil : il suffit de partager, sur la minute même, la ligne A B en 8 parties, dont 7 seront égales, et la dernière, près de B, sera $\frac{1}{2}$ des précédentes. On numérote ces points de divisions, par où passent les projections des courbes de section, selon le rang des plans équidistants.

La division de A B s'effectue de plusieurs manières. 1° Connaissant la grandeur de A B sur le terrain et le nombre des parties à prendre, on déterminera par un calcul de proportion, la grandeur de ces parties, qui, réduites à l'échelle et portées sur A B, donneront la série des points 1, 2, 3.....

2° Par une construction au crayon, effacée ensuite : on tirera une droite auxiliaire A a; partant de A, on portera 7 parties arbitraires égales, puis une dernière égale à la moitié des précédentes, ce qui déterminera a que l'on joindra à B; on tracera avec l'équerre et la règle des parallèles à B a, qui couperont A B aux points cherchés.

Autrement : je porte, à une échelle quelconque, à partir de A, une longueur A a égale à la cote 15 mètres; puis à partir de A, autant que cela est possible et à la même échelle, une distance réduite de 2 mètres. Je joins B et a et je conduis des parallèles à B a par les points de divisions de A a.

3° Enfin vous pourrez partager simplement à vue et par tâtonnement la distance A B en 8 parties, dont la dernière soit moitié des autres.

Passons à la pente suivante qui a B C pour projection. La différence de niveau est 30^m, 50 — 15^m $=$ 15^m, 50. Je décompose encore cette différence en deux parties, un multiple de deux et un reste : il faudra évidemment diviser la longueur B C en neuf parties, dont les deux extrêmes seront respectivement $\frac{1}{2}$ et $\frac{1}{4}$ de celles des intermédiaires. Cette division se fera par tâtonnement; ou bien s'aidant d'une auxiliaire B a', on portera à une échelle quelconque B a' $=$ 15^m, 50; puis à partir de B sur B a' une

longueur de 1^m réduite à cette échelle, et à la suite autant de fois
2 mètres qu'il sera possible, sans mesurer la dernière partie ; on
mènera des parallèles à C a' et on continuera la série des points.
Nous avons déjà expliqué ce procédé.

Il faut avoir soin de bien tenir compte des montées et des descentes, et de bien numéroter les points. Lorsqu'après une montée
les cotes indiquent une descente, on revient au précédent numéro,
c'est-à-dire au plan de la section antécédente. Il y a vérification
à chaque station : par exemple, la cote du point C étant 30^m, 50,
nombre compris entre 30 et 52, je sais immédiatement que la
courbe 15 passera près de C en deçà, et que le point 16 sera un
peu au-delà, en continuant à monter.

J'ai dit qu'il était permis d'effectuer les divisions à vue et par
tâtonnement; cette manière, qui devient très-rapide, pour peu
qu'on se soit familiarisé avec elle, se motive ainsi. Les points
construits à vue peuvent être plus ou moins bien placés, mais les
erreurs graphiques commises ne s'accumulent pas en passant
d'une pente à la suivante, puisqu'on construit entre deux stations
d'après les cotes calculées et vérifiées de ces stations. Il y a plus :
on n'a pas pour but ici de saisir les mouvements peu prononcés
du terrain ; il ne s'agit pas, dans l'expression topographique de
l'ensemble des ondulations de la contrée, de travaux d'art qui
exigent des nivellements spéciaux ; les petites inégalités du sol,
dont on n'a pu tout à fait s'affranchir dans le maniement de
l'instrument et de la mire, se négligent : on arrondit donc les
courbes sur le plan, on leur donne une sorte de continuité, en
étudiant les portions intermédiaires de ces courbes, de façon à
obtenir l'effet proposé, les mouvements généraux. Il en résulte
que lors même qu'on aurait parfaitement construit les points
1, 2, 5....., il faudrait toujours les déranger un peu, et les erreurs graphiques du tâtonnement sont de l'ordre de ces écarts.

Nous avons vu que les hauteurs des triangles verticaux de nivellement se calculaient par la formule $h = \pm p.$ tang. i, et qu'on
abrégeait le calcul en ayant recours aux tables des différences de
niveau publiées pour les ingénieurs géographes chargés des
levés de détail de la carte de France.

Les tables de Maissiat donnent les multiples pour 2, 5, 4....,

jusqu'à .9 : on s'en sert comme des tables de conversion des
mesures anciennes aux nouvelles et réciproquement, tables de
conversion placées ordinairement à la fin des arithmétiques. On
trouvera les tables de Maissiat dans l'Agenda de l'officier d'état-
major. J'ai placé, à la fin du volume une table des tangentes,
qui peut être regardée comme un extrait : cette table abrégée
exige une multiplication. Elle peut servir à d'autres usages qu'au
nivellement. Elle suffira, pour cette dernière opération, dans les
circonstances ordinaires et suppléera aux tables de nivellement plus
complètes, qu'on trouvera d'ailleurs chez les libraires spéciaux.

Art. III. — Réseaux de nivellement.

Pour saisir l'ensemble de ses mouvements, il faut couvrir le
terrain d'un réseau de nivellements reliés entre eux et aux points
trigonométriques. On nivellera le périmètre du canton de la forêt,
les sentiers qui y serpentent, la laie sommière et les lignes de
coupes qui s'appuient sur elle, en traçant au besoin des sentiers auxiliaires pour saisir les principaux accidents de terrain,
profitant des tranchées, des chemins de la forêt. Souvent un très-
petit nombre de nivellements bien combinés suffit pour représenter les ondulations du relief. L'approximation sera du reste
d'autant plus grande qu'on aura multiplié et mieux dirigé les
cheminements, aux diverses stations desquelles on pourra aussi
niveler par rayonnement.

Après avoir nivelé le périmètre, les chemins principaux, les
sentiers, les lignes séparatives, on nivellera les lignes de fond qui
séparent les principaux mouvements du terrain ou mamelons, les
versants, ainsi que les lignes de faîte : de cette façon on séparera
le travail et on étudiera chaque mouvement principal, on pourra
y faire des nivellements en diagonales; ou bien on se placera au point culminant ou central pour diverger suivant
trois ou quatre rayonnements. S'il existe des monticules secondaires par-dessus les principaux mouvements, on montera aux
points supérieurs par des nivellements qui se relieront aux précédents. Tous ces cheminements devront se vérifier. On décomposera donc le nivellement d'une manière analogue à la marche

suivie dans le levé du plan, en détachant d'abord les mouvements généraux pour les étudier à part, ce qui mettra plus d'ordre et de clarté dans l'appréciation des accidents du sol souvent très-compliqués. De plus, en construisant, le graphique indiquera successivement les nivellements qu'il serait nécessaire d'ajouter pour avoir l'expression complète du relief. Quand les mouvements ne sont dus qu'accidentellement à des masses de rochers, on en indique seulement la place, pour y dessiner, en projection horizontale ces masses de rochers ; suivant la nature de la roche, la projection change d'aspect, et il est bon d'en étudier la forme sur place, d'un point élevé, par des croquis à part.

Quand le terrain est peu accidenté, mais ondulé, on se servira commodément d'un système de parallèles, en le croisant au besoin par un second système perpendiculaire, ou bien on se servira de transversales. Il est évident qu'il faut combiner ces cheminements selon la nature de la contrée. Dans les montagnes, après avoir séparé les massifs considérables, on nivellera suivant les plis des ravins, dans le sens des lignes de plus grande pente, ou en longeant les versants, comme si on voulait tracer une route horizontale ou d'une pente donnée, en coupant ainsi tous les plis des versants.

Ces principes généraux feront comprendre l'esprit suivant lequel les nivellements du relief doivent être conduits pour obtenir, après une reconnaissance, et par un petit nombre d'opérations menées avec intelligence, le complément de la représentation topographique, c'est-à-dire, l'expression complète du relief du terrain.

Le topographe marquera, comme précédemment, sur chaque cheminement la série des points 1, 2, 3..... par où passent les courbes projections des sections équidistantes. Il joindra au crayon, en arrondissant la courbe et en étudiant les mouvements intermédiaires, les points également numérotés. Il aura ainsi, soit les projections des courbes à passer à l'encre, soit ces projections au crayon entre lesquelles s'intercaleront les hachures.

Ayez soin de niveler les lignes de fond ou d'intersection des mamelons et de n'unir les points également numérotés que dans chaque monticule séparément (Fig. 120), et non d'un monticule à

l'autre, ce qui comblerait le creux qui les sépare et ne formerait
qu'un seul mamelon. Rappelez-vous les règles de dessin exposées
au Livre Iᵉʳ : quand les monticules sont séparés par un sol qui
n'est pas un ravin, le lit d'un torrent desséché, les courbes s'arrondissent à leur rencontre ; quand, au contraire, la ligne de
fond est une déchirure à pentes latérales roides, les courbes s'u-
nissent sans raccordement. Dans le dessin au net, on écrit souvent
en rouge les cotes de niveau sur les points culminants et aux points
les plus bas.

Pour se familiariser préalablement avec les méthodes précédentes, j'ajoute le calepin et le croquis réduit d'une portion de
nivellement exécuté sur la côte de Saint-Max, près Nancy
(Fig. 121) ; on s'exercera sur cet exemple à une échelle plus
grande, à l'échelle $\frac{1}{2500}$, qui était celle du levé.

Art. IV. — Détermination sur le terrain même des points de
passage des courbes.

Supposons que nous partions du point culminant A (Fig. 122),
et que l'équidistance soit de deux mètres. Je stationne en A avec
un niveau à perpendicule ou à bulle d'air, ou bien avec le niveau
d'eau que nous décrirons dans le chapitre suivant.

Je fais hausser le voyant de la mire à la hauteur de l'instrument, plus deux mètres ; je serre la vis de ce voyant, puis je fais
descendre le porte-mire vers B, jusqu'à ce que l'horizontale du
niveau passe par la ligne des couleurs. Le porte-mire se trouve
alors sur le plan sécant n° 1. Je chaîne horizontalement la distance qui m'en sépare et je la porte, réduite à l'échelle, sur la
projection horizontale du cheminement ; je cote n° 1. Je me
transporte au point n° 1, le porte-mire descend au point n° 2,
ainsi de suite. Lorsque l'équidistance est grande, le voyant de la
mire devrait être élevé très-haut : des stations intermédiaires
remédient à cet inconvénient. Un second cheminement A C fera
connaître d'autres points des courbes, qu'on tracera sur la minute
en unissant les points également numérotés.

Cette méthode peut être pratiquée d'une manière fort simple,
quand il ne s'agit pas d'une grande précision. On adapte à l'ex-

trémité d'un bâton une équerre dont la base sert d'axe visuel horizontal lorsque le second côté de l'angle droit rase un fil-à-plomb suspendu à l'angle supérieur de l'équerre. Un second bâton de hauteur égale à celle de la ligne divisée, plus l'équidistance adoptée, est descendu jusqu'à ce que l'horizontale passe par l'extrémité de ce second bâton.

Dans la topographie irrégulière, les angles de nivellement s'estiment au moyen d'un simple rapporteur au centre duquel est suspendu un fil-à-plomb.

CHAPITRE IV.

NIVEAU D'EAU; NIVEAU ORDINAIRE A BULLE D'AIR; NIVEAU A BULLE
ET A LUNETTE DE CHÉZY.

Art. Ier. — Niveau d'eau.

Le niveau d'eau se compose essentiellement d'un long tube
(Fig. 123), mobile sur un trépied, et portant à ses extrémités
deux fioles en verre d'égal diamètre. Le liquide introduit dans le
tube communique d'une fiole à l'autre et détermine dans ces fioles deux portions circulaires d'un même plan horizontal.

L'instrument est accompagné d'une mire, sorte de grande régle à voyant, divisée et glissant dans la coulisse de la tige, seconde régle contre laquelle une vis de pression l'arrête à volonté.
Souvent la mire est armée en bas d'un talon en métal.

Nivellement simple. On veut trouver la différence de niveau de
deux points A et B ou leurs cotes de niveau par rapport à un plan
horizontal N N' (Fig. 124). Le niveau est placé entre les deux
points où va successivement se mettre le porte-mire. L'ordre du
cheminement étant dans le sens N N', on inscrit sur un croquis,
semblable à la figure, la valeur a du coup arrière, et celle b du
coup avant : l'un s'écrit à droite, l'autre à gauche. Appelons C la
cote du point A ; celle du point B sera

$$x = B - a + b.$$

La formule est la même dans le cas de la Fig. 125. Cette règle
va nous fournir celle du nivellement composé.

Nivellement composé. Soit (Fig. 126), le croquis du calepin : on
ne donne pas évidemment de coup avant sur le point de départ,

ni de coup arrière sur celui d'arrivée. Cette figure représentera, par exemple, le profil en long d'une route.

On consignera, sur le terrain même, les valeurs des coups arrière et des coups avant, dans les premières colonnes du calepin suivant.

Calepin.

NUMÉROS DES POINTS	COUPS		DISTANCES	COTES DE NIVEAU	OBSERVATIONS
	ARRIÈRE	AVANT			

La colonne des cotes sera remplie quand elles auront été calculées par cette règle générale, facile à démontrer : *la cote du point extrême est égale à la cote du point de départ, plus la somme des coups avant, moins celle des coups arrière.*

$$x = C + b + b' + b'' \ldots\ldots - a - a' - a''$$

La formule générale du nivellement composé s'obtient aisément par l'addition des équations des nivellements simples, et la suppression des termes communs intermédiaires dans les deux membres de l'équation finale. Il est facile de la modifier dans le cas d'un changement du plan de comparaison ou d'origine.

Art. II. — Niveau ordinaire à bulle d'air, niveau à bulle et à lunette de Chézy.

Niveau ordinaire. Le tube C D (Fig. 127), du niveau à bulle d'air est monté sur un patin A B. Le tube est légèrement recour-

bé, ou il est rodé, de façon à présenter une courbe concave vers
la terre. L'élément linéaire du milieu de la bulle amené entre ses
repères doit être bien parallèle au plan du support. Ce parallélisme est vérifié par le retournement bout pour bout : car si la
bulle revient se fixer au milieu des mêmes indices, l'axe et la
base sont ensemble dans une situation horizontale.

Quand on veut disposer une règle horizontalement, on place
le niveau dessus et on cale jusqu'à ce que la bulle soit amenée au
milieu. Pour disposer un plan horizontalement, il faut le faire
passer par deux droites horizontales qui se croisent ; et préférer
que l'angle de ces directions soit droit, de façon que le mouvement de rotation autour de l'une n'altère pas la position de l'autre.

Dans les opérations, le patin est soutenu sur un pied à genou,
procurant un mouvement lent de bascule ; une vis de rappel R est
commode, elle évite des mouvements saccadés. On vise par des
pinnules dont l'axe optique est bien parrallèle à la tangente du
niveau, condition encore vérifiée par la méthode du retournement.

Rendons-nous compte de la précision du niveau à bulle d'air.
Dans le niveau à perpendicule, qui peut être composé d'un fil
ou d'une tige rigide, l'agitation de l'air et le frottement donnent
lieu à une erreur de lecture à l'extrémité ou apothème R qui marque les divisions : soit $\frac{1^m}{1000}$ l'erreur à la distance R, l'écart
du perpendicule aura pour tangente $\frac{1}{R}$ millimètres ; l'amplitude angulaire sera $\frac{1^{mm}}{R} \times 64^{grades}$ (le rayon est sensiblement le développement de l'arc de 64^g) ; à la distance D l'erreur serait $\frac{D}{R}$ milimètres. Or dans le niveau fondé sur l'équilibre de deux fluides de densités différentes, le milieu de la bulle
d'air équivaut à l'extrémité de l'apothème d'un perpendicule
supposé suspendu au centre de courbure de la concavité du tube.
La bulle abritée s'arrête avec moins d'incertitude, et les expres-
sions $\frac{1^{mm}}{R} 64^{grades}$, $\frac{D^{mm}}{R}$, diminuent avec la courbature ; le
rayon R peut devenir très-grand sans exiger un appareil plus
volumineux.

Si le tube du niveau à bulle était droit, la bulle serait folle, il faut le supposer légèrement courbé; ou mieux, on rode l'intérieur selon une courbe d'un grand rayon. La bulle prend la position culminante : retournons l'instrument bout pour bout, B en A, A en B, et soit m la trace de l'endroit qu'occupait d'abord la bulle, et $m\,o$ celle de la verticale qui lui correspondait avant le retournement, m^t la position actuelle de la bulle; qu'il y ait ou non glissement de la règle d'appui, la question se ramène au cas de la figure 201. L'angle β des traces des deux perpendiculaires est le double de l'angle α d'inclinaison de la règle A B sur l'horizon. Quand A B est horizontale, α et par conséquent son double β sont nuls, et réciproquement. Le caractère de l'horizontalité de A B est donc que, dans le retournement autour de la perpendiculaire $o\,o'$ la bulle ne change pas de place : si donc on la renferme alors entre deux repères, il sera facile de caler horizontalement la règle A B, en ramenant la bulle dans les repères. La bulle équivaut à l'index d'un niveau à perpendicule, qui serait suspendu au centre de courbure, et qui en renversant la figure battrait les graduations d'un cercle osculateur, qu'on concevrait, au besoin, tracée sur la partie non abritée du verre. Donc le niveau à bulle d'air est très-sensible, puisque la courbure est peu prononcée : c'est un instrument de précision dont l'addition aux cercles a contribué à leur perfection. Le niveau formé d'alcool, pour éviter l'effet de la gelée, est sous un petit volume, bien plus commode qu'un long perpendicule, et il s'adapte avec facilité aux divers instruments : il concourt avec le vernier, la vis de rappel, la répétition, la lunette de vérification, à la mesure relativement exacte des angles.

Le niveau d'eau est moins commode que le niveau à bulle : il y a incertitude dans la visée, qui ne doit guère dépasser plus de 30 à 40 mètres. Il est ordinairement employé dans les travaux des paveurs, des fontainiers, etc., et sur les terrains plats.

Niveau de Chézy. Le niveau à bulle d'air précédent, déjà bien supérieur au niveau d'eau, a encore été perfectionné par les dispositions suivantes. D'abord, et cela est fort utile pour de grands nivellements, on a introduit une lunette à réticule, de façon que la vue est plus nette, la portée plus considérable. Le

14

canon *o o'* (Fig. 128) de la lunette repose sur deux collets circu-laires, à l'extrémité de deux supports verticaux A, B, qui doivent être égaux. Le tube du niveau est suspendu au canon de la lu-nette. La régle qui porte à angle droit les pièces A et B tourne autour d'un axe de rotation C. On obtient ce mouvement au moyen d'une vis sans fin *v* qui engrène avec un râteau circulaire R R'.

Procédons aux vérifications de l'instrument :

1° Il faut amener dans l'axe du tube le fil horizontal ou l'inter-section des deux fils croisés. Faites tourner la lunette dans ses collets : voyez par là si le fil horizontal peut coïncider, dans deux positions et par recouvrement, avec une ligne de mire éloignée. Vous arrivez à cette coïncidence par l'exhaussement ou l'abaisse-ment du fil. La coïncidence obtenue, le fil est dans l'axe du tuyau ;

2° Une seconde condition consiste en ce qu'il est nécessaire que l'axe de la lunette et la ligne de niveau soient bien parallèles : on équilibrera la bulle au centre de ses repères par le mouvement de la vis *v* ; on ôtera la lunette de ses collets, on la retournera bout pour bout, on observera si la bulle revient au milieu, ce qui doit avoir lieu pour qu'on puisse opérer. Si la condition n'est pas remplie, on ramènera la bulle, en partie par la vis *v* , en partie par la vis *v'* qui relie la lunette au niveau. Recommencez cette opération jusqu'à ce que la correction soit faite : c'est-à-dire que la balle reste permanente.

Cet instrument peut nous être fort utile pour déterminer sur le sol même les courbes des sections équidistantes, et surtout pour opérer de longs nivellements.

Correction de la sphéricité et de la réfraction. Quand les points extrêmes du nivellement sont peu éloignés, la différence de niveau s'obtient par la somme algébrique des coups avant et des coups arrière. Si les points sont loin, soit M O la direction du niveau en M : on élève une mire O jusqu'à la tangente M O (Fig. 129). Le niveau de M n'est point O , mais N. Appelons *x* la correction O N, R le rayon de la terre (voyez la Géodésie), K l'arc M N ou sa corde ; en observant que *x* est très-petit par rapport à R ,

$$x = \frac{K^2}{2 R} = n\,K^2, \text{log. } n = \overline{8}, 8960557.$$

Par l'effet de la réfraction atmosphérique, la mire n'est pas en réalité sur la tangente en O, elle est un peu au-dessous en I : de là une seconde correction. L'abaissement, la correction due à la réfraction, est O I ou $\varepsilon = 0$, 16 x, dans les cas ordinaires. La correction totale, par l'effet combiné de la courbure du globe et de la réfraction est $z = A\,K^2$, log. $A = \overline{8}$, 8193350; z et K sont mesurés en mètres. On a dressé des tables pour les distances variables K. Nous reviendrons plus loin sur ces deux corrections, dans la geodésie, où elles trouvent leur place : je les ai mentionnées ici, parce qu'elles peuvent devenir indispensables par l'emploi d'un niveau à bulle d'air muni d'une lunette à longue portée, pour des nivellements prolongés.

Art. III. — Calcul des pentes.

Je vais résumer ici une théorie généralisée des calculs de pentes, dont nous trouverons une importante application dans le tracé des routes.

Calcul général des pentes. On appelle *pente par mètre* la tangente de l'inclinaison de la pente, le rayon étant un.

Les portions de verticales comprises entre le terrain et le projet, dans les tracés de routes, s'appellent *cotes rouges :* on est dans l'usage d'écrire en rouge, de tracer au carmin, ce qui concerne le projet, et de laisser en noir les lignes du terrain.

Les points et les lignes où le projet coupe le terrain se nomment *points de passage* et *lignes de passage ;* on les marque en bleu quelquefois.

Il existe un instrument appelé niveau de pente (Fig. 131), qui fournit le moyen de trouver sur le terrain même les points qui satisfont à des pentes données. Il se compose d'un niveau à bulle d'air, à l'aide duquel on rend horizontale une règle qui porte perpendiculairement une seconde règle à son extrémité. Sur cette seconde règle devenue verticale marche un vernier : on règle la hauteur du zéro de manière que l'axe optique passant par l'ocu-

laire et par l'objectif fasse avec le côté horizontal et le côté vertical un triangle rectangle, dont le rapport des deux côtés de
l'angle droit soit précisément celui de la pente par mètre désignée.

Les cotes de niveau à un point quelconque, les cotes rouges,
les points de passage peuvent se déterminer, à la rigueur graphiquement, mais plus exactement par le calcul.

1re Question. Soit A K = 1 mètre, K I la pente par mètre :
pour avoir la pente absolue P M (Figure 132), il suffira de multiplier la pente par mètre par la distance A P ; et réciproquement,
connaissant la pente absolue y à une distance x, on divisera y
par x pour avoir la pente par unité,

$$y = x. \text{ tang. } \alpha$$

2e Question. On connaît une hauteur verticale comprise entre
une ligne du terrain et une ligne du projet, ou une cote rouge :
ainsi que la pente par mètre de chacune de ces deux lignes : déterminer ce que devient cette cote rouge à une distance désignée
de la première.

Soient P la pente absolue de la ligne A B du projet (Fig. 133)
pour une distance N N' = x, p sa pente par mètre, c la cote
rouge A C, T la pente absolue de C D, t sa pente par mètre. En
prenant le point C du terrain pour origine des distances, l'équation relative à C D sera $y = t x$; celle de la rampe A B sera
$y' = p x + c$, donc

$$BD = y' - y = (p - t) x + c$$
$$\text{ou } y' - y = P - T + c$$

on peut transformer ce résultat en règle et le traduire en langage
ordinaire.

Dans cette formule générale les pentes ascendantes sont parcourues de la cote rouge connue à la cote rouge cherchée : on
prendrait les pentes descendantes avec le signe moins. La cote
rouge, donnée positive, était au-dessus du terrain : dans le cas
contraire, on affecterait c du signe moins. Le signe de $(p-t) x + c$
indique celui de la cote inconnue.

3e Question. Si dans la formule générale vous faites $y' = y$,

vous tirerez, pour le point de passage O (Fig. 134) N K ou
$$x = \frac{c}{t-p};\text{ la relation } y = t\,x\text{ donnera }y = \frac{t.\,c}{t-p},$$
$$O\,K = b - \frac{t\;c}{t-p}.$$

La comparaison des triangles semblables A O C, O D B montre que N N' est partagée dans le rapport des cotes rouges : de sorte que si les cotes rouges extrêmes sont données, le point de passage se trouve aisément.

On peut dans chaque cas particulier ne pas avoir recours à la formule générale et résoudre directement toutes ces questions par le simple emploi de triangles semblables.

Un plan topographique bien fait, présentant le nivellement complet du sol, est éminemment utile pour tous les travaux d'art projets de routes et d'assainissement, préparation de vastes portions de terrains destinés à être plantés ou semés.

Nous n'entrerons pas ici dans l'étude spéciale du tracé des routes, non plus que dans l'application du nivellement à l'assainissement des forêts : la première de ces questions exige un développement trop considérable. Ces sujets trouveront leur place dans une autre section du Cours, et seront traités avec tous les détails que comporte leur importance.

CHAPITRE V.

STATISTIQUE.

Art. I⁰ʳ. — Documents généraux pour la rédaction des mémoires descriptifs ;
définitions.

Quand on veut donner l'analyse détaillée et complète de la
contrée levée, les signes conventionnels du dessin topographique sont insuffisants : il faut y joindre un mémoire descriptif.
Quelquefois le développement de ce rapport est tellement étendu
que la carte n'est plus que l'un des éléments de la question. Le
mot topographie est pris alors dans une acception généralisée :
en ce sens, faire la topographie du pays, c'est le décrire. La statistique proprement dite s'occupe particulièrement des habitants,
de la manière dont ils sont groupés et administrés, des ressources
que leur procurent leurs propriétés foncières, leur industrie, leur
commerce, etc.

La rédaction des mémoires descriptifs ou cahiers statistiques,
en prenant le mot statistique dans un sens étendu, dépend
des vues de l'administrateur qui les réclame, de l'économiste,
du savant qui se livrent à des recherches spéciales. Envisagées
sous ces aspects divers, certaines questions seront de préférence
mises en lumière, d'autres seront rejetées dans l'ombre. C'est ainsi
que :

Le *physicien géographe* non-seulement indiquera les latitudes et
les longitudes, la direction des cours d'eau, celle des chaînes
de montagnes, la position des villes ; mais il entrera encore dans
des questions utiles de météorologie ou physique de l'atmosphère,
dans la description géologique du terrain, dans celle des animaux
qui vivent à sa surface, en un mot dans les détails qui concernent
l'histoire naturelle du pays.

L'*agronome* traitera plusieurs des questions précédentes ; il insistera sur les différents genres de culture, sur les terres à céréales, les bois, les plantations, les arbres fruitiers, les vignes, les pâturages ; sur les races des animaux domestiques, sur les améliorations à introduire, etc.

L'*industriel* s'occupera des usines, forges, moulins, scieries, etc.; des mines, des matières premières minérales, végétales et animales, de ce qui concerne les arts et métiers.

Le *commerçant* aura des rapports avec l'industriel ; il suivra la filière par laquelle passent les matières premières ; il traitera de l'importation, de l'exportation, des communications.

Le *staticien* fera un recensement de la population : il indiquera le nombre actuel des habitants par sexe, enfance, virilité ; vieillards, invalides, conscrits ; combien il y a d'individus par myriare, etc.

L'*économiste* recueillera les documents où il puisera la solution des questions délicates de la science particulière nommée économie politique ou sociale.

Enfin le *militaire*, l'*archéologue*, l'*historien* rédigeront leurs mémoires suivant le but de leurs études. Leurs plans deviendront quelquefois un accessoire et prendront une physionomie toute spéciale.

L'ensemble de ces travaux forme la description du pays. C'est une source féconde d'où découlent des applications utiles. On voit que la matière est très-vaste : nous ne pouvons entrer dans le développement de ces diverses questions ; mais ce que nous avons dit et ce que nous dirons dans ce chapitre suffit pour faire bien comprendre l'esprit qui doit guider dans la rédaction des mémoires descriptifs.

Nous terminerons cet article par quelques définitions qu'il est nécessaire de connaître et qui, en trouvant ici leur place naturelle, complètent ce que nous avions à dire sur les mouvements verticaux du terrain : ces notions sont extraites du traité de M. *Puissant*.

Mont. Ce mot désigne généralement le point culminant, le noyau pyramidal d'une chaîne de montagnes ou un relèvement considérable isolé.

Pic, aiguille, dent. Un pic est une montagne de forme conique très-élevée. S'il tend à la forme prismatique, il prend le nom d'aiguille, de dent. On appelle généralement aiguille, aiguillon, les découpures aiguës des rochers qui couronnent l'arête.

Plateau. Section d'un mont ou d'un pic tronqué horizontalement, plaine dans les montagnes, des bords de laquelle s'échappent des cours d'eau et des gradins de montagnes.

Chaîne principale ou *primaire* d'un système de montagnes : c'est celle des points culminants d'où dérivent les grands cours d'eau qui vont se perdre dans le réservoir des mers.

Embranchement, chaîne secondaire, chaînon confondu souvent avec le contrefort quand il est étendu : c'est une série de hauteurs qui se détachent de la chaîne principale, tendent, à une distance plus ou moins grande, au parallélisme et donnent naissance aux grandes vallées longitudinales peu inclinées sur la chaîne.

Contrefort. Moins grand que le chaînon, sa direction approche plus d'être perpendiculaire à la chaîne, n'alimente pas un grand cours d'eau, s'abaisse dans une vallée longitudinale ou s'arrête brusquement.

Rameaux. Vallons affluents de la vallée principale, subdivisions assez considérables, latérales ou terminales des chaînons et des contre-forts.

Renflement. Contre-fort très-court.

Appendice. Renflement d'un chaînon, d'un contre-fort.

Collines. Subdivisions des rameaux, sources des ruisseaux.

Coteau. Appendice cultivé d'une colline.

Mamelons. Derniers reliefs arrondis, isolés sur la surface du glacis descendant par un plan incliné vers la plaine.

Arête. Faîte, intersection des deux versants d'une chaîne, ligne séparative des eaux de deux revers opposés.

Crête. Arête ou faîte du contre-fort.

Cime. Point culminant d'une hauteur de 1er ordre; *sommet,* point culminant d'une hauteur de 2e ordre.

Col. Point d'inflexion de l'arête, passage d'un versant à l'autre, d'une tête de vallée à celle de la vallée opposée, point de partage des eaux ; on y trouve souvent une source, un lac. On l'appelle port dans les Pyrénées et pertuis dans le Jura. Les rameaux forment aussi des cols sur les chaînons et les contre-forts.

Ressaut. Relèvement prononcé d'une crête, distinct des nœuds, monts, plateaux, pics.

Defilé. Passage encaissé entre deux escarpements.

Patte d'un rameau, d'un contre-fort, c'est le point de ramification à partir duquel ils s'abaissent en collines.

Éperon. Saillie abrupte d'un contre-fort, d'un rameau interrompu.

Promontoire. C'est le nom que prend l'éperon quand il s'agit des chaines, des chaînons.

Combe. Plaine élevée un peu concave, aride, sans cours d'eau.

Chaumes (Vosges). Têtes nues et gazonnées des montagnes.

Fondrière. Plaine moins étendue, séjournement d'eaux sauvages, sans issues faciles pour ces eaux.

Ravin. Rupture de la surface du sol sur le versant de la montagne, habituellement à sec.

Ravine. Déchirure ordinairement inondée, alimentant les torrents.

Gorge. Partie de vallée étroite, entre deux contre-forts.

Val. Nom que prend la gorge quand elle a une certaine étendue.

Vallée. Ce que devient le val quand il se prolonge et s'élargit. On nomme vallée principale le berceau d'un grand cours d'eau, d'un fleuve, d'une grande rivière : elle part de la chaine, suit entre deux contre-forts le plan général de la pente. La vallée est secondaire quand elle prend son origine sur les flancs d'un chaînon, d'un contre-fort ; son cours d'eau afflue dans celui de la vallée principale. La vallée est longitudinale quand elle a pour berges les flancs de la chaîne ou du chainon, dont elle reçoit les affluents ; elle est transversale quand elle a pour berges les flancs des contre-forts ou rameaux.

Vallons. Vallée de moindre étendue entre deux contre-forts, deux rameaux, berceau de ruisseau.

Berges. Ce sont les flancs de la vallée, elles prennent le nom de rives quand, escarpées, elles encaissent un fleuve ; bords pour les rivières.

Glacis. Plan légèrement incliné formé par le terrain d'alluvion de chaque côté d'un cours d'eau.

Thalweg (chemin de la vallée, en allemand) ; fil d'eau, intersec-

tion à double courbure que forment au fond de la vallée, du vallon, les surfaces des deux pentes latérales.

Pente générale. C'est celle que déterminent les versants d'un
nœud culminant de monts agglomérés vers un grand bassin, la mer.

Contre-pente. Elle résulte du croisement d'un chaînon et d'un
contre-fort : elle détourne les cours d'eau. Le Saint-Gothard détermine les pentes générales du Danube, du Tésin vers les mers,
ainsi que celles du Rhin, du Rhône. Les versants orientaux des
montagnes de l'Ardèche forment sur la pente prolongée du Saint-
Gothard, une ligne d'intersection, un nouveau lit au Rhône qui
change de direction : ces versants orientaux sont une contre-
pente.

Tendance à miner les berges escarpées. La contre-pente est ordinairement plus abrupte : on a observé que les cours d'eau tendent toujours à miner les obstacles qui s'opposent à leur direction primitive.

Art. II. — Spécialité forestière : rédaction de ses mémoires descriptifs, d'après
les imprimés de l'Administration.

La première chose à faire, quand on veut rédiger un mémoire
descriptif, est de former par ordre la série des énoncés des questions à examiner. On écrit successivement ces énoncés à la
marge, puis ou développe en regard et en termes concis les détails qui se rattachent à chacune des questions posées. Passer en
revue tous les documents susceptibles d'entrer dans les mémoires
descriptifs des forêts, en former un tableau synoptique n'est pas
un travail difficile, mais il sortirait du cadre que nous nous sommes prescrit. Je me bornerai à exposer un court extrait du modèle
de mémoire statistique indiqué dans le recueil donné par l'Administration sous le titre général d'*Instruction sur les aménagements.*
Voici cet extrait.

Situation. On mentionnera le département, l'arrondissement,
l'inspection, les communes sur le territoire desquels s'étend la
forêt.

Orientement. Quels sont, par nature de culture, les tenants de
ces bois, en procédant du nord à l'est ?

Exposition. Quelles sont les parties en plaines, en coteaux ?

Étendue. L'exprimer en hectares et parties décimales.

Origine. Les bois appartenaient-ils à l'ancien Domaine, aux couvents ? Quels sont les titres de la jouissance ou de la propriété actuelle ?

Nature du sol. Est-il profond, bon, médiocre; distinguer ses nuances ? Quelle est la valeur vénale de l'hectare de chaque classe, abstraction de la superficie et en se basant sur le prix de la commune ?

Essences. Quelles sont les essences dominantes, quelles sont celles qu'il serait avantageux d'introduire ?

Futaie. Est-elle groupée en massifs ou disséminée ; quelles ressources offre-t-elle pour les divers emplois, pour la marine ?

Taillis. Sa consistance, son âge, réserves qu'on pourra y établir ?

Minéraux et carrières. Si l'exploitation en a lieu, indiquer ce qu'elle rapporte. Quand elle n'a pas lieu, examiner s'il y aurait avantage à l'entreprendre ?

Chasse. Y a-t-il des bêtes fauves qui commettent des dégâts ? améliorations à introduire.

Routes et chemins. Indiquer leurs dimensions, leur superficie, leur état d'entretien : communications qu'il serait bon d'ouvrir ou de supprimer.

Fossés. État des fossés qui existent : quels sont ceux qu'il serait utile de creuser, soit pour l'écoulement des eaux, soit pour la défense de la forêt ?

Bornes. Leur état, leur emplacement, les rectifications à faire.

Cours d'eau. Indiquer les rivières, canaux, ruisseaux navigables ou flottables, les travaux à exécuter pour ouvrir ou améliorer ces débouchés.

Maisons. Y a-t-il des maisons, des usines dangereuses ou avantageuses, dans l'intérieur ou à l'extérieur des bois.

Enclaves. Leur étendue, leurs limites, leurs propriétaires, le parti qu'on pourrait en tirer.

Pâturages. Quels sont les pâturages nuisibles, les titres de ces usages, ceux qui seraient rachetables ?

Droits d'usage. S'il existe d'autres droits d'usage, sont-ils susc ptibles de réduction ou de rachat par voie de cantonnement, d'échange ou de toute autre manière ?

Etablissement et lieux de consommation. Indiquer dans quelle proportion et sous quelle forme le produit annuel est consommé par les usines du pays ; quelles sont les communications ; donner les distances.

Produit de dix années et taux moyen de la coupe. Combien a-t-on coupé d'hectares en dix ans ? étendue et produit par hectare de la coupe pour chacune de ces dix années : déduire le taux moyen d'une année.

Débit et marchandises. Sous quelles formes et dans quelles proportions les bois sont-ils débités ? chauffage, bois de service, merrains, lattes, boissellerie, saboterie, etc., etc.

Prix courant des marchandises. Prix courant dans le canton et tous les renseignements qui s'y rapportent.

Améliorations diverses. Traiter séparément chacune des améliorations qu'on pense pouvoir introduire, en développer les motifs et ajouter la valeur approximative de la dépense.

Prix des travaux dans le canton. Ouverture, curage des fossés, mètre carré d'un mur d'épaisseur donnée, défrichement des places vagues, plantation par hectare, prix du mètre courant des routes, etc.

L'Administration engage, pour plus de facilité dans la compulsion des documents, à suivre l'ordre précédent des questions : quand il n'y a pas de réponse à faire pour quelqu'une d'elles, on écrit à côté le mot *néant*.

Ce que je vais ajouter dans l'article suivant complétera ce que nous avions à dire sur ce qui concerne la description des forêts.

Art. III. — Projet d'une statistique générale des forêts de la France.

Ce travail, ébauché depuis longtemps, est loin d'être aussi coordonné, aussi complet que le réclame l'état actuel de l'art forestier. Les plans du cadastre, la nouvelle carte de France du dépôt de la guerre, les cartes géologiques de ses départements se poursuivent sur ses différents points. Les Administrations s'entourent de documents précieux : c'est ainsi que celle des mines a construit une carte où, par la dégradation des teintes on suit la dispersion des ressources de nos houillères. Des conventions analogues pourraient représenter le développement et l'écoulement des produits forestiers, du cœur aux extrémités des divers bassins de consommation.

Il existe à l'Administration centrale des forêts un Bureau de statistique chargé de composer le tableau de nos richesses forestières. Voici un extrait du spécimen déposé à la bibliothèque de l'Ecole. Suivant ce projet, seraient indiqués sur les cartes forestières :

1° *Les massifs boisés, par catégories de propriétaires*, ainsi qu'il suit :

Teinte plate, vert : bois appartenant au domaine de l'Etat.

Bleu indigo, bois appartenant à la Liste civile.

Violet : bois appartenant au domaine privé du chef de l'Etat.

Jaune : bois appartenant aux communes ou aux établissements publics.

Rose : bois appartenant aux particuliers.

2° *L'état du peuplement.*

Liséré plein, vert foncé : bois en futaie.

Petit liséré en encre rouge : bois en taillis sous futaie.

Les taillis simples et broussailles seront désignés par les teintes plates indiquées ci-dessus sans lisérés.

3° *La nature du peuplement.*

Bandes pleines verticales sur la teinte plate (Fig. 155) de même couleur que cette teinte : bois résineux.

Bandes interrompues horizontales sur la teinte plate (Fig. 155) de même couleur que cette teinte : Bois résineux et feuillus. L'essence résineuse ou feuillue composant le peuplement dans la proportion de $\frac{1}{10}$ au moins.

4° *Les maisons forestières* : un petit carré dont la couleur sera celle qui est adoptée pour chaque catégorie de propriétaires, ainsi qu'on l'a indiqué.

5° *Scieries :* petit astérisque de la couleur relative au propriétaire, comme pour les maisons.

6° *Usines à combustible végétal.*

LIVRE IV.

222   LIVRE IV.

Verreries : un petit cercle en vermillon, non rempli.

Usines métallurgiques. Forges, hauts fourneaux, usines à plomb, à argent, à cuivre, à antimoine, à manganèse et autres métaux : cercle précédent renfermant un cercle plein, plus petit, de même couleur.

Usines minérallurgiques et autres. Fabriques de porcelaine, faïence, tuiles, briques, chaux, plâtre, poteries, produits chimiques : petit cercle plein, vermillon.

7° *Cours d'eau servant au transport des bois* : bleu cobalt.

Cours d'eau servant à la navigation et au flottage naturels. Navigables : liséré plein (Fig. 156). Flottables en trains : liséré interrompu par trois points. Flottables à bûches perdues : liséré en pointillé allongé.

Cours d'eau servant à la navigation et au flottage artificiels. Canaux : liséré plein bordé de deux lignes ; canaux en construction : liséré en pointillé bordé de deux lignes.

8° *Routes et chemins servant au transport des bois* : vermillon.

Routes impériales et départementales : liséré plein.

Chemins de grande communication : liséré interrompu par trois points.

Chemins principaux servant à la desserte des bois : liséré en pointillé allongé.

Routes forestières : liséré plein, couleur jaune d'or.

9° *Hauteurs au-dessus du niveau de la mer* : un point noir, près duquel on écrira la cote de niveau.

Une carte construite d'après les indications du spécimen précédent, et sur laquelle on indiquerait les limites des Conservations et des Inspections, ferait connaître les éléments de la statistique forestière sous le rapport de la nature des propriétaires et des richesses que le sol boisé de la France fournit à son trésor.

La statistique des forêts, envisagée sous un point de vue tout à fait général, présente deux aspects principaux : le premier est économique, c'est celui que nous venons de considérer ; le second, qu'on pourrait appeler cultural, relaterait tous les renseignements qui intéressent l'élévation, la régénération, la conservation en un mot, des forêts. Les plans dressés dans ce but, indiqueraient surtout le relief des pentes, leur élévation au-dessus du niveau de la mer et des plaines adjacentes, la nature du sol, l'essence, etc. Le mémoire descriptif signalerait la direction habituelle des vents pendant les diverses saisons ; la quantité de neige plus ou moins persistante, de pluie, de grêle, moyennement tombées ; la fréquence des orages, les variations extrêmes de température ; les influences réciproques entre les forêts, les sources et les météores ; les éléments d'une flore forestière, etc., etc.

Serait-il sans intérêt de réunir sous forme de tableau toutes les influences générales qui agissent sur la végétation ? Dans les diverses forêts, ainsi définies sous les trois rapports généraux du climat, du sol et du traitement, il ne serait pas superflu, par des cubages de 10 en 10 ans seulement, d'obtenir la marche de la végétation pour chaque essence : on formerait des tables qui procureraient de nouveaux éléments de probabilité, propres à éclairer la solution de certaines recherches d'économie forestière.

De cette façon d'étudier les forêts, il résulterait encore un avantage : les élèves de l'Ecole forestière, disséminés sur les différents points de la France, sont à même de faire de bonnes observations météorologiques, nombreuses et simultanées. Il leur serait facile de recueillir plusieurs des documents que réclame la météorologie, science encore peu avancée. De l'examen de ces documents ressortiraient des lois importantes de la nature, que le rapprochement des faits peut seul dévoiler. Ce serait un service que rendraient à la science des élèves convenablement préparés.

PROBLÈMES.

I. Un terrain accidenté étant défini par un système de sections équidistantes, construire sur la minute, en partant d'un point déterminé, la projection d'un chemin ou d'un fossé d'assainissement, qui aurait une pente donnée.

II. Trouver l'ordonnée verticale d'un point d'une zone comprise entre deux sections horizontales : l'équidistance est connue. ainsi que la projection orthogonale du point. Construire la coupe ou profil du relief suivant une surface cylindrique quelconque, perpendiculaire au plan de niveau, et dont la trace horizontale est donnée. Appliquer ce problème à la détermination de la ligne d'intersection de deux mamelons. .

III. Déduire de la mesure des angles horizontaux et verticaux d'un levé les points principaux de sa perspective sur un plan donné. Comment pourrait-on construire la perspective d'un paysage, en vue même des objets à représenter, au moyen d'une planchette et d'une alidade plongeante, munie d'un arc de cercle donnant les angles d'inclinaison?

IV. Une pente de longueur a est inclinée de θ sur l'horizon. La valeur de la projection, $x = a \cos. \theta$, n'est pas assez précise quand l'angle θ est d'un petit nombre de degrés : démontrer que, dans le cas où l'angle est de trois à quatre degrés au plus, la correction à faire subir à la longueur a peut être calculée par la formule $z = \dfrac{1}{2} a \theta^2 \sin^2. 1'$, θ étant le nombre des minutes de l'angle, on a

$$\text{Log.} \ \frac{1}{2} \ \sin.^2 1' = \overline{8,} \ 6264222.$$

V. Comment au moyen d'une lunette de Rochon, ou d'un micromètre quelconque combiné avec un arc de cercle gradué donnant les angles d'inclinaison, et à l'aide d'une mire, pourrait-on faire des nivellements en forêts, mesurer de longues bases par des stations convenablement disposées, et dans certains cas déterminer le canevas fondamental du plan, avec une approximation suffisante, sans chaîner ni prendre d'angles horizontaux ?

VI. On se trouve en un point A du versant d'une chaîne de montagnes : on doit y placer un signal que l'on visera d'une station B prise dans la plaine. On demande si l'on peut, sans aller en B, et par une simple observation faite en A, s'assurer que le signal se projettera sur le ciel ; on préfère projeter des signaux noirs sur le ciel, de blancs sur les forêts.

VII. Rapprocher la méthode générale du relief et la théorie particulière dite des plans cotés.

LIVRE V.

GÉODÉSIE

ART D'EFFECTUER LES TRIANGULATIONS QUAND LA SPHÉRICITÉ
DU GLOBE EST SENSIBLE.

LIVRE V.

GÉODÉSIE PROPREMENT DITE OU GRANDS LEVÉS.

RATTACHEMENT A LA CARTE DE FRANCE.

CHAPITRE Ier.

DES TRIANGLES GÉODÉSIQUES.

Art. 1er. — Projection des triangles sphériques sur la surface terrestre ; de la
base réduite au niveau de l'Océan. Corrections angulaires.

L'intérêt que présentent les grandes triangulations qui ont
servi au canevas fondamental de la carte de France et ont concouru à la détermination du méridien terrestre, les rattachements
à cette carte, m'ont porté à insérer dans ce Traité une notice sur
des travaux d'un ordre supérieur qui ont une connexion avec
ceux de la simple topographie. Je ne me suis proposé, au reste,
qu'un exposé succinct, un complément restreint, mais indispensable : on ne peut comprendre entièrement l'esprit d'une science
qu'en s'élevant à la généralité, pour redescendre au cas particulier. D'ailleurs, avons-nous dit, nous aurons besoin d'expliquer
une réciproque à l'aide de laquelle nous pourrons relier nos travaux à ceux de l'État-major. Enfin, si l'on avait à faire de grandes
cartes, où se trouveraient réunies de très-vastes étendues de forêts,
par exemple, à faire la carte des forêts de l'Est, il faudrait connaître le mode de projection à adopter.

La différence entre la topographie et la géodésie consiste
en ce que dans la première le topographe opère sur le plan

tangent à la surface de la terre, et que dans la seconde le géomètre doit tenir compte de la sphéricité du globe. L'ensemble des doctrines de la géodésie forme une science à part qui exige des formules plus élevées, des instruments et un maniement de ces instruments plus précis. On y apprend à déterminer la position géographique des différents points du globe, à fixer la mesure des grands arcs terrestres, tels que celui qui a servi de base au système métrique, les discussions des différences de niveau entre les mers, enfin tout ce qui a rapport à la question de la figure exacte de la terre ou à la Géomorphie. Vous savez que les montagnes les plus hautes offrent seulement une élévation verticale de deux lieues environ; en sorte que les aspérités de la surface, par rapport à la forme générale, sont négligeables. On admet que la terre, primitivement fluide, s'est aplatie aux extrémités de son axe de rotation par l'effet de la force centrifuge : il résulte de ces considérations que le sphéroïde terrestre peut, sans erreurs sensibles, être confondu avec un ellipsoïde de révolution dont les axes sont connus. La géodosie proprement dite se lie à la navigation. Elle est une transition à l'astronomie qui lui prête ses secours ; et réciproquement, il importe à l'astronome de connaître les dimensions de la planète où il est retenu, station mobile, de laquelle ses regards se dirigent vers les astres.

Triangles projetés. Le canevas géodésique se compose de triangles de 1er ordre, de 10 à 30 lieues de côté, selon les difficultés et la portée des lunettes. Sur ce canevas s'appuient ensuite des triangulations de 2e et 3e ordre.

Forme et dimensions des triangles. L'erreur absolue ou constante, dans la mesure d'un angle, est celle qui dépend de l'instrument et de l'habileté de l'opérateur; l'erreur relative est le rapport entre l'erreur absolue et la grandeur de l'angle cherché. Or, il est démontré que, quand un triangle est équilatéral, les erreurs relatives de ces différents éléments deviennent *simultanément minima* : il convient donc d'avoir au moins deux angles égaux. Le cercle répétiteur donnera chacun d'eux à une seconde près.

Par le calcul des probabilités, Laplace a démontré que sur

l'étendue d'un pays, il ne faut former que le plus petit nombre
possible de triangles du 1er ordre : les difficultés locales et la
portée des lunettes limitent leurs dimensions.

Signaux. Pour composer la chaîne des triangles, il vaut mieux
établir, sur les lieux élevés, des signaux d'une forme particulière,
que de se servir des clochers, de tours, souvent mal disposés.
Ces signaux sont des pyramides quadrangulaires en charpente,
revêtues jusqu'à deux mètres environ du sol et terminées par une
boule de quelques décimètres de diamètre. Cette disposition évite
en outre les réductions au centre de la station et du signal. Pour
les côtés très-longs, on a proposé des signaux de nuit, de fortes
lampes à courant d'air et à reverbère, mais on y a renoncé à
cause de l'effet des réfractions.

De la base. Les bases devraient avoir la longueur des côtés.
Cependant on pourra choisir, dans le lieu le plus commode, une
base de médiocre grandeur, de deux à trois lieues. On appuiera
sur cette ligne un triangle isocèle dont les côtés seront un peu
plus grands ; puis sur ces côtés un triangle plus vaste ; ainsi de
suite, en agrandissant les triangles jusqu'à ce qu'on arrive aux
plus grandes dimensions à donner au réseau, évitant toujours les
triangles désavantageux. Dans les triangulations importantes, les
deux extrémités de la base sont marquées sur des tiges métalliques incrustées dans des massifs de pierre conservés avec soin,
ou bien la base part d'un Observatoire.

Sa mesure. Il est nécessaire de mesurer la base avec beaucoup
d'exactitude. Cette opération consiste en des portées successives
dans les plans horizontaux consécutifs perpendiculaires aux fils-
à-plomb le long de l'un des arcs du triangle sphérique A B C (Fig.
157) ; en sorte que la somme de ces portées représente en mètres
le développement même de cet arc de grand cercle. Pour la mesure des bases on s'est servi de règles métalliques en fer, en
cuivre, en platine, placées sur des madriers disposés horizontalement, ou de règles en sapin après avoir été immergées dans
de l'huile chaude et ensuite vernies, ou enfin de chaînes d'acier

analogues à celles qui transmettent le mouvement dans les mon-
tres. On a soin d'étalonner les règles, de faire la correction de
température indiquée par des thermomètres métalliques ; de
ne pas mettre la seconde règle en contact immédiat avec la première, parce qu'il y aurait choc et déplacement : l'intervalle se
mesure au moyen de petites réglettes divisées, munies d'un vernier. On s'astreint à poser les règles dans un même plan vertical
et on satisfait à leur horizontalité à l'aide de vis de rappel adaptées
aux supports. Si la portée n'est pas horizontale, on multiplie
la longueur par le cosinus de l'inclinaison. Ce qui précède fait
voir toutes les précautions qu'il faut apporter dans la mesure de
la base : la précision de cette mesure doit répondre à celle de
l'instrument angulaire.

Réduction de la base au niveau de la mer. L'ensemble des triangles forme un réseau sphérique appliqué sur une surface concentrique au globe à laquelle appartient l'arc de grand cercle pris
pour base. Le calcul des triangles donne leurs côtés en mètres,
et de proche en proche, rapportés à cette même surface concentrique de niveau. Or il existe une infinité de ces surfaces de niveau concentriques au sphéroïde : à laquelle doit-on rapporter le
réseau ? c'est à celle des mers supposée prolongée sous les continents. Il est donc nécessaire d'y projeter *la base de départ*, de
façon que le calcul des triangles déterminera les arcs de grands
cercles réduits à cette surface. Soit B le développement de la
base, mesuré sur la surface de niveau, *h l'altitude* ou élévation de
ce niveau au dessus de celui de la mer, R le rayon du globe correspondant à ce dernier niveau, *b* la projection de la base, O le
centre de la terre (Fig. 138), on aura

$$\frac{b}{B} = \frac{R}{R+h},$$

$$b = \frac{BR}{R+h} = B\left(\frac{1}{1 + \dfrac{h}{R}}\right).$$

$$b = B\left(1 - \frac{h}{R} + \frac{h^2}{R^2} - \frac{h^3}{R^3} + \ldots\ldots\right)$$

On négligera les puissances supérieures de $\frac{h}{R}$.

$$b = B - \frac{B.h}{R}$$

La projection b remplace B dans le calcul des côtés. Cette correction est suffisante, à cause de la petitesse du rapport $\frac{h}{R}$. Nous verrons plus loin comment on détermine h.

Mesure des angles et corrections angulaires. Les angles du canevas géodésique s'apprécient avec un théodolite ou avec un cercle répétiteur de 0^m, 50 à 0^m, 55 de diamètre. Le cercle répétiteur donne les angles dans le plan des objets et mesure aussi les distances au zénith. Les angles réduits à l'horizon, tels que les fournit le premier instrument, sont ceux des plans verticaux des arcs de grands cercles : ce sont les angles des tangentes à ces arcs au point de station. Ces angles restent constants quand on passe d'une surface concentrique de niveau à une autre. Lorsqu'il s'agit de mesurer les angles d'une grande triangulation, le géographe procède par plusieurs séries d'observations, dans chacune desquelles il prend dix, vingt fois l'angle, en notant les jours et les heures.

Quant aux corrections angulaires qui se présentent suivant les circonstances et les instruments, voici leur nomenclature :

1° Correction relative à l'excentricité de la lunette inférieure, pour certains théodolites.

2° Réduction au centre du signal.

5° Réduction au centre de la station.

4° Réduction à l'horizon.

5° Correction de l'excès sphérique.

De ces cinq corrections, les quatre premières ont été exposées dans le Livre deuxième ; on va voir, dans les articles suivants en quoi consiste la dernière.

Il est évident qu'il faut chercher à atténuer autant que possible l'influence des erreurs angulaires qui donnent lieu à ces corrections et s'affranchir de celles qui sont susceptibles d'être évitées.

Quant à la nature et au degré relatif d'importance des erreurs des instruments angulaires et des modes d'observation, comme il ne s'agit ici que d'un livre élémentaire, je me suis borné, dans le 2ᵉ livre, aux indications nécessaires et jugées suffisantes : je ne parlerai point de l'application du calcul des probabilités à la théorie de ces erreurs, ni des méthodes que l'on emploie pour les réduire le plus possible dans les opérations qui visent à une très-grande précision.

On distingue les erreurs systématiques ou constantes et les erreurs accidentelles. Telles sont, pour les premières, l'excentricité, l'entraînement du limbe. On procédera avec soin aux corrections du théodolite ;

1° Amener la croisée des fils au foyer de l'oculaire, établir la coïncidence des fils avec l'image ; 2° rendre l'axe optique de la lunette supérieure perpendiculaire à l'axe des tourillons ; 3° régler les niveaux ; 4° disposer les coussinets parallèlement au limbe ; 5° rendre l'axe de l'instrument vertical, le cercle horizontal ; 6° rendre vertical l'un des fils du réticule. Les erreurs systématiques se produisant à chacune des observations, sont celles qu'il faut surtout éviter et nous avons vu qu'on avait des moyens d'y parvenir. Les erreurs fortuites s'introduisent avec les signes plus ou moins ; c'est en prenant la moyenne de nombreuses observations qu'on parvient à les atténuer ; telles sont les erreurs de division, de lecture, de pointé.

Si nous représentons par $+ d$ l'erreur de division, par $+ l$ l'erreur de lecture, par $+ p$ celle de pointé, on démontre que l'erreur finale est, après n répétitions,

$$\pm \frac{d}{n} \pm \frac{l}{n} \pm \frac{p}{\sqrt{n}}$$

Dans la méthode de répétition, les angles sont supposés s'ajouter sans discontinuité sur le limbe, à la suite les uns des autres. Dans la méthode de réitération, on fait des mesures indépendantes les unes des autres en prenant pour origine successivement des divisions régulièrement réparties sur le limbe : dans ce dernier cas, il faut couvrir du radical d'indice 2 les dénominateurs des deux premières fractions de la formule précédente.

On est parvenu à une grande perfection dans la division des cercles, de sorte que c'est surtout la puissance optique qu'on doit chercher à augmenter. L'erreur définitive dépend principalement de l'incertitude du pointé.

Art. II. — Principe fondamental de la trigonométrie sphérique ; théorème de l'excès sphérique.

La trigonométrie sphérique peut se résumer en deux formules et même en un seul principe fondamental, car l'équation (1) suivante renferme implicitement l'équation (2), qu'on peut en déduire par un artifice de calcul. Reste ensuite à faire subir à ces formules des transformations qui les rendent propres au calcul par logarithmes, transformations que l'on trouvera dans les trigonométries.

1re formule. Concevons la pyramide sphérique, correspondante au triangle A B C de la Fig. 137, développée sur le plan de sa face A O B (Fig. 139).

Prenons O C pour le rayon des tables et O C' $=$ O C ; menons C' P et C P perpendiculairement à O A et à O B ; construisons P K' C'$_1$ égal à l'angle A opposé au côté a, et P K C, égal à B opposé à la face b ; K' C' $=$ K' C'$_1$, K C $=$ K C$_1$, P C'$_1$ $=$ P C$_1$.

On a évidemment

P C'$_1$ $=$ sin. A $\times$ K' C'$_1$, donc P C'$_1$ $=$ sin. A sin. b.

D'un autre côté, P C$_1$ $=$ sin. B sin. a.

D'où l'on tire sin. A sin. b $=$ sin. B sin. a, et par conséquent,

$$\frac{\sin. a}{\sin. A} = \frac{\sin. b}{\sin. B} = \frac{\sin. c}{\sin. C} \tag{1}$$

2e formule. Menons P E et K' D parallèle et perpendiculaire à O K. Alors O K $=$ Cos. a $=$ O D $+$ P E. Or O D $=$ O K' cos. c $=$ cos. b cos. c,

P E $=$ sin. c $\times$ P K' $=$ sin. c cos. A $\times$ K' C'$_1$,

$=$ sin. c sin. b cos. A,

d'où cos. a $=$ cos. b cos. c $+$ sin. b sin. c cos. A ,

$$\cos. A = \frac{\cos. a - \cos. b \cos. c.}{\sin. b \sin. c} \tag{2}$$

Pyramide supplémentaire. Si d'un point O' pris dans l'intérieur de l'angle trièdre O, on conçoit menés, par des perpendiculaires abaissées sur chaque face, trois plans coupant à angle droit les arêtes du trièdre O ; si, disons-nous, on coupe le trièdre par trois plans respectivement perpendiculaires aux arêtes, nous formerons, en imaginant deux sphères de même rayon et de centres O, O', deux triangles sphériques A B C, A' B' C' polaires ou supplémentaires l'un de l'autre : on démontre aisément que les angles plans et les inclinaisons de la seconde pyramide sont les suppléments des angles dièdres et des faces de la proposée.

A l'aide des deux principes précédents et en ayant recours à la pyramide supplémentaire, on résout tous les cas des triangles sphériques, en faisant usage toutefois des modifications dont nous avons parlé plus haut.

Théorème de Legendre sur l'excès sphérique. Il existe un théorème de Legendre qui permet de substituer aux triangles sphériques de la Géodésie des triangles rectilignes, et dont l'application accélère et rend les calculs plus exacts.

Démontrons ce théorème. On se rappellera que la somme des trois angles d'un triangle sphérique est toujours comprise entre deux et six droits.

Soit un triangle sphérique A B C ; *a b c* les arcs ou côtés exprimés en partie du rayon R. Désignons en outre par α, β, γ les développements en mètres de ces arcs : les rapports *a, b, c* deviendront :

$$\frac{\alpha}{R}, \frac{\beta}{R}, \frac{\gamma}{R}.$$

Par la formule fondamentale (2) on aura

$$\cos. A = \frac{\cos. \frac{\alpha}{R} - \cos. \frac{\beta}{R} \cos. \frac{\gamma}{R}}{\sin. \frac{\beta}{R} \sin. \frac{\gamma}{R}}.$$

Or, les séries circulaires donnent, en négligeant les puissances au-dessus de la 4ᵉ,

$$\cos. \frac{\alpha}{R} = 1 - \frac{\alpha^2}{2\,R^2} + \frac{\alpha^4}{2.\,3.\,4.\,R^4}$$

$$\cos. \frac{\beta}{R} = 1 - \frac{\beta^2}{2\,R^2} + \frac{\beta^4}{2.\,3.\,4.\,R^4}$$

$$\cos. \frac{\gamma}{R} = 1 - \frac{\gamma^2}{2\,R^2} + \frac{\gamma^4}{2.\,3.\,4.\,R^4}$$

$$\sin. \frac{\beta}{R} = \frac{\beta}{R} - \frac{\beta^3}{2.\,3.\,R^3}$$

et

$$\sin. \frac{\gamma}{R} = \frac{\gamma}{R} - \frac{\gamma^3}{2.\,3.\,R^3},$$

Si l'on substitue ces valeurs, si on effectue les produits en négligeant les termes qui renferment R à des puissances supérieures à la 4ᵉ,

$$\cos. A = \frac{\dfrac{\beta^2 + \gamma^2 - \alpha^2}{2} + \dfrac{\alpha^4 + \beta^4 - \gamma^4}{2.\,3.\,4.\,R^2} - \dfrac{\beta^2\,\gamma^2}{4.\,R^2}}{\beta\,\gamma\left(1 - \dfrac{\beta^2 + \gamma^2}{2.\,3.\,R^2}\right)}$$

remarquons que

$$\frac{1}{1 - \dfrac{\beta^2 + \gamma^2}{2.\,3.\,R^2}} = 1 + \frac{\beta^2 + \gamma^2}{2.\,3.\,R^2} - \frac{(\beta^2 + \gamma^2)^2}{4.\,9.\,R^4} + \ldots\ldots$$

Substituons ce quotient et continuons à négliger les termes divisés par R⁴,

$$\cos. A = \frac{\beta^2 + \gamma^2 - \alpha^2}{2\,\beta\,\gamma}$$

$$+ \frac{\alpha^4 + \beta^4 + \gamma^4 - 2\,\alpha^2\,\beta^2 - 2\,\alpha^2\,\gamma^2 - 2\,\beta^2\,\gamma^2}{2.\,3.\,4.\,\beta\,\gamma.\,R^2}.$$

Pour l'hypothèse R = ∞, la surface sphérique devient plane, le triangle sphérique se transforme en un triangle rectiligne dont les côtés sont égaux aux développements α, β, γ des arcs. Soit A' l'angle de ce triangle rectiligne opposé à α, on aura

$$\cos. A' = \frac{\beta^2 + \gamma^2 - \alpha^2}{2\,\beta\,\gamma}$$

et sin.^{2} A' $= \dfrac{2\,\alpha^2\,\beta^2 + 2\,\alpha^2\,\gamma^2 + 2\,\beta^2\,\gamma^2 - \alpha^4 - \beta^4 - \gamma^4}{4\,\beta^2\,\gamma^2}$,

par conséquent

$$\frac{2\,\alpha^2\,\beta^2 + 2\,\alpha^2\,\gamma^2 + 2\,\beta^2\,\gamma^2 - \alpha^4 - \beta^4 - \gamma^4}{2.3.4.\beta^2\,\gamma^2\,R^4} = \frac{\beta\,\gamma\,\sin.^2\,A'}{2.3.R^2} ,$$

d'où cos. A $=$ cos. A' $- \dfrac{\beta\,\gamma\,\sin.\,2\,A'}{2.3\,R_2}$

Remarquons que $\dfrac{\beta\,\gamma\,\sin.\,A'}{2}$ est la surface du triangle rectiligne, on pourra écrire

$$\text{cos. A} = \text{cos. A'} - \sin. A' \cdot \frac{S}{3\,R^2}$$

La surface S est très-petite par rapport à R^2 : donc sensiblement

$$\sin. \frac{S}{3\,R^2} = \frac{S}{3\,R^2} \quad \text{et cos.} \quad \frac{S}{3\,R^2} = 1.$$

Le nombre de secondes contenues dans l'arc, dont le sinus

est $\dfrac{S}{3\,R^2}$, étant représenté par $\dfrac{e}{3}$, nous aurons

$$\frac{S}{3\,R^2} = \sin. \frac{e}{3} \quad \text{et} \quad 1 = \text{cos.} \frac{e}{3} \quad . \text{ Donc}$$

$$\text{cos. A} = \text{cos. A'} \text{ cos.} \frac{e}{3} - \sin. A' \sin. \frac{e}{3}$$

$$= \text{cos.} \left(A' + \frac{e}{3} \right) \text{ et A'} = A - \frac{e}{3}.$$

De même $B' = B - \dfrac{e}{3}$, $C' = C - \dfrac{e}{3}$

Ajoutons membre à membre, il vient

$$e = A + B + C - 180°$$

e est l'excès de la somme des trois angles du triangle sphérique sur deux droits.

Art. III. — Calcul du réseau géodésique.

Lorsqu'on procède au calcul des côtés d'un triangle sphérique au moyen de ses angles, on obtient ces côtés par leurs lignes trigonométriques. Les tables indiquent les logarithmes de ces lignes de 10″ en 10″ : on peut, dans l'évaluation des arcs, par le mode d'interpolation, se tromper au moins de 1″, erreur qui dans les arcs terrestres répond à un développement de 31 mètres à peu près.

Or les triangles géodésiques n'offrent jamais que des côtés très-petits par rapport au rayon de la terre. Le théorème de Legendre trouve alors son application, et il ramène la solution des triangles sphériques à celle de triangles rectilignes dont les côtés sont les arcs développés que l'on cherche et dont ainsi on a immédiatement les longueurs en mètres.

L'excès sphérique, toujours fort petit, obtenu en retranchant 180° de la somme des angles, provient de la sphéricité du globe et renferme en outre les erreurs d'observation. En sorte qu'en ôtant le $\frac{1}{3}$ de cet excès de chaque angle, on répartit en même temps ces erreurs d'observation.

Il est facile d'isoler l'influence de la sphéricité, en calculant directement l'excès sphérique dont nous connaissons le sinus, qui est $\frac{S}{R^2}$. Il vient, en transformant en secondes,

$$e = \frac{S}{R^2} \cdot \frac{1''}{\sin. 1''} \cdot$$

Or $S = \frac{1}{2} b c \sin. A = \frac{\frac{1}{2} a^2 \sin. B \sin. C}{\sin. (B + C)} \cdot$

L'aire S se détermine par ces formules, à l'aide de côtés approximatifs et d'angles non corrigés : R est le rayon moyen de la terre qui est égal à 6366198 mètres, et dont il suffit d'avoir une première approximation.

La marche du calcul se conçoit sans difficulté. On retranche le $\frac{1}{3}$ de l'excès de chacun des angles du triangle sphérique, quand les trois angles sont mesurés. Les angles ainsi réduits s'appellent angles moyens. Puis on calcule par les formules ordinaires les côtés des triangles rectilignes substitués : ces côtés sont les développements mêmes, en mètres, des arcs des grands cercles constituant le réseau, rapportés à la surface des mers.

Supposons uue chaîne de triangles aboutissant à deux bases : on calcule, dit Puissant, chaque moitié à l'aide de sa base, et le côté de jonction sera la demi-somme des deux résultats. Si on ne veut pas laisser accumuler l'erreur sur un seul côté, on modifiera légèrement tous les angles. Nous avons traité cette méthode de répartition, qui ne laisse subsister que des inégalités inférieures aux erreurs probables d'observation. Laplace, comme l'indique le même auteur, a donné une méthode analytique rigoureuse qui tend à une marche certaine de répartition.

Ces chaînes de triangles se présentent, par exemple, quand on veut mesurer une portion d'arc du méridien.

CHAPITRE II.

LATITUDE ET LONGITUDE DES SIGNAUX ; PLACEMENT DES SOMMETS DU RÉSEAU SUR LES GLOBES ARTIFICIELS.

COMBINAISON NÉCESSAIRE DES OBSERVATIONS ASTRONOMIQUES AVEC LES MESURES GÉODÉSIQUES.

Pour disposer les sommets géodésiques sur un globe artificiel, il faut les rapporter à l'équateur et à un méridien convenu, c'est-à-dire, connaître leurs latitudes et leurs longitudes.

La recherche de ces sortes de coordonnées sphériques se réduit à savoir quelles sont la latitude et la longitude de l'un seulement des sommets, et quel est l'azimuth du côté aboutissant : ces trois éléments arrêtés, on calcule de proche en proche, comme nous le verrons plus loin, la latitude, la longitude, l'azimuth des autres signaux. Ainsi l'on pourra faire partir le réseau d'un observatoire, d'un lieu quelconque pour lequel ces trois choses sont connues.

Il est donc suffisant d'avoir résolu la question relativement à un point, bien qu'on puisse, afin de vérifier, mesurer directement ces trois éléments pour d'autres stations, et c'est ce qu'on fait nécessairement aux deux extrémités d'une portion d'arc de méridien, pour déduire la valeur d'un degré dans la région où l'on opère. D'ailleurs, les observations astronomiques, faites en diverses stations du réseau, prouvent s'il y a eu des erreurs accidentelles et même des compensations qui accorderaient les bases mesurées.

Les déterminations directes de latitude, de longitude, d'azimuth se rattachent à des considérations astronomiques qui ne sont pas de nature à trouver place ici dans tous leurs détails.

Quant aux définitions exactes des latitudes et longitudes, nous renverrons aux traités élémentaires de Cosmographie.

Art. Ier. — Détermination d'une latitude.

Par deux passages au méridien. Les étoiles, dont le passage est visible au méridien supérieur et inférieur, donnent la latitude du lieu et la déclinaison de l'étoile, c'est-à-dire, sa distance angulaire à l'équateur.

Supposons une lunette placée dans le plan méridien : on mesurera les distances au zénith à l'instant des deux passages de l'étoile, ce qui a lieu quand les angles sont un maximum ou un minimum. Soient (Fig. 140), z et z' ces deux distances corrigées de la réfraction, p la distance du pôle au zénith, δ la déclinaison, on aura $z + z' = 2\,p$ et $z' - z = 180° - 2\,\delta$. La deuxième relation fera connaître δ, et la première donnera p qui est le complément de la latitude, ainsi trouvée indépendamment de la déclinaison. Ou bien, en d'autres termes, on mesurera les hauteurs de la polaire ou de toute autre étoile voisine, c'est-à-dire, leurs distances angulaires à l'horizon, lors des deux passages à la lunette méridienne : la moyenne corrigée indiquera la latitude.

La précession variant très-lentement, il ne sera pas nécessaire d'opérer dans la même nuit. Cette méthode est susceptible d'une grande précision, mais elle n'est pas toujours praticable.

Par un seul passage au méridien. On mesure la distance zénithale méridienne Z S ou Z S' d'une étoile. La déclinaison est E S ou E'S' selon que l'astre est au-dessus ou au-dessous de l'équateur. La latitude est Z S + E S ou Z S' — E S' : nous avons supposé l'astre entre le zénith et l'horizon méridional. Ce procédé est plus facile que le premier, il n'exige qu'une seule hauteur méridienne : la latitude égale la hauteur plus la distance polaire, quand l'astre est entre le pôle et l'horizon ; et moins, s'il est entre le pôle et le zénith.

La lune et le soleil peuvent servir à ces observations : mais outre la correction de la réfraction, il faut faire celle de la parallaxe, c'est-à-dire, ramener la station de la surface au centre de la terre et corriger du diamètre de l'astre. On prend une moyenne de plusieurs observations.

Par des hauteurs d'un astre observé près du méridien. Les méthodes précédentes ont un inconvénient : l'astre ne peut être observé qu'une seule fois au moment où il passe au méridien, en sorte que ces procédés ne se prêtent pas à une répétition fréquente qui atténuerait les erreurs d'observation. Delambre, dans la grande triangulation de la France, en se servant des hauteurs d'un astre observé près du méridien, employait une méthode qui permettait en peu de temps de multiplier les mesures.

Les latitudes se déterminent aussi au moyen des hauteurs de l'étoile polaire observée à un instant quelconque. Mais l'exposition de ces méthodes, quelque abrégée qu'elle soit, nous ferait sortir de notre cadre. Je renvoie pour ces détails, et en général pour les notions d'astronomie exacte qui se relient à notre sujet, aux traités de cette science.

Par l'ombre méridienne (Fig. 141). Dans le tracé d'une méridienne sur un plan horizontal, le rapport de la longueur du style avec celle de l'ombre à midi donne la hauteur méridienne du soleil ; et son complément ajouté à la déclinaison δ de cet astre, si elle est boréale, fournit la latitude du lieu ou la hauteur du pôle au-dessus de l'horizon ; car en général la latitude terrestre, ou la distance à l'équateur, est égale à la hauteur du pôle ou à l'inclinaison de l'axe à l'horizon ; cette latitude est le complément de la distance du zénith au pôle. On a

$$\text{gnomon} \times \text{tang. (latitude — déclinaison)} = \text{ombre.}$$

Observons que la déclinaison est négative quand elle est australe, qu'elle est nulle aux équinoxes, de 23° 28' aux solstices.

Par la relation précédente, l'ombre étant évaluée pour ces quatre époques, on pourra les déterminer par l'observation. Au solstice d'été, l'ombre a sa longueur *minima* à midi.

La déclinaison est donnée par les tables corrigées de la nutation, de la précession et de l'aberration. La terre étant fort petite par rapport à la distance du ☉, le sommet du style est regardé comme se confondant avec le centre de la sphère céleste. La réfraction est sans influence dans le tracé horizontal de la méridienne,

16

parce qu'elle affecte également deux hauteurs égales au-dessus de l'horizon.

L'emploi des ombres méridiennes n'est ici qu'un moyen approximatif ; le peu de variation des ombres solsticiales, les effets non inévitables de la penombre, introduisent des incertitudes.

Idée de la Gnomonique. Le but de la gnomonique est de mesurer le temps par les mouvements du soleil, lus sur un cadran solaire. Tout plan qui passe par le rayon solaire et par la parallèle à l'axe terrestre aboutissant au sommet du style est un plan horaire. Concevons, autour de cette parallèle, 24 plans séparés entre eux par des angles égaux au $\frac{1}{6}$ d'un droit : ces plans, dont l'un sera le méridien du lieu, indiqueront à partir de ce dernier 1^h, 2^h..... 12^h. Le problème du tracé d'un cadran se réduit à cet énoncé : on désigne 24 plans dont l'intersection commune est l'axe de la terre ou de la sphère céleste ; ces plans divisent l'espace en 24 parties égales ; on demande de trouver leurs intersections avec une surface donnée.

En Egypte, les obélisques consacrés au soleil servaient de gnomons.

Art. II. — Détermination d'une longitude.

Conventions sur la manière de mesurer le temps. Le temps s'évalue de trois manières. Le jour sidéral, marchant avec le mouvement uniforme des étoiles, se compte de 0^h à 24^h, à partir de l'instant où l'équinoxe du printemps, le signe vernal ♈, passe au méridien supérieur. Ce point n'est occupé par aucun astre. Mais l'ascension droite d'une étoile quelconque, c'est-à-dire sa distance à l'équinoxe ♈, comptée de l'ouest à l'est, sur le cercle équatorial, exprimée en temps à raison de 15° par heure, est l'espace qui reste à parcourir pour que l'étoile passe au méridien quand ♈ s'y trouve. On observe l'instant du passage de l'étoile, et la pendule sidérale doit marquer l'heure indiquée par son ascension droite.

Le jour solaire ou vrai est compté de minuit à midi et de midi à minuit.

Le jour astronomique se compte de 0^h à 24^h, à partir de midi.

L'heure solaire ou vraie que marque le soleil est un peu inégale. Les étoiles devancent le soleil d'environ 4' de temps moyen, par jour. C'est l'effet du mouvement inverse du soleil, d'occident en orient. Après une révolution entière dans l'écliptique, l'étoile a passé une fois de plus au méridien : le jour solaire est donc plus long que le jour sidéral. Ces jours et ces heures sont inégaux, parce que d'abord la vitesse du soleil varie dans son orbite de l'apogée au périgée, et ensuite parce qu'en supposant même des arcs décrits égaux, les arcs horaires, interceptés sur l'équateur, ne le seraient pas. Les arcs d'écliptique parcourus sont diversement penchés sur l'équateur : inclinés de 23° 28' aux équinoxes, ils deviennent parallèles aux solstices. L'heure solaire vraie s'obtient par le passage du centre du ⊙ au méridien.

Si vous concevez un soleil fictif parcourant uniformément l'équateur, concordant avec le soleil au point de départ et se retrouvant d'accord un an après, ce soleil avancera et retardera dans l'intervalle. Les heures indiquées par une horloge réglée sur ce soleil hypothétique, donnent le temps moyen.

Le quotient $\dfrac{360°}{365 \text{ jours}, 242} = 59' \ 8'' \ \dfrac{1}{3}$, ou en temps moyen 5' 55'', 9 (environ 1° ou 4'), est la quantité dont le jour sidéral est plus court que le jour moyen.

Longitudes. La détermination des longitudes se lie à ces considérations sur le temps, à l'art de régler les pendules sidérales ou moyennes. Quand il s'agit de deux points terrestres peu distants, ce qui est le cas qui se présente dans la triangulation d'un pays dont on fait la carte, on allume, pendant une nuit sereine, et sur un lieu très-élevé, un grand feu, un signal de nuit destiné à être subitement masqué par l'interposition de quelque obstacle.

Deux observateurs, placés respectivement aux stations, apercevront cet effet simultanément, mais à des heures différentes. Chacun est muni d'une pendule réglée avec soin sur le méridien du lieu : la différence des heures est celle des longitudes exprimée en temps. On prend une moyenne de plusieurs expériences.

Pendant les éclipses de lune, les instants précis de l'immersion et de l'émersion des taches de la lune sont reconnaissables. Ces moments sont les mêmes par toute la terre, la parallaxe n'influe pas. Le soleil et la lune étant rarement éclipsés, on peut se servir des occultations d'étoiles par notre satellite. La différence des heures de deux pendules bien réglées donne la différence en longitude. Enfin, on se sert des satellites de Jupiter, et en mer de bons chronomètres ou garde-temps.

Art. III. — Détermination d'un azimuth.

L'azimuth d'un côté est l'angle horizontal que fait son plan vertical avec l'un ou l'autre des méridiens qui passent par ses extrémités. Ces angles se comptent de 0° à 360°, à partir du nord, et de l'est à l'ouest.

La détermination de l'azimuth est une importante opération de la Géodésie : elle oriente le réseau, ce qui se fait dans les très-petites triangulations à l'aide de la boussole. Parmi les méthodes, j'indiquerai la suivante, par l'étoile polaire. Cette étoile décrit en 24^h un cercle autour du pôle. La distance au pôle, moyennant 1° 36', est le complément de sa déclinaison inscrite dans *la connaissance des temps*. On appelle maximum d'élongation de l'étoile son plus grand écart au méridien : il y a deux instants par jour où l'étoile à l'est et à l'ouest, est à son maximum d'élongation. Comme elle reste sensiblement stationnaire dans ces moments, on peut alors mesurer, plusieurs fois, la distance de l'étoile polaire au signal.

Soit (Fig. 142) P le pôle céleste, Z le zénith de la station, Q le signal, on cherche l'azimuth du côté Z Q. A est la position de l'étoile à l'un de ses maxima d'élongation. Le triangle sphérique A P Z est rectangle en A.

A P $= 90°$ — δ , complément de la déclinaison de l'étoile,

P Z $= 90°$ — λ , complément de la latitude du lieu.

Déterminons A Z P $= \alpha$, azimuth de l'étoile. On a

$$\cos. \ P = \frac{\cos. \ A \ Z \ - \ \sin. \ \lambda \ \sin. \ \delta}{\cos. \ \lambda \ \cos. \ \delta} \ ;$$

A étant droit, cos. A Z $\times$ sin. δ = sin. λ. Donc

$$\cos. P = \frac{\dfrac{\sin. \lambda}{\sin. \delta} - \sin. \lambda \sin. \delta}{\cos. \lambda \cos. \delta},$$

$$\cos. P = \tang. \lambda \cot. \delta.$$

On a ainsi l'angle du plan horaire de l'étoile, donc l'heure sidérale et moyenne de l'élongation ; ce qui indique l'instant que la pendule doit marquer pour faire l'observation.

L'azimuth α de l'étoile se calcule par la relation $\sin. \alpha = \dfrac{\cos. \delta}{\sin. \lambda}$; vers le moment de l'élongation, on mesure, plusieurs fois, au théodolite, l'angle $A Z Q = a$ de l'étoile polaire avec le signal.

L'azimuth du côté Z Q est $a \pm \alpha$.

Déclinaison magnétique. Quand l'azimuth d'un côté est déterminé, la déclinaison de l'aiguille magnétique s'en déduit. En effet, on dirigera la visière suivant le côté, l'angle lu sur le limbe sera l'angle de cette direction avec le méridien magnétique ; l'azimuth du côté est d'ailleurs l'angle qu'il fait avec le méridien. La différence des deux angles est l'angle cherché.

L'axe de figure de l'aiguille peut ne pas coïncider avec son axe magnétique ; retournant l'aiguille sur ses deux faces, et faisant une seconde observation, on prendra la demi-somme des deux déclinaisons obtenues.

Art. IV. — Calcul de proche en proche des latitudes et des longitudes de tous les sommets du réseau géodésique. Rattachement à la carte de France.

Formules directes. Supposons que A B (Fig. 143), représente un côté du canevas et qu'il soit transformé en degrés.

Soit P le pôle ; on connaît la latitude de A et l'azimut ζ. On déduit aisément B P, complément de la latitude de B ou sa colatitude ; l'angle azimuthal A B P, complémentaire à 360° ; l'angle A P B, différence en longitude. Si B M est un arc perpendiculaire de B sur A P, le triangle rectangle B M A donnera B M et AM ou les distances de B à la méridienne de A et à sa perpendiculaire. Les trois éléments étant connus pour le point B, on calculera ceux qui sont relatifs au point suivant; ainsi de suite de proche en proche.

Mais les côtés du réseau sont très-petits par rapport au rayon de la terre; il en est de même des différences de longitudes, latitudes, azimuths. Les formules ne donneraient que leurs fonctions trigonométriques, et, par la construction des tables, on n'aurait les angles que de 10″ en 10″. Ce motif a porté les géomètres à modifier le calcul.

On opère par variations successives ou par voie de différences. On établit d'abord les formules dans l'hypothèse de la terre sphérique, ce qui fournit une première approximation; et l'on corrige, s'il y a lieu, ces formules par des termes qui les rendent propres au cas du sphéroïde. La démonstration complète de ces formules serait trop longue et sortirait de notre cadre, je renverrai pour leur développement aux traités de Géodésie : seulement, j'énoncerai ces formules sous la forme qui m'a parue la plus concise et la plus claire, et j'en indiquerai nettement l'usage.

Les formules pour calculer, de proche en proche, les différences de latitude et de longitude sur le sphéroïde elliptique sont :

Pour la latitude, $L' - L = -\, P\, K \cos. z - Q\, K^2 \sin^2. z = \Delta\, L.$

Pour la longitude, $M' - M = R\, K\, \dfrac{\sin. z}{\cos. L'} = \Delta\, M.$

L'azimuth z est pris sur l'horizon du point correspondant aux coordonnées géographiques L et M : K est la valeur en mètres du côté géodésique calculé; e est l'excentricité; P, Q, R sont des coefficients fonctions de la latitude L, du demi grand axe a et de l'excentricité.

On calcule préalablement ces coefficients par les formules suivantes :

$$P = \frac{(1 - e \sin.^2 L)^{\frac{3}{2}}}{a \sin. 1''}\,(1 + e^2 \cos.^2 L),$$

$$Q = \frac{(1 - e^2 \sin.^2 L)\,(1 + e^2 \cos.^2 L)}{2\,a^2 \sin. 1''}\,.\ \text{Tang. } L\ ,$$

$$R = \frac{(1 - e^2 \sin.^2 L)^{\frac{1}{2}}}{a \sin. 1''}$$

Log. $a = 6,8046154$, Log. $e^2 = \bar{3},8108714$.

Ces coefficients s'obtiennent, d'ailleurs, en latitude L, au moyen de tables qu'on a calculées pour abréger.

On ajoute à la latitude connue la différence avec son signe et on a la latitude du point suivant; ainsi de suite, de proche en proche, en se vérifiant bien entendu par l'observation astronomique, de distance en distance.

Le zénith apparent d'un point M placé à la surface, est sur le prolongement de la verticale du lieu : si l'observateur était au centre de l'ellipse, en tirant une ligne du centre au point de la surface, il rapporterait le prolongement au zénith vrai ou géocentrique. La latitude d'un lieu M est l'angle que fait la ligne zénithale apparente avec le grand axe de l'ellipse, c'est *la hauteur du pôle;* l'angle que fait le rayon de M au centre, point d'intersection des deux axes de l'ellipse, avec le grand axe, est *la latitude géocentrique.*

Quand on passe de la sphère à l'ellipsoïde, la formule des latitudes a besoin d'une correction; celle des différences en longitude n'a pas besoin d'être modifiée, parce que l'angle dièdre reste le même; celle qui détermine l'azimuth ne conduit qu'à une correction entièrement négligeable.

Réciproque : rattachement à la carte de France. Connaissant les latitudes et longitudes de deux points, retrouver la distance géodésique qui les sépare et l'azimuth de cette distance sur l'horizon de l'une des extrémités. Renversons le problème précédent : z est pris sur l'horizon du point dont les coordonnés géographiques sont M et L.

Posons auxiliairement K cos. $z = x$, K sin. $z = y$ Les deux équations directes deviendront

$$\Delta L = - P x - Q y, \quad \Delta M = \frac{R\,y}{\cos.\,L}$$

On tirera les valeurs des auxiliaires x et y : ces valeurs étant calculées, on aura

$$\text{Tang. } z = \frac{y}{x} \quad \text{et } K = \frac{y}{\sin.\,z} = \frac{x}{\cos.\,z}.$$

Nous admettons que la distance des deux points est de l'ordre des côtés géodésiques : si elle était très-grande, les formules cesseraient d'être applicables, la question deviendrait plus compliquée et obligerait d'avoir recours au développement de *la ligne géodésique* sur l'ellipsoïde.

Dans ces formules, si l'on pose Log. $e^z = 7,8108714 - 10 = \bar{5},8108714$, on a $e^z = 0,006469$, ce qui conduit à l'aplatissement $p = \dfrac{2}{e^z} = 509,16$. En prenant $e^z = 0,0064486$, on a $p = 509,65$.

On pourra appliquer le calcul aux données suivantes :

Nancy, centre de la boule du clocher, tour à l'est, latitude 48° 41′ 51″ et longitude orientale 5° 51′ 0″; Toul, sommet de la tourelle de Saint-Gengoult, latitude 48° 40′ 52″, longitude 5° 55′ 14″ : les élévations du sol au-dessus du niveau de la mer sont, à Nancy, de 199^m,6 ; et à Toul, 216^m,0. Calculer le côté géodésique rapporté au niveau de la mer et ensuite réduit au niveau de l'un des points.

La réciproque que nous venons de traiter donne le moyen d'emprunter une base à la carte de France, ou de se vérifier par elle en partant d'une base chaînée directement, ou simplement de se rattacher, de se relier au réseau général. La mesure directe d'une base, obtenue par une moyenne de plusieurs chaînages, offre plus de certitude, à cause des inégalités qui se rencontrent nécessairement dans le grand réseau géodésique de la carte de France : une foule d'éléments différents s'y compliquent, affectent les résultats d'erreurs inaperçues, telle que l'influence des réfractions, d'un pointé plus ou moins sûr, etc. Le but de ce travail a été de coordonner les diverses parties de la représentation d'une grande étendue de pays, et non précisément de fournir pour des travaux secondaires des données d'une rigoureuse précision, les imperfections des détails s'effaçant aux échelles adoptées. Les triangles de premier ordre offrent une grande certitude ; mais il faut en descendre pour se réduire aux dimensions ordinaires des triangulations forestières. Ceux du 2e ordre, et *à fortiori* ceux du 5e, présentent çà et là des écarts qui ne permettent pas de les employer sans vérification ; les mesures étaient moins exactes.

On pourra abréger le calcul en adoptant le côté géodésique même consigné dans les registres du réseau. Quoi qu'il en soit, on descend par ce moyen de grands côtés à de moindres; et l'emprunt d'une base à un système déjà exécuté, au canevas fondamental de la carte du dépôt de la guerre, peut présenter de grands avantages dans beaucoup de circonstances.

Il n'est pas nécessaire, dans un réseau partiel, de déterminer les points trigonométriques par l'espèce de coordonnées appelées distances à la méridienne et à la perpendiculaire de l'Observatoire de Paris. On les fixe, par des coordonnées rectilignes topographiques autour d'un point de la carte de France dont on connaît la longitude et la latitude. Ces systèmes, ainsi groupés, se trouvent orientés par un point et un azimuth, ou bien par deux points qui empêchent l'ensemble de tourner.

Transformation d'un côté géodésique en secondes. Pour l'application des formules, il faut savoir transformer un côté géodésique en l'arc, exprimé en minutes et secondes, dont il est le développement. Soit D le développement en mètres, δ l'angle correspondant à ce côté, on aura

$$\sin. \frac{1}{2}\, \delta = \frac{\frac{1}{2} D}{R}$$

et, δ n'étant que de quelques secondes, $\delta = \dfrac{D \cdot 1''}{R \cdot \sin. 1''}$,

formule où R est le rayon de la terre,

Art. V. — Figure de la terre : détermination du mètre ; sphéroïdes osculateurs.

Forme présumée de la terre. La fluidité primitive de notre planète combinée avec son mouvement de rotation, les perturbations lunaires résultant de son gonflement à l'équateur, les variations de la pesanteur à sa surface, mesurées par le pendule, enfin les opérations géométriques ont concouru à résoudre le problème de la forme du sphéroïde terrestre. On a reconnu que la terre est un ellipsoïde de révolution autour de son petit axe.

Des formules de l'ellipsoïde de révolution :

Nommons a le demi grand axe de l'ellipse génératrice, ou le rayon équatorial, b le demi petit axe ou le rayon aboutissant au pôle, la distance focale est $\sqrt{a^2 - b^2}$; l'excentricité est le rapport de la distance focale au rayon a, donc $e^2 = \dfrac{a^2 - b^2}{a^2}$. On appelle *aplatissement* le rapport de la différence des axes au grand axe : soit $\dfrac{1}{p}$ l'aplatissement du globe terrestre, on a $\dfrac{1}{p} = \dfrac{a - b}{a}$ et $e^2 = \dfrac{2}{p}$, en négligeant le carré de l'aplatissement.

Concevez un point M sur l'ellipse (Fig. 99), on admettra sans peine que d'après les propriétés géométriques du sphéroïde bien défini, engendré par le mouvement de l'ellipse autour de b, on ait pu établir des formules qui donnent en fonction de l'excentricité et de la latitude du point M, latitude telle que la donnent les observations ou la hauteur du pôle, on ait pu, dis-je, exprimer en fonction de ces deux variables le rayon du parallèle de M, son rayon R ou distance de M au centre de l'ellipse, la normale N ou la portion de la normale de M au point d'intersection avec le prolongement de b, la petite normale ou la longueur de la normale arrêtée au grand axe, l'angle i du rayon et de la normale, le rayon de courbure ρ, enfin toutes les lignes de l'ellipse, variables avec la position du point M. L'expression de la Normale, entre autres, est $N = \dfrac{a}{\sqrt{1 - e^2 \sin^2 L}}$, L étant la latitude de M. On peut développer en série convergente cette formule, comme les diverses autres expressions.

Si l'on fait $e = o$ ou $a = b$, les formules du sphéroïde se réduisent à celles de la sphère. Or, si l'on détermine d'abord *les constantes* par certaines opérations, il ne restera plus qu'à voir si de nombreuses mesures, faites dans divers sens sur la terre, satisferont à cet ellipsoïde, afin de confirmer ou d'infirmer la supposition que tous les méridiens sont elliptiques et que la terre est réellement un vrai sphéroïde de révolution. C'est en effet ce qu'on a reconnu dans sa forme générale, celle des mers prolongée sous les continents.

Arc de méridien, définition du mètre. Nous avons déjà dit comment, par une chaîne de triangles dans le sens d'un méridien, on détermine la portion d'arc entre deux stations dont on observe les latitudes extrêmes, et comment on en déduit la longueur d'un degré dans la région où l'on s'étend. Prenons, en deux contrées, les longueurs de deux arcs de méridien, sous deux latitudes différentes, et tels que la différence en latitude des extrémités de chaque arc soient égales ; par exemple, prenons deux arcs de un degré : la combinaison des équations de l'ellipsoïde et l'élimination feront connaître e^2, donc l'aplatissement $\dfrac{1}{p}$, puis a, enfin tous les éléments du sphéroïde supposé coïncidant avec la surface de la terre.

Si l'on procède à la rectification de l'arc entier obtenu, de l'équateur au pôle, et qu'on prenne la dix-millionième partie, on aura le *mètre*.

Je renvoie pour le développement complet de ces questions de haute Géodésie aux grands ouvrages sur cette science. J'ai dû, ici, pour ne pas sortir de mes limites, me borner à exposer, avec le plus de simplicité et de lucidité possibles, les définitions qu'il est indispensable de connaître, et la marche des opérations.

Ellipsoïdes osculateurs. La terre, dans sa forme générale, est donc un ellipsoïde de révolution : les méthodes de nivellement achèvent d'indiquer les accidents de terrain au-dessus de la surface régulière des mers.

Cependant, il existe des discordances provenant, par exemple, d'attractions locales déviant les niveaux, de latitudes défectueuses par conséquent, etc.; les méridiens sont-ils absolument elliptiques, les parallèles circulaires ? La terre est-elle rigoureusement un sphéroïde régulier ? En dégageant la surface de ses inégalités minimes, la terre , en toute rigueur, n'a pas régulièrement la forme ellipsoïdale. Cependant, on peut la considérer comme une sphère, quand il ne s'agit pas d'une grande précision ; comme un ellipsoïde régulier dans les autres cas. Mieux encore, on choisira l'ellipsoïde osculateur correspondant à la contrée, les erreurs descendront au-dessous de celles des observations.

L'aplatissement $\frac{1}{305}$ résultant des inégalités lunaires, conviendra au globe entier, dans les calculs astronomiques ; au Dépôt de la guerre, on a adopté $p = 508,64$. La Commission des poids et mesures avait pris $\frac{1}{334}$, fraction à laquelle on a reconnu une légère erreur et on a conservé le mètre légal, l'altération étant très-faible.

Puissant, par une discussion des différences, a trouvé : « que la » surface de la France est formée de deux nappes principales, » séparées à peu près par le méridien de Paris ; que ces nappes » appartiennent à deux ellipsoïdes irréguliers, ayant des aplatis- » sements différents l'un de l'autre ; l'aplatissement est très-petit » du côté de l'Océan, tandis qu'à l'Est il dépasse beaucoup $\frac{1}{509}$; » qu'aucun ellipsoïde de révolution ne satisfait exactement à » toutes les stations à la fois, et que la sphère paraît tenir le mi- » lieu entre les écarts, et avoir la forme qui, pour le sol de la » France, convient le mieux aux résultats d'observation. »

Le sphéroïde terrestre, sensiblement sphérique pour les recherches qui n'exigent pas une grande précision, par exemple pour la navigation, se confond, à un grand degré d'approximation, avec un ellipsoïde de révolution autour de son petit axe.

Voici les dimensions principales de cet ellipsoïde de révolution autour de l'axe du mouvement diurne :

Diamètre équatorial $= 12754863^{\text{mètres}} = 2870^{\text{lieues}}, 1$; la lieue de 25 au degré.

Diamètre polaire $= 12712251^{\text{m}} = 2860^{\text{l}}, 5$.

Différence : $42612^{\text{m}} = 9^{\text{l}}, 6$.

Il faut remplacer R, dans la formule de la transformation du côté géodésique en secondes, par le rayon de courbure de l'arc D. On a une relation qui fait connaître ce rayon de courbure en fonction des rayons de plus grande et de moindre courbure, c'est-à-dire des rayons de la section méridienne et de sa perpendiculaire.

Dans les cas ordinaires généraux de la géodésie, les calculs sont suffisamment exacts en se plaçant dans l'hypothèse que la terre serait une sphère parfaite, en prenant pour le rayon R la moyenne 6566198^m entre le rayon équatorial et le rayon qui aboutit au pôle.

Connaissant les latitudes et les longitudes des sommets, il sera facile de les disposer sur un globe artificiel, affectant la forme aplatie de l'ellipsoïde de révolution substitué, à de petites inégalités près, au sphéroïde terrestre ; et même les globes artificiels sont des sphères, car il serait impossible d'y rendre sensible l'aplatissement, vu la petitesse de leurs dimensions par rapport à celle de la terre.

CHAPITRE III.

Les globes de grandes dimensions ne sont pas faciles à construire, à transporter, à consulter. Ce serait cependant le meilleur moyen de représenter les diverses parties de la terre. Le relief des montagnes pourrait être rendu sensible sur de grandes calottes sphériques, et cette représentation serait une véritable figure semblable ; ce mode complet n'a été et n'a pu être appliqué qu'à de petites régions, à une grande échelle.

Il est donc nécessaire d'avoir recours à des représentations sur des surfaces planes ou cartes, dans lesquelles certaines parties se trouvent être très-déformées, quand on figure de grandes portions du globe : les défauts de toutes ces méthodes tendent à s'effacer lorsque la carte n'embrasse qu'une petite étendue de pays.

On sait y tenir compte de l'ellipticité du sphéroïde terrestre ; mais il est possible de la négliger dans les cas ordinaires, comme étant assez petite pour n'avoir pas d'influence.

Article Ier. — Des différentes sortes de cartes et de projections en général.

Ces modes de représentation motivés par l'impossibilité d'étendre sur un plan les portions du sphéroïde sans duplicature ni déchirure, comme cela se pourrait pour un cône ou un cylindre, se partagent en deux genres principaux, les projections *stéréographiques* et les projections *par développements*, assortis aux rapports qu'on veut le moins altérer. Les premières peuvent être dites naturelles, les secondes artificielles.

Concevons d'un point de l'espace des droites menées à tous ceux de la surface de la terre. Coupons le système de ces lignes par un plan : les traces ou intersections de ces rayons formeront une perspective ou projection stéréographique (Fig. 144).

Cette projection est surtout employée pour représenter un des deux hémisphères, dont la réunion forme une mappe-monde. Suivant que l'œil est à l'un des pôles, sur l'équateur, entre le pôle et l'équateur, au centre, la projection est dite polaire, équatoriale, horizontale, centrale.

Si le point de vue est situé à l'infini, la projection est dite orthographique (Fig. 145). Les portions de terrain d'étendue moindre se représentent par ce mode de projection. Mais c'est principalement par des développements qu'elles se figurent.

Cartes. Les cartes générales ou géographiques sont celles sur lesquelles sont dessinées les quatre parties du monde ; viennent ensuite les cartes particulières ou chorographiques représentant les grands et les petits états ; puis enfin les cartes topographiques. Les cartes à grand point sont celles qui, à une grande échelle, indiquent tous les détails du terrain : on y exprime le relief du sol à l'aide de courbes horizontales et équidistantes. Les cartes à petit point sont à une petite échelle : le relief y est rendu par des hachures dans le sens des lignes de plus grande pente, ou par les effets de la lumière et des ombres.

Nous ne pouvons pas nous occuper ici de toutes les projections jouissant chacune de propriétés particulières. Dans la géographie physique, dans le tracé des voyages autour du monde, la projection de Mercator est souvent préférée. Elle est entièrement artificielle : une mappe-monde construite d'après ce mode, ressemble assez au dessin qu'on obtiendrait en rapportant chaque point du globe à un cylindre circonscrit à l'équateur par des lignes menées du centre, et en déroulant ensuite ce cylindre. Les parties voisines du pôle y sont très-dilatées.

Article II. — Projection de Cassini, ancienne carte de France.

La France étant plus étendue du nord au sud que de l'est à l'ouest, Cassini avait adopté un mode particulier dans lequel

l'altération est moins grande dans le sens le plus long. Imaginez
le grand cercle du méridien principal divisé en parties égales et
des arcs de grands cercles se coupant suivant le diamètre est-
ouest perpendiculaire au plan du méridien, tous par conséquent
perpendiculaires à ce plan; concevez ces plans espacés entre
eux et passant par les divisions du méridien. Chaque point tel
que M , était déterminé par les arcs P A , A M (Fig. 146).
Telle est la nature des coordonnées rectangles qui furent adoptées
par Cassini.

Dans la projection (Fig. 147), on développait en lignes droites
le méridien principal qui était celui de Paris, et tous les arcs
perpendiculaires à ce méridien : en sorte que les distances coordonnées, portées sur la projection, étaient les mêmes que celles
dont on faisait usage sur la sphère, coordonnées qui ne sont ni
les latitudes, ni les longitudes.

Les perpendiculaires au méridien étant parallèles et les courbes qui leur correspondent convergeant vers l'équateur, il en
résulte que les autres distances et les aires sont d'autant plus
altérées qu'on s'éloigne davantage du méridien.

On a adopté pour la nouvelle carte de France une méthode
plus exacte.

Article III. — Projection modifiée de Flamsteed, employée pour la nouvelle
carte de France.

Dans la méthode de Flamsteed, on développe en lignes droites
le méridien du milieu de la carte et les parallèles, lesquels sont
figurés par des droites parallèles sur la carte (Fig. 148).

Ce mode n'altère pas les distances dans le sens des parallèles;
il représente par des quadrilatères équivalents les quadrilatères
correspondants formés sur le globe par deux parallèles et deux
méridiens quelconques. Or les méridiens sont obliques sur les
parallèles; il en résulte que les configurations sont fort altérées
aux limites de la carte.

On remédie en partie à cet inconvénient en figurant les parallèles par des cercles concentriques, dont on fait dépendre la
courbure de celle du parallèle moyen. Il y a analogie entre le

développement conique et cette méthode modifiée, relativement à laquelle nous pensons devoir entrer dans quelques détails.

Commencez par tirer le grand axe **C X** , qui représentera le méridien principal développé ; puis tracez le parallèle moyen **B A E** avec un rayon **A C** égal à la cotangente de la latitude de ce parallèle (Fig. 149 et 150).

Les arcs de cercle décrits du centre commun **C** , à une distance séparative l'un de l'autre égale à la partie proportionnelle du méridien rectifié comprise entre les parallèles terrestres, représentent les parallèles à l'équateur.

Les degrés de longitude sont proportionnels aux rayons des parallèles terrestres, proportionnels aux cosinus des latitudes de ces parallèles : prenez sur chaque parallèle, les degrés de longitude selon cette loi de décroissement de l'équateur au pôle. Unissez par une courbe chaque suite de points correspondants : cette courbe représentera un méridien.

Une difficulté s'élève dans la pratique : c'est le tracé continu des arcs relatifs aux parallèles. Supposons que l'échelle d'une carte de France soit $\frac{1}{100000}$: le rayon graphique du parallèle moyen, dont la latitude est 50ᵍ, serait de 63ᵐ, 66. On s'affranchit de cette difficulté de la manière suivante : pour chaque parallèle, on détermine par le calcul la position, sur la surface plane de projection, d'une série de points, espacés également et dont le rapprochement est tel que la portion d'arc qui unit deux points voisins puisse se confondre avec la corde. Ces points sont rapportés aux axes **C X**, **C Y**. Admettons que la terre soit sphérique, et la circonférence égale à 40000000ᵐ, procédons au calcul pour un point.

Établissons nos notations : soit L la latitude du parallèle moyen **B A E** , l et p la latitude et la longitude connues du point F quelconque, R $=$ 6366198ᵐ ; on a les relations

$$\mathbf{C\ G} = X = \mathbf{C\ F}\cos\alpha\,, \quad \mathbf{F\ G} = Y = \mathbf{C\ F}\sin\alpha\,.$$

Le facteur **C F** des seconds membres est le rayon du parallèle proposé ; il est égal au rayon du parallèle moyen diminué de la distance **A D** qui les sépare ; donc **C F** = **C A** — **A D**. On a

17

C A $=$ R cot. L ; A D est le développement de l'arc l — L du méridien moyen compris entre le parallèle F D K et le parallèle moyen. La relation 1_g de latitude égal à 100000 mètres donne la valeur de cet arc en mètres. Nous la représenterons par m et nous aurons

$$C F = R \text{ cot. } L - m.$$

Déterminons α , angle qui correspond à une longitude P sur le parallèle de latitude l . Un arc quelconque de ce parallèle est, dans le développement, représenté par un autre arc de même longueur, mais dont le rayon n'est plus le même. Les amplitudes de ces arcs sont en raison inverse des rayons. R cos. l est le rayon de l'arc du parallèle contenant P grades ; R cos. L — m est le rayon de l'arc de même développement et contenant α degrés. Posons la proportion

$$R \text{ cot. } L - m : R \text{ cos. } l :: P : \alpha , \text{ d'où}$$

$$\alpha = \frac{P \cdot R \text{ cos. } L}{R \text{ cot. } L - m} \qquad (a).$$

Si on connaissait X et Y, on trouverait réciproquement la longitude et la latitude du point F . Nous aurions α par la formule tang. $\alpha = \dfrac{Y}{X}$. On a la relation

$$m = R \text{ cot. } L - \frac{Y}{\text{sin. } \alpha} .$$

Convertie en arc cette dernière égalité fournira la différence entre la latitude du point F et la latitude du parallèle moyen. La valeur (a) donnera P .

On a calculé les longitudes et les latitudes, de décigrade en décigrade, les valeurs de X et de Y : on les a consignées dans des tables. Pour placer un point O qui tomberait dans le quadrilatère A B C D (Fig. 151), quadrilatère dont les sommets ont été posés sur la projection au moyen des tables, on effectue une double interpolation graphique en regardant les côtés comme droits.

Propriétés particulières de cette projection :

1° Sur le méridien rectiligne de la carte, et sur les parallèles, les longueurs sont les mêmes que sur le globe terrestre.

2° Tous les méridiens coupent à angle droit le parallèle moyen.

3° Les petits arcs de méridien ayant même amplitude sont sensiblement égaux entre eux, au voisinage de ce parallèle ou du méridien moyen.

4° La projection s'identifie avec celle de Flamsteed proprement dite, quand l'équateur est pris pour le parallèle moyen.

5° Les projections des aires du sphéroïde terrestre sont dans les mêmes rapports que ces aires.

Telles sont les propriétés principales de la projection de Flamsteed modifiée, qui est comme nous l'avons dit, une projection conique altérée.

Si l'on avait à dresser une carte forestière d'un grande région de la France, ce serait sur ce canevas curvilique qu'on placerait les points principaux, et non plus sur un système de coordonnées rectilignes topographiques ou par un réseau de carrés : en un mot, on adopterait le canevas géodésique de la carte de dépôt de la guerre.

CHAPITRE IV.

NIVELLEMENT GÉODÉSIQUE : DÉTERMINATION DES ALTITUDES DANS
LE CAS OÙ LA SPHÉRICITÉ DU GLOBE EST SENSIBLE.

———

Le but des grands nivellements trigonométriques est de déterminer la 5e ordonnée, qui fixe la position des points de la surface
terrestre ; c'est-à-dire, de trouver la cote de niveau de chaque
lieu par rapport à l'une des surfaces concentriques du sphéroïde.
Choisissant la superficie des mers pour celle de départ, on connaît ainsi l'élévation de chaque point au-dessus de cette surface,
ou sa profondeur au-dessous, en s'aidant de la sonde en mer.

Article Ier. — Formule générale des nivellements trigonométriques.

*Différence de niveau de deux points, quand on connaît pour l'un
d'eux sa distance au zénith de l'autre.* A et B , (Fig. 152), sont les
deux points géodésiques, C est le centre de la terre, $D = A D$
est la distance en mètres sur la surface du niveau A D . Vu la
grandeur du rayon de la terre, l'angle au centre sera, en secondes , $C = \dfrac{D}{R \sin. 1''}$. La différence de niveau , $X = B D$,
est comptée sur la verticale de B et à partir de la surface concentrique qui passe par A . Supposons que les deux points A et
B puissent être aperçus réciproquement l'un de l'autre : les tra-
jectoires lumineuses ont de faibles courbures ou elles se confondent sensiblement avec un même cercle osculateur. En visant
l'un des points, chaque observateur le rapporte suivant la tangente A T ou B T : ces tangentes forment avec la corde A B du
cercle osculateur des angles égaux, ρ' qui est celui de réfraction
terrestre. Admettons d'abord qu'on ait observé, en A seulement,

la distance zénithale apparente de **B**, $\delta = $ **Z A T** ; la distance zénithale vraie sera $\delta + \rho$. Par le triangle **B A D** ,

$$X = \frac{D . \sin. \, BAD}{\sin. \, ABD} \, .$$

On a $\quad$ **B A D** $= 90° - \left(\delta + \rho - \dfrac{C}{2} \right)$

et $\quad$ **A B D** $= \delta + \rho - $ **C** ;

donc $X = \dfrac{D . \cos. \left(\delta + \rho - \dfrac{C}{2} \right)}{\sin. \, (\delta + \rho - C)}$. Or $\delta + \rho - \dfrac{C}{2}$

diffère très-peu de $\delta + \rho - $ **C** ,

d'où $\quad X = $ **D** $. \, \cot. \left(\delta + \rho - \dfrac{C}{2} \right)$.

Il reste à déterminer ρ .

Angle de réfraction terrestre par les distances zénithales réciproques. Lorsqu'on prend simultanément les distances réciproques des deux points, on peut en déduire ρ . En effet, appelons $\delta^!$ la distance zénithale apparente observée de **B**, dans les mêmes circonstances que pour **A** : on aura **Z**$^!$ **B A** $= \delta^! + \rho$,

A B D $= \delta + \rho - $ **C** , $\quad$ **Z′ B A** $+ $ **A B D** $= $ **180°** ,

donc $\rho = 90° + \dfrac{C}{2} - \left(\dfrac{\delta + \delta^!}{2} \right)$.

Posons $\rho = n$ **C** . On a trouvé que le coefficient n diffère peu de 0,08 , en sorte que l'angle de réfraction est proportionnel à l'angle **C** au centre, à l'angle des verticales. Par la substitution de n **C** à la place de ρ la valeur de **X** prend la forme

$$X = \frac{D . \cos. \left(\delta + C \left(n - \dfrac{1}{2} \right) \right)}{\sin. \, (\delta - C \, (1 - n))}$$

Le coefficient n est à peu près 0,079 : dans les temps chauds et pluvieux, n égale sensiblement zéro ; dans les temps froids,

n varie de 0,09 à 0,10 ; par les brouillards, en hiver, n s'élève à 0,15 , 0,16 , 0,17 , cas d'opération rares. On prendra en été $n = 0,06$; en hiver, $n = 0,14$; dans les temps modérés, $n = 0,08$. On atténuera les erreurs de réfraction en opérant vers le milieu du jour, de 10^h à 5^h, par un beau temps.

Si, dans l'expression de X, nous remplaçons ρ par sa valeur

$$90° + \frac{C}{2} - \left(\frac{\delta + \delta'}{2}\right),$$

$$X = D \frac{\sin.\left(\frac{\delta' - \delta}{2}\right)}{\cos.\frac{1}{2}(\delta' - \delta + C)} .$$

Le dénominateur est sensiblement égal à l'unité, on pourra donc poser $X = \frac{D}{2} (\delta' - \delta) \sin. 1''$. Cette formule est indépendante de la réfraction terrestre : mais la simultanéité des observations réciproques présente une difficulté.

Corrections des distances zénithales, ensemble du canevas trigonométrique. On fait, avant tout, subir aux angles mesurés la réduction au sommet du signal.

L'instrument n'étant pas placé aux sommets des signaux A et B , mais plus bas en a, b (Fig. 155), on a observé Z a B, Z' b A, au lieu de Z A B, Z' B A. On doit ajouter les petits angles A B a, B A b. Soit A B $= D$, A $a = d$ H, le triangle A B a

$$\text{donne} \quad \frac{\sin. d\,\delta}{d\,H} = \frac{\sin. \delta}{D} ;$$

$$\text{donc } d\delta = \frac{d\,H}{D} \times \frac{\sin. \delta. 1''}{\sin. 1''} , \text{ qu'on ajoutera à } \delta.$$

Il faut donc à chaque station mesurer d H, A a.

Pour avoir la hauteur des sommets géodésiques au-dessus de l'Océan, le géomètre conduira jusqu'à ses bords la chaîne des triangles. La réfraction est très-variable sur les rivages : aussi on rattachera l'un des sommets au niveau des eaux par un nivellement topographique, en lui faisant subir ses deux corrections.

Article II. — Correction de la sphéricité et de la réfraction dans un nivellement topographique.

A et **B** (Fig. 154), sont deux points situés sur deux surfaces concentriques différentes. L'inégalité de niveau est la portion interceptée **B E** du rayon terrestre. Dans un nivellement topographique on imagine un plan horizontal **A F**, on élève une mire en **B** jusqu'au point **D** d'intersection. **B D** est ce qu'on nomme la différence de niveau apparent, **B E** est celle de niveau vrai : il faudrait donc ôter **D E** de **B D**. A cause de la réfraction, la mire est réellement en **D'** au-dessous de **D** : la différence de niveau apparent donnée par la mire se réduit à **B D'** ; la différence à retrancher, pour obtenir le niveau vrai, est **E D' = D E — D D'**. La correction de sphéricité est **D E** = y ; la correction de réfraction est **D D'** = ε.

Posons la distance horizontale **D A = D** et soit **R** le rayon terrestre, on a

$$\mathbf{D}^2 = \mathbf{D\, E}\,(2\,\mathbf{R} + \mathbf{D\, E}) = 2\,\mathbf{R}\, y, \text{ d'où } y = \frac{\mathbf{D}^2}{2\mathbf{R}},$$

en négligeant **D E** devant 2 **R**. A 100 mètres, la correction $y = 0^m,0007854$: elle croît comme le carré de **D**.

Cherchons ε. **D A D'** = 0, 08 **C**, en appelant **C** l'angle au centre des verticales. **D A E** a pour mesure $\frac{1}{2}$ **C**. Par le triangle

$$\mathbf{D A E},\ y = \frac{\mathbf{D}\sin.\ \frac{1}{2}\ \mathbf{C}}{\sin.\ \mathbf{D\, E\, A}}\ ;\ \mathbf{D'\ A\ D}\ \text{donne}\ \varepsilon = \frac{\mathbf{D}\sin.\ 0,\,08\ \mathbf{C}}{\sin.\ \mathbf{D\, D'\, A}}.$$

Or **D D' A = D E A**, en négligeant une petite différence : car

$$\mathbf{D\, D'\, A} = \mathbf{D\, E\, A} + \mathbf{D'\, A\, E} = \mathbf{D\, E\, A} + \left(\frac{1}{2}\ \mathbf{C} - 0,\,08\ \mathbf{C}\right).$$

Donc $\varepsilon = \frac{\mathbf{D}\sin.\ 0,\,08\ \mathbf{C}}{\sin.\ \mathbf{D\, E\, A}}$; divisant ε par y, il vient

$$\varepsilon = \frac{0,\,08\ \mathbf{C}}{\frac{1}{2}\ \mathbf{C}}\ y = 0,\,16\ y\ \text{ou}\ \frac{1}{6}\ \text{de}\ y.$$

La correction totale

$$y - 0,16\, y = 0,84\, y = 0,42\, \frac{D^2}{R}\,.$$

Ainsi la différence de niveau vrai égale la différence de niveau apparent moins $0,42\, \frac{D^2}{R}$.

Lorsqu'on stationne entre les deux points A et B, à égale distance, on s'affranchit de la correction. La différence entre les inégalités de niveau apparent de chaque point par rapport à la station intermédiaire fournit celle des niveaux vrais.

Article III. — Formule barométrique pour déterminer les différences de niveau et de grandes bases approximatives en pays de montagnes.

Baromètre. La formule barométrique, démontrée en physique, exprime la constitution mécanique de l'atmosphère. Elle se trouve en accord remarquable avec les mesures géodésiques : ainsi, par exemple, pour la hauteur du Mont-Blanc, montagne la plus élevée de notre hémisphère, on n'a trouvé dans la mesure de sa hauteur au-dessus du lac de Genève, par les deux méthodes, qu'une différence de $0^m,28$.

Je me bornerai à rappeler la formule.

$$X = 18393\,(\log.\, H - \log.\, h)\left\{1 + \frac{2(t + t')}{1000}\right\}(1 + 0{,}002837\cos.\,2\lambda)\left(1 + \frac{X}{R}\right).$$

On y remplace h par $h\left(1 + \frac{T - T'}{5550}\right)$ et log. H par log. H $+ 2\log.\left(1 + \frac{X}{R}\right)$.

Dans cette formule :

H est la colonne barométrique, à la station inférieure,

h la colonne, à la station supérieure,

t et t' les températures indiquées par le thermomètre centigrade à l'air libre, et aux deux stations,

T et T' les températures du mercure ou des thermomètres enchâssés, à la station inférieure et à la station supérieure,

R le rayon de la terre,

λ la latitude du lieu,

X la différence de niveau.

L'observateur calcule d'abord X en négligeant $\dfrac{X}{R}$; puis il substitue cette 1ʳᵉ valeur de X, ce qui en fournit une 2ᵉ plus exacte.

Je renvoie aux cours de physique pour les précautions dont il faut s'entourer et l'exposition de toutes les corrections, celle de la température des échelles, de la capillarité, etc.

Quand il s'agit de trouver la hauteur d'une montagne, on fait des observations simultanées aux deux stations ; ou des observations séparées avec des instruments comparables, avant et après midi, par le beau temps : l'accord doit être plus grand que pour des stations fort distantes, où l'on emploierait des instruments différents et des moyennes incertaines.

Lorsqu'on veut trouver la différence de niveau de deux points éloignés, sans établir une chaîne d'opérations, il suffit de connaître la température et la pression moyennes de chaque lieu dans des circonstances atmosphériques les plus semblables possible, et avec des instruments comparables. Les tables de l'annuaire du Bureau des Longitudes abrégent le calcul. On peut ainsi déterminer la hauteur de chaque point au-dessus du niveau de la mer.

C'est surtout dans les voyages géologiques que l'usage du baromètre est précieux, comme instrument expéditif de nivellement.

Cette formule donne aussi la mesure de grandes bases en pays de montagnes. En effet : supposons qu'on ait déterminé, par le baromètre combiné au thermomètre, la différence X de niveau d'une base D inconnue ; soit δ , δ' les distances zénithales apparentes et réciproques observées aux deux extrémités, la relation

$$X = \frac{D}{2} \left(\delta' - \delta \right) \sin. \, 1''$$

fera connaître, ayant transformé δ' — δ en secondes de degrés, la base D. Ce moyen a été appliqué et confirmé par des opérations précises ; il est précieux dans les explorations de voyages.

Du Pendule. Outre le baromètre, qui pèse la couche atmosphérique enveloppant le globe, la géodésie emprunte aussi à la phy-

266

sique le pendule dont les oscillations, variables en durée avec les lieux, concourent à mettre en évidence la vraie forme du sphéroïde terrestre. Nous ne pouvons ici traiter cette question : je renvoie, pour la théorie du pendule et ses applications, aux ouvrages spéciaux plus développés.

Je termine ce livre par quelques données de nature à nous être utiles dans les exercices.

Hauteurs de différents points, autour de Nancy, au-dessus du niveau moyen de la mer au Hâvre. Porte-Neuve, 202^m, 73 ; porte Stanislas, 210^m, 73 ; porte Saint-Jean, 207^m, 98 ; porte Saint-Nicolas, 202^m, 61 ; porte Saint-Georges, 192^m, 73 ; porte Sainte-Catherine, 192^m, 19 ; porte Notre-Dame, 194^m, 53.

Eaux basses de la Meurthe : au pont de Malzéville, 186^m, 96 ; au pont d'Essey, 190^m.

Côtes à l'ouest de Nancy : point le plus élevé de la côte de la Croix-Gagnée, à l'angle saillant entre Boudonville et Maxéville, 313^m ; point le plus élevé au delà de la côte de Butgnémont, sur la route de Nancy à Toul, 331^m, 86 ; point le plus élevé de la côte du Montet, sur la route de Neufchâteau, vis-à-vis les carrières, 353^m, 54.

D'après une statistique, la hauteur de la cathédrale de Nancy est 81 mètres, à l'extrémité de la croix, remplacée par une flèche.

Suivant l'Annuaire, la hauteur au-dessus de la mer, du point de mire, centre de la boule de l'une des deux tours, est 275^m, 1.

Longitude et latitude de Nancy. Selon l'Annuaire, la latitude est $48° 41' 51''$, et la longitude est $3° 51'$, à l'Est du méridien de Paris.

La latitude du sommet de la lanterne du Panthéon, à Paris, est $48° 50' 49''$; la longitude est $35''$. E.

PROBLEMES.

I. On a déterminé les latitudes et la différence des longitudes de deux points du sphéroïde, comment calculerait-on la lon-

gueur, réduite au niveau des mers, de l'arc terrestre qui joint
ces stations? Comment déterminera-t-on la distance itinéraire des
deux points; le degré terrestre vaut 111111 mètres =57008 toises, 22
ou 25 lieues? On tiendra compte des sinuosités des routes en
ajoutant $\frac{1}{5}$. La latitude de l'observatoire de Paris est 48° 50'
14''; celle de Saint-Pierre de Rome est 41° 53' 54''. La différence
des longitudes de ces deux villes est 10° 7' 5'', quelle est leur
distance géographique? On supposera la terre sphérique.

II. Déterminer la différence de niveau de deux points, ainsi
que la distance itinéraire qui les sépare, au moyen seulement de
deux distances zénithales réciproques et du rayon terrestre correspondant au milieu de l'arc. Cette question peut être utile
quand il faut lever avec promptitude la carte d'un pays de montagnes et que le canevas ne saurait être établi sur une base connue et rigoureuse. Ce moyen est-il très-exact?

III. Des observations barométriques et thermométriques faites
avec les élèves de l'Ecole, le 20 avril 1836, par un beau temps
et de 11ʰ à 1ʰ, ont donné les moyennes suivantes, en appelant
h, T, t la longueur de la colonne de mercure, la température du
thermomètre enchâssé, et celle des couches d'air :

1ʳᵉ *station*, plaine de Tomblaine, près du pont d'Essey,

$$h = 0^m, 7396, \quad T = 21°, \quad t = 17°.$$

2ᵉ *station*, intermédiaire, au village de Saint-Max,

$$h = 0^m, 7374, \quad T = 21°,95, \quad t = 17°,58.$$

3ᵉ *station*, au sommet de la côte Sainte-Geneviève, vis-à-vis de
la ferme,

$$h = 0^m, 7264, \quad T = 16°,50, \quad t = 14°,63.$$

On demande de calculer la différence de niveau de la plaine
au sommet, et de vérifier le résultat par la somme des deux hauteurs intermédiaires. En calculant par les tables de l'Annuaire, on
ne trouve dans la vérification qu'une différence d'environ $\frac{1}{800}$
de l'élévation totale.

IV. On propose, dans l'hypothèse d'une sphère, de résoudre le triangle des trois évêchés Metz, Toul et Verdun, d'après les données suivantes :

Verdun : pied de l'échelle du télégraphe, latitude 49° 9' 20", longitude orientale 2° 59' 29" ;

Metz : la petite flèche de la cathédrale, latitude 49° 7' 14", longitude Est 3° 50' 22" ;

Toul : sommet de la tour de St-Gengoult, latitude, 48° 40' 52"; la longitude est 3° 53' 14". Ordre de la question si la terre était supposée un sphéroïde et non une sphère ?

V. On connaît, d'après la carte de France, les hauteurs au-dessus du niveau de la mer, ou les altitudes de deux points culminants, par exemple des sommets de deux montagnes élevées des Vosges : on demande si, en déterminant un angle de dépression, on peut en déduire une base, soit de départ, soit de vérification, pour faire des levés de second ordre en forêts.

LIVRE VI.

· POLYGONOMÉTRIE :

DIVISION ET SUBDIVISION DES TERRAINS.

ASSIETTE DE COUPES. VÉRIFICATION DES PLANS.

LIVRE VI.

CHAPITRE Ier.

ÉVALUATION DES SURFACES. THÉORÈMES GÉNÉRAUX
SUR LES POLYGONES ; LEMMES.

Dans son acception la plus étendue, la polygonométrie serait
l'étude des propriétés générales des polygones. Nous nous res-
treindrons dans des limites plus spéciales : et, bien que nous
établissions les relations entre les côtés, les angles et l'aire d'un
polygone rectiligne quelconque, nous entendrons par polygonométrie l'art de diviser et de subdiviser les terrains suivant des
conditions données, c'est-à-dire, la géodésie, quand on désigne
par ce mot le partage des terres. La géodésie proprement dite
est une branche plus élevée de la science : il était bon de la
distinguer du complément de l'arpentage par une désignation particulière. Nous aurions pu créer un nom rappelant l'idée mêm
de division, mais nous adopterons simplement le mot *polygonométrie*, employé d'ailleurs par Puissant.

J'exposerai succinctement dans ce livre les principes fondamentaux de la polygonométrie ; et je chercherai surtout à y grouper,
sous la forme d'un ensemble complet, les solutions des divers cas

relatifs à la division des terrains boisés, de manière à offrir la clef de tous les problèmes de ce genre.

Article 1er. — Mesure des surfaces.

Les méthodes employées pour la résolution des questions de division sont de deux sortes : les procédés purement graphiques, et ceux du calcul, dans lesquels le résultat final est traduit par la règle et le compas. Le premier moyen exige que l'on construise la figure à une grande échelle sur des minutes ; le second est, comme on le sait, bien préférable et seul sûr dans certaines circonstances.

Je ferai observer qu'il existe un grand nombre de questions particulières qui sont résolues dans les traités de géométrie, elles se trouveront implicitement renfermées dans la série des cas que nous allons développer : en sorte que les omissions qu'on pourra remarquer ici seront des lacunes volontaires.

Surface du triangle. 1° Connaissant les deux côtés b, c et l'angle compris A, on trouve aisément que la surface

$$S = \frac{b\,c}{2}\ \sin. A.$$

2° Connaissant un côté c et les deux angles adjacents A et B, l'expression de la surface est

$$S = \frac{c^2}{2} \cdot \frac{\sin. A \sin. B}{\sin. (A + B)}.$$

Cette formule est, comme la précédente, calculable par logarithmes.

5° Enfin, p étant le demi-périmètre d'un triangle dont les côtés sont a, b, c, on a pour la valeur de sa surface,

$$S = \sqrt{p\,(p - a)\,(p - b)\,(p - c)}.$$

Si b est pris pour base, la hauteur

$$h = \frac{2}{b}\,\sqrt{p\,(p - a)\,(p - b)\,(p - c)}.$$

On a encore

$$S = p^2 \, \text{Tang.} \, \frac{1}{2} \, A. \, \text{Tang.} \, \frac{1}{2} \, B. \, \text{Tang.} \, \frac{1}{2} \, C.$$

Surface d'un polygone quelconque par décomposition ou au moyen d'une figure enveloppante. Les formules élémentaires précédentes, jointes à la mesure ordinaire du triangle, fournissent le moyen d'évaluer par le calcul la surface d'un polygone avec une grande approximation, quand le polygone aura été décomposé en triangles. Le calcul de ces triangles et l'application des formules pourront être abrégés en choisissant et n'évaluant que les éléments nécessaires.

Nous avons déjà exposé, dans le Livre III, en quoi consiste la méthode graphique. On construit le polygone à une échelle suffisamment grande, si l'on ne veut pas encourir de trop fortes erreurs ; puis on décompose en triangles, trapèzes, quadrilatères ; on cherche à l'échelle et au compas les valeurs des lignes nécessaires pour le calcul des aires partielles. La somme de ces aires, toutes positives quand il n'y a que décomposition, ou en partie positives et en partie négatives quand le terrain est subordonné à un polygone, fait connaître sa surface.

Au lieu d'employer les triangles obliquangles pour la décomposition du polygone, vous simplifierez le calcul et vous le rendrez uniforme quand vous pourrez le ramener à la résolution d'une suite de triangles rectangles ; vous n'aurez alors à faire usage que de formules fort simples qui reparaîtront constamment.

Ces calculs sont susceptibles d'être effectués sans difficultés sur le terrain même. Il existe des tables fournissant les côtés de l'angle droit d'un triangle rectangle dont l'hypothénuse est 1000, pour les diverses inclinaisons de cette hypothénuse : mais, outre que l'approximation angulaire est limitée, on n'est pas dispensé de poser une proportion pour ramener à l'hypothénuse réelle : en sorte que nous pensons que l'usage des petites tables portatives de logarithmes est encore ce qu'il y a de plus exact et de plus expéditif en fait de tables élémentaires.

Enfin les calculs trigonométriques seront évités, si l'on mesure à l'équerre et à la chaîne le système des perpendiculaires. Mais

18

alors, et surtout dans le cas de taillis fourrés, il se présente un
inconvénient, celui d'abattre souvent beaucoup de bois pour ouvrir ces lignes. L'inconvénient disparaît lorsqu'il s'agit d'établir
des lots dans une coupe exploitable qui va tomber sous la hache.

Autres formules de décomposition. Nous ajouterons aux expressions élémentaires de la surface du triangle d'autres formules
relatives au quadrilatère et au trapèze qui peuvent trouver leur
application dans les décompositions.

Proposons-nous de déterminer l'aire d'un quadrilatère, connaissant les deux diagonales et l'angle qu'elles forment entre
elles. Soit A B C D le quadrilatère (Fig. 156). On a sans difficulté

$$S = \frac{(x + y)\,(z + t)}{2}\ \sin. \text{E}.$$

Cette formule est calculable par logarithmes et nous apprend
que l'aire du quadrilatère est égale à la moitié du rectangle des
diagonales multiplié par le sinus de l'angle compris. Quand le
quadrilatère est inscriptible dans un cercle, il jouit de propriétés
particulières. Soit a, b, c, d, les quatre côtés, z la diagonale
conduite de l'extrémité de a à celle de b, z' l'autre diagonale,
φ l'angle des deux premiers côtés et p le demi-périmètre, on
trouve

$$S = \sqrt{(p - a)\,(p - b)\,(p - c)\,(p - d)}$$

$$z\,z' = a\,c + b\,d, \quad \frac{z}{z'} = \frac{a\,d + b\,c}{a\,b + c\,d}$$

$$\tan. \tfrac{1}{2}\,\varphi = \sqrt{\frac{(p - a)\,(p - b)}{(p - c)\,(p - d)}}$$

Ce sont autant de théorèmes particuliers.

Posons cette autre question : déterminer l'aire d'un trapèze
dont les quatre côtés sont connus. Soit b, d les deux bases
parallèles ; a, c les deux autres côtés, y la hauteur, nous aurons
d'abord

$$y = \frac{2}{g}\,\sqrt{p'\,(p' - a)\,(p' - c)\,(p' - g)}$$

puis $S = \dfrac{b + d}{g} \sqrt{p' \ (p' - a) \ (p' - c) \ (p' - g)}$

en appelant p' le demi-périmètre du triangle dont a, c, et $g = d - b$, seraient les côtés.

Surface à contour curviligne. Lorsque la figure d'un terrain n'est pas immédiatement décomposable en triangles, trapèzes, etc., il faut diviser les courbes qui le terminent en petites lignes droites et l'on rentre dans le cas précédent. La méthode suivante est plus uniforme et plus exacte. Soit $a g a' g'$ (Fig. 157), la surface à évaluer : nous tircrons un axe M N que nous décomposerons en petites parties de grandeur k, égales pour plus de simplicité, puis nous élèverons des ordonnées perpendiculaires. La surface est partagée en petits trapèzes curvilignes élémentaires, et nous supposerons que l'intervalle k soit assez petit pour qu'on puisse regarder chaque arc partiel, tel que $a b$, comme se confondant sensiblement avec sa corde. En calculant les aires de ces petits trapèzes, faisant la somme et réduisant, on arrive facilement à l'expression

$$S = k \left(\frac{a \ a'}{2} + b \ b' + c \ c' + \ldots\ldots + \frac{g \ g'}{2} \right)$$

Ainsi, l'aire d'un polygone, décomposé de cette manière, est égale *au produit de l'équidistance des parallèles par la somme des perpendiculaires intermédiaires, plus la demi-somme des extrêmes, lesquelles extrêmes peuvent être nulles.*

Il existe des formules plus exactes, et l'on peut avoir deux sommes dont la différence fournit une limite : celle que nous venons de donner est simple ; elle est assez approchée, pourvu qu'on prenne k assez petit. Voici l'énoncé du théorème proprement dit de Thomas Simpson : *L'aire formée d'un nombre pair de trapèzes rectangles et curvilignes s'obtient en prenant la demi-somme des ordonnées extrêmes, plus la somme de toutes les ordonnées, les extrêmes exceptées ; plus enfin celle de toutes les ordonnées de rangs pairs, le tout multiplié par les* $\dfrac{2}{3}$ *de l'équidistance.* Cette formule est applicable à toute surface irrégulière, décomposable en d'autres qu'on évaluerait séparément et qu'on combinerait par voie d'addition ou de soustraction. Lorsque la base est coupée par la courbe, on égale à zéro l'ordonnée du point d'intersection. Je n'entre pas dans l'exposition des méthodes qui convergent vers une plus grande exactitude, parce que ces méthodes supposent des considérations de paraboles avec lesquelles les élèves sont moins familiarisés. Ce qui précède nous suffit : voir aussi les cours d'admission.

Aire d'un polygone en fonction des coordonnées de ses sommets. Quand on a calculé les coordonnées rectangles des sommets d'un polygone, on en déduit la surface par une formule que je vais établir. Soit (Fig. 158), le polygone ; nommons x', x'', x''' ...... y', y'', y'''... les cordonnées des points M', M'', M''' ...... Il est évident que la surface du polygone est égale à la somme des trapèzes supérieurs, moins celle des trapèzes inférieurs, et que nous devons avoir dans le cas particulier de la figure :

$$S = \tfrac{1}{2} (y' + y^{v}) (x^{v} - x') + \tfrac{1}{2} (y^{v} + y^{iv}) (x^{iv} - x^{v})$$
$$- \tfrac{1}{2} (y' + y'') (x'' - x') - \tfrac{1}{2} (y'' + y''') (x''' - x'')$$
$$- \tfrac{1}{2} (y''' + y_{iv}) (x^{iv} - x''').$$

Si nous réduisons, nous arrivons à une formule plus simple :

$$2 S = \begin{cases} (y'' - y^{v}) x' + (y''' - y') x'' + (y^{iv} - y'') x''' \\ + (y^{v} - y''') x^{iv} + (y' - y^{iv}) x^{v}. \end{cases}$$

Généralisons : soit n le nombre des sommets, $x^{(n)}$, $y^{(n)}$ les coordonnées du dernier point $M^{(n)}$, nous aurons finalement cette formule élégante et dont la loi des termes est facile à saisir :

$$2 S^{(n)} = \begin{cases} (y'' - y^{(n)}) x' + (y''' - y') x'' + (y^{iv} - y'') x''' \\ + (y^{v} - y''') x^{iv} + \ldots + (y' - y^{(n-1)}) x^{(n)}. \end{cases}$$

Quand le polygone est traversé par l'un des axes, la formule est toujours vraie : il suffit de tenir compte des signes des coordonnées.

Je recommande cette méthode: elle est très-propre à calculer les surfaces des terrains boisés d'une grande étendue. En effet,

nous avons vu que les forêts se décomposent souvent en polygones : or, quand ils servent au canevas fondamental, on détermine d'abord, dans l'ordre de l'opération et avec une grande
exactitude, les distances des sommets de ces polygones à la méridienne et à la perpendiculaire ; il en résulte qu'on a immédiatement des données suffisantes et sûres pour évaluer avec une
grande précision l'aire projetée des portions limitées.

Aire d'un polygone levé par intersections. La surface d'un polygone, levé par la méthode des intersections, se trouve en fonction
des données mêmes du levé, ainsi qu'il suit. La Fig. 159 représente le croquis du polygone avec les données inscrites.

Des formules sur les triangles, et de la proportionnalité entre
les sinus des angles et les côtés opposés, il découle respectivement pour les surfaces des triangles décomposants, qui aboutissent au point A ,

$$\text{Surf. E A D} = \frac{a^2}{2} \cdot \frac{\sin. \varepsilon' \sin. \delta'}{\sin. (\varepsilon + \varepsilon') \sin. (\delta + \delta')} \sin. (\varepsilon - \delta)$$

$$\text{D A C} = \frac{a^2}{2} \cdot \frac{\sin. \delta' \sin. \gamma'}{\sin. (\delta + \delta') \sin. (\gamma + \gamma')} \sin. (\delta - \gamma)$$

$$\text{C A B} = \frac{a^2}{2} \cdot \frac{\sin. \gamma \sin. \gamma'}{\sin. (\gamma + \gamma')}$$

Il en résulte que l'aire du polygone est :

$$S = \frac{1}{2} a^2 \left\{ \begin{array}{l} \dfrac{\sin. \varepsilon' \sin. \delta' \sin. (\varepsilon - \delta)}{\sin. (\varepsilon + \varepsilon') \sin. (\delta + \delta')} \\[2ex] + \dfrac{\sin. \delta' \sin. \gamma' \sin. (\delta - \gamma)}{\sin. (\delta + \delta') \sin. (\gamma + \gamma')} \\[2ex] + \dfrac{\sin. \gamma \sin. \gamma'}{\sin. (\gamma + \gamma')} \end{array} \right.$$

En calculant par les triangles qui aboutissent au point B, nous
aurions une seconde expression qui vérifierait la première.

La question qui se présente naturellement après celle-ci est de
calculer l'aire d'un polygone levé par la méthode du *cheminement* :
or la relation qui existe entre la surface, les côtés et les angles

d'un polygone constitue l'un des deux théorèmes généraux que
nous exposerons dans un des articles suivants.

Article II. — Des erreurs absolues et des erreurs relatives.

Lorsqu'on évalue des quantités quelconques, des longueurs,
des angles, des surfaces, on commet toujours dans l'application
de petites erreurs sur ces grandeurs, en plus ou en moins, soit
matériellement dans la mesure même, soit graphiquement, soit
parce qu'on néglige des décimales dans le calcul. Ces différences
s'appellent erreurs absolues, et l'on nomme erreurs relatives le
rapport des erreurs absolues à la quantité elle-même dont il
s'agit. Or, les approximations sont ordinairement données en valeur relative et il importe de savoir, dans l'évaluation d'une quantité complexe, sur quelle approximation relative on peut compter
d'après les limites des erreurs faites sur les éléments qui la
composent.

Supposons, par exemple, qu'on ait à trouver la surface d'un
polygone qu'on a décomposé en triangles dont on mesure les
aires par les demi-produits des bases par les hauteurs. On tâ-
chera de faire intervenir comme bases les côtés directement
chaînés, pour s'affranchir de l'influence graphique. Il est évident
que la surface de chaque triangle comportera une petite erreur,
que la somme de tous ces triangles donnera une surface totale
altérée ; qu'en en retranchant l'aire totale du polygone, on aura
son erreur totale absolue, égale à la somme des erreurs absolues
des triangles décomposants, et qu'en divisant cette différence par
la surface du polygone, on trouvera que l'erreur relative totale est
égale à la somme algébrique des erreurs relatives des parties. Ceci
constitue un théorème général, car il est facile d'étendre le rai-
sonnement à d'autres questions que celle de l'aire d'un polygone.

Mais chaque triangle décomposant est lui-même le produit de
deux éléments fautifs. Pour trouver l'erreur relative de chaque
triangle, on s'appuiera sur le théorème fondamental suivant :

Soit le produit de deux facteurs A et B, produit qu'on peut
toujours assimiler à l'aire d'un rectangle de base A et de hauteur

B : soit α et β les erreurs absolues faites sur A et B, la surface fautive sera

$$(A \pm \alpha)\,(B \pm \beta) = A\,B \pm B\,\alpha \pm A\,\beta \pm \alpha\,\beta\,;$$

en retranchant A B de part et d'autre, divisant par A B , supprimant les fractions communes et négligeant le terme qui renferme le produit de α et β , comme généralement négligeable, on arrive à ce théorème : que *l'erreur relative d'un produit de deux facteurs, et par extension d'un nombre quelconque de facteurs, est égale à la somme algébrique des erreurs de ces facteurs.* De là, il est facile d'en conclure la règle pour la division, l'élévation aux puissances, les extractions de racines.

Si donc, dans le polygone qui nous sert d'exemple, on estime les erreurs absolues et les erreurs relatives des bases et des hauteurs, provenant d'une des causes précitées, on pourra déduire l'erreur absolue et l'erreur relative des éléments triangulaires ou trapézoïdaux, et partant l'approximation relative de l'aire du polygone entier.

Ces propositions généralisées sont applicables à la détermination des volumes, et on peut facilement en faire des applications au cubage des bois et au métré des terrasses.

En variant les figures, le mode de décomposition, et opérant par moyenne, on reconnaîtra comment cette théorie rend possible la détermination des limites de tolérance à poser pour la mesure des superficies. Ces limites dépendront des tolérances angulaires, en définitive des tolérances linéaires, qui résulteront de l'habileté moyenne qu'on doit supposer à l'opérateur ; du possible qu'il est permis d'atteindre dans la pratique, et des influences graphiques qui viennent compliquer la question et s'y superposer. La doctrine des erreurs absolues et relatives se lie donc intimement à celle des tolérances ou approximations, dont nous nous sommes souvent occupés, et en complète la théorie.

Je ferai ressortir l'utilité de ces considérations des erreurs absolues et relatives dans une question spéciale d'une application usuelle. Nous nous proposons de détacher dans une portion désignée de forêt (Fig. 196), une surface de S hectares, par une per-

pendiculaire appuyée sur une tranchée ou laie-sommière. Par
une cause quelconque, la perpendiculaire a été déviée de 1
mètre, je suppose, de la vraie position, et cette perpendiculaire a 80 mètres de long, on commet évidemment une erreur
de 80 mètres carrés. C'est l'erreur absolue sur la surface
désignée S ; l'erreur relative sera $\frac{\delta}{S}$. Or, pour la même
erreur absolue δ , l'erreur relative sera d'autant moindre, c'est-
à-dire, l'approximation sera d'autant plus forte que la surface S
sera plus considérable : concevez que le périmètre change, qu'il
soit i' au lieu de i, les deux droites perpendiculaires restant les
mêmes. Ceci explique pourquoi, dans la pratique, il est plus difficile de détacher, à une approximation donnée, une coupe de
petite étendue.

Article III. — Relations générales : division préliminaire du trapèze ; lemmes
divers pour servir à la division des terrains.

Je réunis dans cet article des questions qui, par leur caractère
de généralité ou par leur nature spéciale, peuvent être regar-
dées comme renfermant implicitement les solutions d'un grand
nombre de problèmes du genre de ceux dont nous nous occu-
pons. Etablissons d'abord les relations qui existent entre les côtés,
les angles et l'aire d'un polygone.

Théorème 1er. *Relation entre les côtés et les angles.* Désignons
par $(a\,b)$, $(a\,c)$, $(a\,d)$ les angles intérieurs du polygone
(Fig. 160), ou ceux que font avec a les côtés b, c, d.

$$A B = B c + c d + d A : \text{donc}$$

$$a = b \cos. (a b) + c \cos. (a c) + d \cos. (a d)$$
$$b = a \cos. (a b) + c \cos. (b c) + d \cos. (b d)$$
$$c = a \cos. (a c) + b \cos. (b c) + d \cos. (c d)$$
$$d = a \cos. (a d) + b \cos. (b d) + c \cos. (c d),$$

multiplions respectivement par a, b, c, d les 1re, 2e, 3e, 4e équations ; ôtons du premier produit les trois derniers, nous aurons

$$a^2 = b^2 + c^2 + d^2 - 2 \left\{ \begin{array}{l} b\,c\;\cos.\;(b\,c) + b\,d\;\cos\;(b\,d) \\ \qquad + c\,d\;\cos.\;(c\,d) \end{array} \right\}$$

or $(b\;c) = \mathbf{C}$, $(b\;d) = \mathbf{C} + \mathbf{D} - 180°$, $(c\;d) = \mathbf{D}$, donc

$$a^2 = b^2 + c^2 + d^2 - 2 \left\{ \begin{array}{l} b\,c\;\cos.\;\mathbf{C} - b\,d\;\cos.\;(\mathbf{C} + \mathbf{D}) \\ \qquad + c\,d\;\cos.\;\mathbf{D} \end{array} \right\}$$

Le même calcul donnerait pour le pentagone de la Fig. 159,

$$a^2 = b^2 + c^2 + d^2 - e^2 - 2 \left\{ \begin{array}{l} b\,c\;\cos.\;\mathbf{C} - b\,d\;\cos.\;(\mathbf{C} + \mathbf{D}) \\ \quad + b\,e\;\cos.\;(\mathbf{C} + \mathbf{D} + \mathbf{E}) \\ + c\,d\;\cos.\;\mathbf{D} - c\,e\;\cos.\;(\mathbf{D} + \mathbf{E}) \\ \qquad + d\,e\;\cos.\;\mathbf{E} \end{array} \right\}$$

Nous concluerons par extension ce théorème général : *le carré d'un côté quelconque d'un polygone plan est égal à la somme des carrés de tous les autres côtés, moins deux fois les produits de tous ces autres côtés multipliés deux à deux et par le cosinus de l'angle qu'ils comprennent.*

On démontre en trigonométrie le théorème du triangle, cas particulier de cette proposition générale et l'on sait que cette formule renferme toutes celles de la résolution des triangles.

Théorème 2. *Aire d'un polygone en fonction de ses côtés et de ses angles.* En d'autres termes, proposons-nous d'exprimer l'aire d'un polygone, levé par la méthode du cheminement, en fonction des données même du levé.

La surface du quadrilatère (Fig. 160) est

$$\mathbf{S} = \mathbf{C\,O\,B} - \mathbf{A\,D\,O} :$$

Or $\mathbf{B\,C\,O} = \frac{1}{2}\,(c + \gamma)\,(a + \alpha)\;\sin.\;\mathbf{O},$

$$\text{et } A D O = \frac{1}{2} \alpha \gamma \sin. O.$$

D'un autre côté

$$\alpha = \frac{d \sin. D}{\sin. O}, \gamma = \frac{d \sin. A}{\sin. O},$$

et si l'on remarque que $O = A + D - 180°$, on trouvera

$$S = \frac{1}{2} \left\{ \begin{array}{l} a\,d \sin. A - a\,c . \sin. (A + D) \\ \quad + c\,d . \sin. D. \end{array} \right.$$

Nous arriverions pour le pentagone de la Figure 159 à la relation

$$S = \frac{1}{2} \left\{ \begin{array}{l} a\,b \sin. B - a\,c \sin. (B + C) \\ \quad + a\,d \sin. (B + C + D) \\ + b\,c \sin. C - b\,d \sin. (C + D) \\ \quad + c\,d \sin. D \end{array} \right.$$

Il faut observer : 1° que les angles dans cette formule sont les angles intérieurs du polygone ; 2° que le terme est positif ou négatif selon que la somme des angles sous le signe sin. est formée d'un nombre d'angles impair ou pair ; 3° qu'en combinant les côtés deux à deux, on les emploie tous, excepté un.

La loi suivant laquelle s'engendre la formule est manifeste. Cette relation dispense de construire une minute. Tous les termes en seraient positifs si, au lieu de prendre les angles intérieurs, nous prenions les extérieurs formés par un côté et le prolongement du suivant.

De l'emploi de la méthode des coordonnées. Faisons voir de quelle utilité est la méthode des coordonnées pour résoudre les questions de division.

Je me propose de partager la forêt A B C D (Fig. 161), en quatre parties équivalentes par deux tranchées se coupant à angle droit.

Les coordonnées des points B , C , D sont déduites des données du levé et rapportées à l'un des côtés pris pour axe des x et à sa perpendiculaire passant par le point A. On exprimera que le point (α , β) est sur la droite A B, en posant $\beta \, x^{\text{I}} = \alpha \, y^{\text{I}}$ (1) ; que (β' , α') est sur la droite B C , en écrivant

$$(x'' - x^{\text{I}}) (\beta' - y') = (y'' - y') (\alpha^{\text{I}} - x'') ; \quad (2)$$

que N est sur C D, par l'équation.

$$(x''' - x^{\text{II}}) (\beta'' - y^{\text{II}}) = - \, y'' \, \alpha^{\text{II}} - (x''') ; \quad (3)$$

que P M et Q N se coupent à angles droits, par l'équation de condition

$$\frac{\beta'' - \beta}{\alpha'' - \alpha} \times \frac{- \, \beta'}{\alpha''' - \alpha} + 1 = o; \quad (4)$$

que A B P M est $\frac{1}{2}$ de la surface totale S , par

$$\frac{y' \, x'}{\cdot \, 2} + \frac{y' + \beta'}{2} (\alpha' - x^{\text{I}}) + \frac{\beta'}{2} (\alpha''' - \alpha') = \frac{1}{2} \, \text{S} ; \quad (5)$$

que A Q N D $= \frac{1}{2}$ S , par

$$\frac{\beta \, \alpha}{2} + \frac{\beta + \beta''}{2} (\alpha'' - \alpha) + \frac{\varepsilon''}{2} (x''' - \alpha'') = \frac{1}{2} \, \text{S} ; \quad (6)$$

que A Q O M $= \frac{1}{4}$ S , par

$$\frac{\beta \, \alpha}{2} + \frac{\beta + o'}{\cdot \, 2} (o - \alpha) + \frac{o'}{2} (\alpha''' - o) = \frac{1}{4} \, \text{S.} \quad (7)$$

Les coordonnées o, o^{I} se détermineront en fonction de α, β, α', β', α'', β'', α''', comme coordonnées de deux droites P M et Q N passant d'une part par les points (α', β'), α''' et de l'autre, par (α, β), $(\alpha'' \, \beta'')$. On aura donc 7 équations entre 7 inconnues, savoir : α, β, α', β', α'', β'', α'''.

S est d'ailleurs facile à calculer par la formule

$$\text{S} = \frac{y' \, x'}{2} + \frac{y' + y''}{2} (x'' - x^{\text{I}}) + \frac{y''}{2} (x''' - x'').$$

Il ne faut admettre dans chaque système de valeurs, si l'équation finale est d'un degré supérieur, que les valeurs comprises entre les limites données par les sommets du polygone : ainsi α doit être $> o$ et $< x'$; $\beta > o$ et $< y'$.... etc. Si donc on n'obtient pas de système où ces conditions soient remplies, le problème restera sans solution.

Pour trouver la position approchée des deux droites rectangulaires P M , Q N , on pourra les placer à vue, ou se servir d'une feuille transparente décomposée en petits carreaux et divisée par deux droites à angles droits. Ce tâtonnement facilitera la solution dans le cas d'un polygone quelconque.

L'équation finale du problème précédent se vérifie en supposant que le quadrilatère devienne un rectangle.

Une maison forestière placée au point O surveillerait à la fois quatre embranchements.

On s'exercera à cette méthode analytique en cherchant, par les équations de la ligne droite, la solution de questions telles que les suivantes :

Diviser le polygone en quatre parties qui aient entre elles des rapports donnés par un système de deux droites formant un autre angle qu'un angle droit ; discuter.

Diviser le polygone en deux ou plusieurs parties qui aient entre elles des rapports donnés par une ou plusieurs droites partant d'un point donné intérieur, extérieur, ou sur le périmètre.

Diviser le polygone en parties de rapports donnés par une droite parallèle à une direction désignée, ou qui ait une partie interceptée déterminée, etc. Parmi les nombreuses applications des méthodes générales, on débutera par ces cas particuliers : d'un point pris dans l'intérieur d'un triangle, d'un quadrilatère, faire passer une droite telle que la partie interceptée ait une longueur donnée ou minima.

La longueur des calculs, dans les cas un peu compliqués, nous conduira à rechercher encore d'autres solutions, souvent plus commodes pour la pratique.

Division du trapèze. La plus grande partie des problèmes géométriques de partage se réduit, en dernière analyse, à détacher une certaine surface dans un trapèze connu, ou, ce qui revient au même, à le partager dans un rapport assigné : aussi vais-je m'arrêter sur cette question préliminaire et en présenter plusieurs modes de solution.

Les expressions littérales de l'inconnue dans les solutions algébriques sont susceptibles de se traduire graphiquement par des constructions plus ou moins ingénieuses : donnons d'abord un exemple de ces solutions graphiques tirées de l'équation. *On demande de diviser un trapèze* (Fig. 162) *en deux parties qui soient entre elles dans le rapport de* m *à* n *, par une parallèle* L G *aux bases.*

Posons $E\ I = x$, $C\ D = a$, $A\ B = b$, $E\ F = h$.

D'abord suivant l'énoncé :

$$A\ B\ L\ G = \frac{m}{m+n} \cdot A\ B\ C\ D .$$

D'ailleurs

$$A\ B\ C\ D = \frac{a+b}{2}\ h \text{ et } A\ B\ L\ G = \frac{b+L\ G}{2}\ x .$$

Cherchons L G : par les triangles semblables,

$$L\ K = \frac{(a-b)\ x}{h}\ ; \text{ donc}$$

$$L\ G = L\ K + K\ G = \frac{(a-b)\ x}{h} + b = \frac{(a-b)\ x + b\ h}{h} .$$

En substituant, l'équation du problème devient

$$\frac{(a-b)\ x + 2\ b\ h}{2\ h} \times x = \frac{m}{m+n} \times \frac{a+b}{2}\ h ,$$

d'où

$$x = -\frac{b\ h}{a-b} \pm \sqrt{\frac{b^2\ h^2}{(a-b)^2} + \frac{m\ h^2}{m+n} \times \frac{a+b}{a-b}} ,$$

$$x = - \frac{b\,h}{a - b} \pm \frac{h}{a - b} \sqrt{\frac{a^2\,m + b^2\,n}{m + n}} ,$$

valeurs qui seront toujours réelles.

Cherchons à les construire, dans le cas de la figure, où $a < b$. Et d'abord prolongeons les côtés jusqu'à la rencontre O, duquel point nous abaisserons la perpendiculaire O F (Fig. 163).

Les deux triangles O C D , O A B donnent

$$\text{O E} = \frac{b\,h}{a - b} \,,\ \text{O F} = \frac{b\,h}{a - b} + h = \frac{a\,h}{a - b} .$$

Prolongeons F O de O F' = O F :

$$\text{E F'} = \text{O E} + \text{O F'} = \text{O E} + \text{O F} = \frac{(a + b)\,h}{a - b} .$$

Si nous partageons E F au point K , dans le rapport de m à n, nous aurons $\text{E K} = \dfrac{m\,h}{m + n} .$

Cela posé, décrivons une circonférence sur K F' comme diamètre, prolongeons E A jusqu'en H.

$$\text{E H}^2 = \text{E K} \times \text{E F'} = \frac{m\,h}{m + n} \times \frac{(a + b)\,h}{a - b} .$$

Tirons O H , il vient

$$\text{O H} = \sqrt{\frac{b^2\,h^2}{(a - b)^2} + \frac{m\,h}{m + n} \times \frac{(a + b)\,h}{a - b}} .$$

Enfin, du point O comme centre et d'un rayon O H , décrivons un arc de cercle : il rencontrera E F' aux points I et I' . EI , E I' sont les deux valeurs de x, dont l'une correspond à un trapèze équivalent et opposé au premier.

Voici une seconde manière de résoudre la question, par le calcul et graphiquement. Il s'agit de partager le trapèze A B C D (Fig. 164), en parties z , z', z'', qui soient entre elles dans les rapports $m : n : p$. Je prolonge C B et D A jusqu'à leur rencontre en O ; je calcule l'aire t du triangle A B O, celle du trapèze et des portions z, z', z'' d'après les données et les rapports désignés. De la comparaison des surfaces des triangles C D O, L O L', K O K', résultent des rapports numériques q, q', q''. Or ces mêmes triangles étant semblables,

$$C O D : L O L' : K O K' :: O D^2 : O L^2 : O K^2, \text{ par}$$

conséquent $O D^2 : O L^2 : O K^2 :: q : q : q''$.

Ces proportions feront connaître les valeurs numériques des lignes O L , O K, qu'il faut porter sur O D à partir de O : donc les pieds L , K des parallèles cherchées L L' , K K'.

Le problème se résout graphiquement en s'appuyant sur cette proposition connue de géométrie, que les carrés des cordes tirées de l'extrémité d'un diamètre sont proportionnels aux projections de ces cordes sur ce diamètre. Décrivons une demi-circonférence sur O D ; mesurons à partir de O sur cette ligne des longueurs correspondantes à q, q', q'' ; élevons aux extrémités les perpendiculaires I , I', et rabattons les cordes O I, O I', rabattement qui déterminera les points cherchés K , L .

Cette solution renferme le cas où le côté A B devient nul : c'est celui d'un triangle tel qu'on en a quelquefois à diviser au commencement d'une coupe.

La division du trapèze conduit toujours à une équation du 2ᵉ degré ou en renferme implicitement l'équivalent. En effet, il y a dans ce problème deux conditions de nature différente à exprimer : la première est relative à la surface, la seconde à l'inclinaison des lignes de la figure.

Varions encore la solution. Proposons-nous de séparer dans le trapèze A B C D (Fig. 165), une surface A B L L' $= S$: il faut déterminer L L'. Posons A D $= b$, A B $= h$, D C $= h'$, L L' $= y$, A L $= z$, et divisons la base b, de mètre en mètre, ou en n parties $\frac{b}{n}$ d'autant moindres que n sera plus grand. La figure A B C D se trouve décomposée en trapèzes élémentaires de même base, chacun différend de son voisin d'un élément r, qui est un rectangle ou un parallélogramme, selon l'inclinaison des côtés : ces trapèzes forment donc une progression arithmétique, et il s'agit de savoir quel nombre x de ces éléments il faut prendre pour détacher la surface S. Appelons a le premier terme de la progression, l le dernier, et rappelons-nous les deux formules des progressions par différence,

$$l = a + r\,(x - 1), \quad S = \frac{a + l}{2}\,x.$$

L'équation du problème s'obtient évidemment en éliminant l :

$$x = \frac{r - r\,a \pm \sqrt{8\,r\,s + (2\,a - r)^2}}{2\,r}.$$

D'ailleurs le premier terme a est $\dfrac{b\,h}{n}$, et la différence $r = \dfrac{b\,(h' - h)}{n^2}$. Cette valeur de r résulte de la comparaison du petit triangle en B et de son semblable C B G.

On abandonnera l'emploi des trapèzes élémentaires, et on rentrera dans la considération directe des lignes de la figure, en multipliant les deux membres de la valeur de x par $\dfrac{b}{n}$, puis faisant n infini, ce qui donne, toutes réductions faites,

$$z = \frac{-\,b\,h \pm \sqrt{2\,b\,(h' - h)\,S + b^2\,h^2}}{h' - h}$$

Cette formule vérifie le calcul précédent ainsi qu'il suit : par la condition relative à la surface, on a d'abord $\dfrac{h + y}{2}\ z = $ S ; puis en comparant les triangles semblables E A D , F A L , la corrélation des côtés donne $h' - h \, \vdots \, y - h \, \vdots\vdots \, b \, \vdots \, z$. En éliminant y entre ces deux relations on retombe sur une valeur identique de z.

Enfin on peut encore résoudre la question préliminaire du trapèze par approximation. On veut dans le trapèze A B C D (Fig. 166), à partir de A B, emprunter une portion A B O O' $=$ S. Par une opération préalable, on a trouvé deux valeurs approchées, l'une A B K K' trop faible, l'autre A B L L' trop grande :

il reste donc à prendre dans K K' L L' un excès connu, ou à partager cette différence dans un rapport donné. Or en divisant K L , en i , dans ce rapport , il est évident que la ligne $i\ i'$ ne sera pas rigoureusement la ligne cherchée : car elle divise bien le parallélogramme K L K' q selon le rapport voulu, mais le petit triangle K' p i' n'est pas au triangle K' L' q comme les côtés K' p et K' q ; ces triangles sont entre eux comme les carrés de ces côtés. L'erreur ne porte que sur le triangle K' L' q : si donc ce triangle est peu considérable relativement à K K' L L' ; si l'intervalle K L , si l'inclinaison de B C sur A D sont peu prononcés, il pourra se faire que l'erreur commise descende au-dessous de la limite exigée, et alors la solution sera suffisamment exacte. On approchera davantage en évaluant la hauteur h d'une surface additionnelle $i\ i'\ o\ o'$, regardée comme un rectangle de base $i\ i'$ et équivalente à l'erreur. Autrement plusieurs termes additionnels étant calculés, on procédera par proportion ou à l'aide d'une courbe.

Le partage du trapèze par une ou plusieurs parallèles aux bases est le cas le plus usuel. On peut encore se proposer de le diviser dans des rapports donnés, par des parallèles à l'un des côtés, par une ligne partant d'un sommet, par des transversales coupant les bases. Ces questions n'offrant point de difficultés, nous ne nous y arrêterons pas.

Détacher une surface dans un angle. Dans un angle B A C (Fig. 186), on veut détacher une surface S par une droite, passant par un point O , défini de position par A O $= a$ et l'angle O A C $= \beta$.

Surface O A $i = \frac{1}{2}\ a\ b'$ sin. β et surface O A $i' = \frac{1}{2}\ b\ a$ sin. $(\beta - \alpha)$. Donc $\frac{2\,.\,\mathrm{S}}{a} = b'$ sin. $\beta - b$ sin. $(\beta - \alpha)$, on a aussi $2\,.\,\mathrm{S} = b\ b'$ sin. $\frac{1}{2}\ \alpha$. Ce problème peut servir à résoudre des questions compliquées, qu'on ramène à ce lemme.

CHAPITRE II.

ETABLISSEMENT DES LAIES SOMMIÈRES ET DES LIGNES DE COUPES.

DIVISION D'UN CANTON DE FORÊT EN UN SYSTÈME DE COUPES ÉQUIVALENTES
OU AYANT DES RAPPORTS DONNÉS.

Article Ier. — Laies sommières.

Les méthodes de division et de subdivision de terrain trouvent, en matière forestière, leur application principale dans la détermination des laies sommières et des lignes séparatives de coupes. On appelle *laie* ou *laye* une route ordinairement étroite, un chemin rectiligne tracé dans les forêts : ces lignes, sur lesquelles s'appuient celles de coupes, servent quelquefois au transport des bois. « Les laies qui séparent les triages doivent au moins avoir » 4 mètres de large ; ces *laies sommières* sont alors de véritables » voies. Celles de simple division de coupes ont 2 mètres. » (Dict. de Baudrillart). Je vais développer sous la forme d'une série de questions les solutions des divers cas principaux, en cherchant toujours à varier ces solutions.

1re Question. *Partager dans le rapport de* m *à* n *une figure polygonale ou forêt par une ligne passant par un point donné du périmètre.*

1re Solution. Soit (Fig. 168) le polygone, O le point donné, X et Y les deux aires composantes de la surface totale S. J'aurai

d'abord X : Y :: m : n, d'où $X = \dfrac{m}{m+n} S$ et $Y = \dfrac{n}{m+n} S$.

Je tire approximativement une droite auxiliaire O K, dont je calcule la valeur b. J'évalue aussi la surface O B C D K ; et en la comparant à la surface X, je trouve qu'il faut lui ajouter δ pour égaler cette dernière. Tout se borne donc à ajouter un triangle O K P = δ; b h = 2 δ. Elevons une perpendiculaire de longueur h déduite de cette équation, menons par son extrémité une parallèle à b, l'intersection P déterminera la droite cherchée O P. La solution se simplifie quand le point O se confond avec un des sommets, A par exemple; et qu'on prend pour droite auxiliaire une diagonale telle que A D au lieu de O K.

2° Solution. Conservons la même figure et tirons les lignes O D, O E aux sommets D, E. En calculant les surfaces des polygones O B C D et O A F E, nous trouverons qu'il manque δ' à l'une pour faire X, et δ'' à l'autre pour compléter Y : la question est donc ramenée à partager le triangle D O E, et par conséquent seulement sa base D E, dans le rapport de δ' à δ'', au point P que l'on joindra ensuite au point O.

3° Solution. Soit (Fig. 169) le polygone, O le point donné, O' le point cherché. Nous présumerons d'abord approximativement quel est le côté que la droite O O' doit couper : supposons que ce soit C D. Nommons δ l'aire calculée qu'embrassera O A B C O'. En vertu de l'un des théorèmes généraux précédemment exposés:

$$2\,\delta = \left\{ \begin{array}{l} x\,a \ \text{sin. A} - x\,b \ \text{sin. (A + B)} \\ + \ x\,y \ \text{sin. (A + B + C)} + a\,b \ \text{sin. B} \\ - \ a\,y \ \text{sin. (B + C)} + b\,y \ \text{sin. C} \end{array} \right.$$

On tire de cette équation

$$y = \frac{2\,\delta - x\,a \ \text{sin. A} + x\,b \ \text{sin. (A + B)} - a\,b \ \text{sin. B}}{x \ \text{sin. (A + B + C)} - a \ \text{sin. (B + C)} + b \ \text{sin. C}}.$$

Or x est donnée, donc on connaîtra y.

2° Question. *Partager un polygone dans le rapport de* m *à* n *par une droite passant par un point extérieur.*

1re **Solution.** Par un point O du plan d'un triangle A B C (Fig. 170), tirer une droite O P Q décomposant le triangle dans un rapport donné.

La parallèle O K $= \beta$ et la partie interceptée, A K $= \alpha$, fixent la position du point O. Posons

$$A B = c, \; A C = b, \; P A = y, \; A Q = x.$$

Les deux triangles P A Q, B A C ayant un angle commun, $x y = b c \times \mu$; μ est le rapport des deux parties.

D'un autre côté les triangles semblables O K C, P A Q donneront $\beta x = (\alpha + x) y$.

On éliminera y ou x, on discutera; une construction graphique se déduira de la valeur algébrique de l'inconnue.

Autrement, on peut construire par deux courbes du deuxième degré. Car les intersections des deux hyperboles représentées par les deux équations fourniront les solutions. Il faudra rejeter les valeurs de x et de y plus grandes que A C et A B. On pourra remplacer ces deux courbes par une hyperbole et une droite.

2e **Solution.** Supposons un polygone quelconque (Fig. 171), O le point extérieur, O T une ligne auxiliaire déterminée. Il s'agit de mener O 1 N.

Soit δ la différence calculée qu'il faut ajouter à V T Z. Abaissons des points I, A, B, N, des perpendiculaires sur la droite approximative O T; parmi ces perpendiculaires et les distances de leurs pieds au point O, les unes seront déduites des premières données du polygone, les autres sont les inconnues de la question. Adoptons les notations

$$A Q = H, \quad B K = H', \quad I P = h$$
$$N G = h', \quad P V = x, \quad K T = a'$$
$$Q V = a, \quad G T = x', \quad O V = b$$
$$O T = b',$$

Les triangles de la figure donneront évidemment

$$H : h :: a : x, \quad H' : h' :: a' : x'$$

$$b + x : b' - x' :: h : h'$$

$$b' h' - b h = 2 \delta$$

Ce qui fournit quatre équations pour les quatre inconnues h, h', x, x'.

3e Solution. Par le point O (Fig. 172), tirer la droite OO' de manière à partager le polygone dans un rapport donné. On calculera l'aire P A B C ; soit δ ce qu'il faut ajouter.

Posons O C $= a$, O P $= a'$, lignes connues. Employons la formule qui exprime l'aire d'un triangle en fonction d'un côté et des angles adjacents, et prenons la différence O C O' — O P I, il vient

$$\frac{a^2 \sin. o \sin. c}{\sin. (o + c)} - \frac{a'^2 \sin. p \sin. o}{\sin. (p + o)} = 2 \delta.$$

Développons au dénominateur, divisons haut et bas par cos. o cos. c, et par cos. p cos. o, nous trouverons

$$\frac{a^2 \tan g. o \tan g. c}{\tan g. c + \tan g. o} - \frac{a'^2 \tan g. p \tan g. o}{\tan g. p + \tan g. o} = 2 \delta.$$

Equation du second degré en tang. o. Connaissant l'angle o, il sera facile d'achever : sur O C on prendra une des longueurs a, a', ou arbitrairement O K, puis on calculera le côté K H du triangle rectangle K O H, on tirera O H jusqu'en O'.

Scholie :

1° La solution serait analogue si le point O était donné dans l'intérieur ;

2° Si on pose $a = o$, le point se transporte sur le contour ;

3° Quand, au lieu du point O, on se donne l'angle o que la droite I O doit faire avec une ligne P C connue de position dans le polygone, si on prend pour inconnues les distances a, a' du point C au point de concours, en posant $a - a = k$ quantité connue, l'équation fera connaître a ou a' et par conséquent résoudra cette question : diviser dans un rapport désigné par une droite faisant avec une direction convenue un angle donné, ou par une droite parallèle à une certaine ligne.

La méthode trigonométrique précédente est générale, puisque par la discussion d'une seule formule on peut en déduire tous les cas de la question, selon qu'on varie les deux conditions auxquelles la droite est assujettie.

Il est évident qu'il résulte de nos raisonnements, non pas une, mais plusieurs voies générales de solution : 1° *la méthode des coordonnées;* 2° *celle du genre précédent, que nous pouvons appeler trigonométrique ;* 3° *la comparaison directe des triangles semblables ;* 4° *les procédés graphiques.* Continuons nos applications particulières.

3e **Question.** *Partager un polygone dans le rapport de* m *à* n *par une droite passant par un point intérieur.*

1re **Solution.** Il peut être commode dans la pratique, quand on ne trouve pas tout de suite une solution plus rigoureuse, de s'aider de la construction d'une courbe. Je vais faire voir comment on résout ainsi le problème énoncé. Soit O le point donné (Fig. 173). Je tire une droite auxiliaire P Q, je calcule l'aire P A Q et je trouve qu'il manque δ pour égaler l'une des portions demandées. En faisant tourner P Q autour du point O, j'ajoute d'une part un triangle P O O'' et je retranche de l'autre un triangle O Q O' : pour que O' O'' soit la position cherchée, il faut que la différence

$$P\,O\,O'' - O\,Q\,O' = \delta.$$

Prenons P a arbitrairement, tirons a O, calculons les triangles P O a, O Q a' et leur différence ; portons ensuite P b, calculons la différence des triangles, ainsi de suite. Construisons sur la minute deux axes rectangulaires (Fig. 174), prenons pour abcisses les bases P a, P b..... et pour ordonnées les différences des aires des triangles opposés : en joignant les sommets des ordonnées, on aura une courbe M', M''...... qui exprimera la loi suivant laquelle varient ces différences.

Sur l'axe des y transportons O B proportionnel à δ, menons la parallèle B C, l'abscisse O P, correspondant au point d'intersection C, sera la base P O'' à porter, et la droite O' O O'' sera la droite demandée.

2° Solution. Posons P O = α, Q O = β,
O P O″ = p, O Q O′ = q.

En suivant la même marche que dans la troisième solution de
la question 2°, l'équation du problème sera

$$\frac{\alpha^2 . \sin. p \sin. o}{\sin. (p + o)} - \frac{\beta^2 \sin. q \sin. o}{\sin. (q + o)} = 2\delta.$$

On divisera haut et bas par cos. p cos. o d'une part, et par
cos. q cos. o de l'autre, après avoir développé au dénominateur ;
on aura ainsi une équation en tang. o ; puis on construira par
la table des tangentes naturelles ou par la table des cordes. La
non réalité des racines de l'équation indique quand le problème cesse d'être possible.

3° Solution. Enfin, opérant d'une manière analogue à la 2ᵉ solution de la 2° question, on aura encore un moyen de déterminer la vraie position de la droite.

4° Question. *Partager un polygone dans le rapport de* m à n *par
une droite parallèle à une droite donnée, ou faisant un angle désigné
avec une certaine direction, par exemple, avec la ligne nord-sud.*

Le second cas se ramène au premier. Soit N S (Fig. 175), la
direction donnée ; la sécante doit faire avec N S un angle α. Je
mène M T coupant N S sous l'angle α et la question se réduit à
la première, partager le polygone dans le rapport de m à n par
une droite parallèle à M T.

1ʳᵉ Solution. Je trace l'auxiliaire P Q parallèle à M T ou faisant avec N S l'angle α ; je calcule l'aire P B Q, et je trouve qu'il
lui manque une quantité δ pour égaler la 1ʳᵉ portion

$$X = \frac{m S}{m + n} = B I N.$$

Il faut fixer la position de la parallèle I N de façon que
I N P Q = δ. J'abaisse les perpendiculaires H , h , H′, h′ = h.
Je pose P O = x, P K = a, Q O′ = x′, K Q′ = a′,
P Q = b, I N = y. On aura (y + b) h = 2 δ (1),
H : h :: a : x (2), H′ : h :: a′ : x′ (3), b − (x + x′) = y (4);
ce qui fait quatre équations pour les quatre inconnues y , x , h , x′.

2ᵉ Solution. Je mène deux parallèles $a\,b$, $c\,d$ à la direction donnée (Fig. 176), je calcule les surfaces $a\,A\,b$, $c\,B\,d$; je trouve qu'il faut ajouter δ à l'une, et δ' à l'autre pour égaler les deux portions

$$X = \frac{m}{m+n}\,S \text{ et } Y \frac{n}{m+n}\,S$$

La question revient donc à partager le trapèze $a\,b\,c\,d$ par une ligne $x\,y$, dans le rapport de δ à δ', problème résolu.

3ᵉ Solution. Nous avons indiqué dans la 3ᵉ solution de la 2ᵉ question une autre voie de solution.

Enfin on peut encore avoir recours à la méthode des coordonnées en employant l'expression analytique de l'équation de la ligne droite; ou bien se servir du théorème général sur les côtés, les angles et la surface d'un polygone.

3ᵉ Question. *Diviser un polygone dans le rapport de* m *à* n *par une droite de longueur donnée ou par une droite de longueur minima.*

1° *Par une droite de longueur donnée.* Reportons-nous à la Figure 169.

Nous avons vu que, par le théorème 2, on pouvait poser une équation de laquelle on tire

$$y = \frac{2\,\delta - x\,a\,\sin.\,A + x\,b\,\sin.\,(A+B) - a\,b\,\sin.\,B}{x\,\sin.\,(A+B+C) - a\,\sin.\,(B+C) + b\,\sin.\,C} \qquad (1).$$

Appelons z la longueur $O\,O'$: le théorème 1ᵉʳ donnera

$$z^2 = x^2 + a^2 + b^2 + y^2 - 2 \begin{cases} a\,x\,\cos.\,A - x\,b\,\cos.\,(A+B) \\ + x\,y\,\cos.\,(A+B+C) \\ + a\,b\,\cos.\,B - a\,y\,\cos.\,(B+C) \\ \qquad + b\,y\,\cos.\,C. \qquad (2) \end{cases}$$

En éliminant y entre (1) et (2) on aura une équation en z et x : en sorte que x étant donnée, z s'en déduira : réciproquement, si on assigne z dans les limites convenables, x sera connue et on aura partagé par une droite de longueur donnée.

2° *Par une droite de longueur minima.* Dans l'équation résultant de l'élimination, regardons z comme variable dépendante de x; égalons la dérivée du premier ordre à zéro. Les racines de cette équation donneront des longueurs minima ou maxima cherchées, selon qu'elles rendront positive ou négative la première dérivée d'ordre pair qui ne s'évanouira pas par la substitution. Il faudra que les valeurs de x et de y satisfassent aux limites A F, C D.

Cherchez de même pour les autres côtés, pris deux à deux, la route minima : la moindre de ces routes minima sera la dernière solution du problème.

Les élèves pourront s'exercer à la solution de ces questions en employant la méthode des coordonnées.

6⁰ Question. *Partager un polygone, une surface curviligne, en deux ou en plusieurs parties, qui aient des rapports donnés, par un système de droites, par une ligne brisée, par une courbe.*

1° Diviser en trois parties équivalentes le triangle A B C (Fig. 177), par des droites partant d'un point O de sa base. On divisera les aires calculées des triangles A M O, A O M' par la moitié de la base connue A O, pour le cas de la figure, ce qui donnera les hauteurs M P, M' P'.

On résout, ainsi qu'il suit, la question par une transformation graphique. Je partage (Fig. 178), la base A C en trois parties égales aux points K, K'; par ces points je mène à O B les parallèles K M, K' M' : les droites O M, O M' satisfont à la question. Cela revient à diviser A B dans le rapport de A K à K O et B C dans celui de C K' à O K'.

Vous concluerez sans peine comment il faut opérer quand il s'agit de diviser par plus de deux droites.

Cette question trouve son application quand on se propose de partager une propriété de façon que les sentiers de limites des copartageants aboutissent à un puits commun, à une issue; ou dans le cas des terrains boisés, lorsqu'on veut placer en un point de concours une maison de garde qui surveille les tranchées.

Résolvons la question dans l'hypothèse où le point est intérieur au triangle (Fig. 179). En prenant B O pour une des lignes de division. On aura

$$B\,M' = \frac{\frac{1}{3}\,S}{\frac{1}{2}\,O\,H}.$$

S'il arrivait que le triangle **B O C** fût moindre que $\frac{1}{3}$ S, on di-
viserait la différence par $\frac{1}{2}$ O M, ce qui donnerait la base **C M″**.

Graphiquement : prenons (Fig. 180), $C\,K = \frac{1}{3}$ A C, joi-
gnons O et K, menons à O K la parallèle B M″. Puis par le
point I, milieu de B M″, conduisons la parallèle I M à A O : les
droites O M′, O M″ satisfont à la question.

2° Deux terrains sont séparés par une courbe A M P B
(Fig. 181): on propose de substituer à cette limite ondulée une
droite, de façon que les deux terrains conservent leur étendue.

La solution suivante n'exige pas que les deux surfaces limitrophes soient évaluées.

Je tire une solution approchée A C, j'élève A y perpendiculaire, je décompose les surfaces, comprises entre la ligne sinueuse et A C, en trapèzes. Si A M r $+$ s q C $=$ r P s, A C
est la droite cherchée. Dans le cas où le premier membre de
l'égalité précédente est plus grand que r P s, retranchez un
triangle égal à l'excès δ, et dont vous trouverez la hauteur par
la relation A H $= \dfrac{δ}{\frac{1}{2}\,A\,C}$.

Il est facile sur une minute de partager dans un rapport donné
une surface mixtiligne par une droite brisée ou par une courbe.
Soit (Fig. 182), la projection d'une forêt ou portion de forêt.

Je décompose en trapèzes élémentaires, et je coupe successivement les côtés parallèles dans le rapport donné. On voit que tous
les éléments seront divisés dans ce rapport. Il y a plus : on peut
traverser la surface et ses éléments dans un rapport variable,
suivant la fertilité, par exemple.

Il est évident que la direction du chemin A B dépend de celle
qui est donnée aux côtés parallèles des trapèzes décomposants.

6° **Question.** *Terrains d'inégale fertilité.* Soit (Fig. 183),
A B C D E F la moitié d'une division de forêt; A F la laie sommière, S, S′, S″ trois portions de fertilités différentes, c'est-à-dire,

devant fournir a, a', a'' mètres cubes par hectare à l'époque de l'exploitation. Je commence par déterminer $m\,n$ en supposant que toute la coupe $m\,n\,\mathrm{D}\,\mathrm{E}\,\mathrm{F}$ porte sur une étendue de la nature de S. Or si $a\,a'$ est moindre que a, il est évident que la partie $n\,o\,i\,\mathrm{D}$ donnant réellement une valeur trop faible, il faut, pour établir la compensation, avancer $m\,n$ vers A. Je prends $m\ m' = m'\,m'' = m''\,m'''\dots\dots$ égales à 1, 2, 5 ou 5 mètres, puis je calcule les aires de trapèzes $n\,n'\,o\,o'$, $o\,o'\,m\,m'$. Je connais d'ailleurs les valeurs a, a' par hectare; j'aurai donc aisément la quantité dont j'augmente le produit en avançant de $m\,m'$. Je calcule de même les accroissements successifs correspondant aux trapèzes suivants. Or, connaissant la valeur de la coupe à détacher, il me sera facile, à l'aide de ces différences, de déterminer, soit par proportion, soit au moyen d'un système auxiliaire d'abscisses et d'ordonnées, la position définitive de la première ligne de partage. Si une portion de forêt, une des sections S, par exemple, n'est pas tout à fait homogène et présente des taches, on pourra, si l'on veut pousser plus loin la rigueur de la solution, rapporter à une fertilité moyenne.

Les divers exemples précédents de questions suffisent pour l'intelligence de ce genre de problèmes, et nous ne les multiplierons pas davantage.

Ouverture et vérification des lignes. Dans toutes les questions de grande ou de petite division, il faut savoir *ouvrir, vérifier et rectifier les lignes.* Or la ligne à déterminer coupe généralement deux lignes extrêmes données de position : les distances des deux extrémités de la ligne à deux bornes ou à deux origines comptées sur ces droites et les deux angles que la ligne cherchée fait avec elles, la longueur de la ligne elle-même, fournissent cinq éléments, dont deux serviront à ouvrir la ligne et les trois autres à la vérifier. Quand la direction déviera un peu du point d'arrivée, il y aura lieu à calculer une petite correction angulaire; et lorsqu'il s'agira d'un système de lignes séparatives, on répartira proportionnellement sur chaque pied des perpendiculaires la différence totale.

Bornage. Les délimitations, la pose des bornes se lient à des considérations administratives, auxquelles on se conformera.

On sait dans quels rapports étaient les aires de deux surfaces
contiguës que séparait autrefois un ruisseau. Cette limite a
changé ; l'eau, en modifiant son cours, a arraché les bornes intermédiaires : on veut déterminer une ligne brisée B *y* B' aboutissant aux bornes existantes B , B' (Fig. 191); de façon que cette
nouvelle limite rétablisse les terrains limitrophes dans leur ancien rapport.

Par le point B je tire la droite B M partageant la surface totale
dans le rapport voulu. Je mène du point M une parallèle M *y* à
B B'. La ligne brisée B *y* B' , *y* étant un point quelconque de
cette parallèle, est une solution de la question, car les deux
triangles B M B' , B *y* B' sont égaux en superficie.

Transformer sur le papier un polygone donné en un triangle
équivalent qui ait un sommet en un point désigné du contour,
et diviser graphiquement le polygone en parties de rapports
donnés, par des droites divergeant de ce même point ; étendre
aux autres cas les transformations des figures par la règle et
l'équerre.

L'établissement des lignes séparatives de coupes, qui s'appuient
sur les laies sommières ou grandes lignes de division, a sa solution implicitement renfermée dans celles des questions précédentes. Mais comme la détermination de ces lignes trouve une
application fréquente en forêt, je vais l'exposer à part.

Supposons qu'on ait à diviser en *n* coupes équivalentes une
portion de forêt (Fig. 192).

Si *n* était 35, par exemple, il y aurait 17 coupes d'un côté de
la laie sommière et 18 coupes de l'autre ; en sorte que cette ligne
partagerait le polygone dans le rapport de 17 à 18. Concevons que
A M, passant par le sommet A, soit la laie sommière déterminée. Il
s'agit d'appuyer sur elle une série de parallèles faisant avec A M
un angle *α* et comprenant entre elles des aires ou coupes égales

à $\frac{S}{n}$, en rentrant dans la généralité. Ordinairement les lignes de coupes sont perpendiculaires à la laie sommière : il suffit de faire $\alpha = 100^g$ dans notre solution générale.

Par les sommets B, C.... je mène des parallèles B P, C Q, faisant avec A M un angle α ; j'évalue A P B et je trouve qu'il manque une surface δ pour compléter la coupe : il faut donc ajouter un trapèze B P K G $= \delta$. La ligne de coupe cherchée sera K G $= y$. Posons en outre P K $= x$, B P $= b$, C Q $= b'$, P Q $= a$. On aura d'abord $\frac{b + y}{2}$ $x \sin. \alpha = \delta$ (1). D'un autre côté les triangles semblables H P Q , I P K donneront

$$b' - b : y - b :: a : x. \qquad (2)$$

Telles seront les deux équations du problème : on éliminera y, on résoudra l'équation en x, et l'on construira la racine utile.

Nous pouvons encore opérer autrement, d'après les lemmes que nous avons établis. Nous prolongerons C B jusqu'en O, nous calculerons les aires des triangles B O P , G O K ; et nous remarquerons que ces triangles étant semblables, leurs surfaces sont entre elles comme les carrés des côtés homologues O P , O K. Nous trouverons donc aisément la valeur de O K , que nous porterons à partir du point O sur O M. Ou bien nous construirons d'après la propriété connue des cordes inscrites dans un cercle et aboutissant à l'extrémité d'un même diamètre : en se rappelant que les carrés de ces cordes sont proportionnels aux projections sur le diamètre.

Ayant déterminé la ligne K G , nous trouverions de la même façon la ligne de coupe suivante K' G', ainsi de suite de proche en proche.

Il est évident que ces modes de solution s'appliquent également au cas où les aires des coupes ne seraient pas équivalentes et seraient entre elles dans des rapports connus, résultant, par exemple, de l'inégalité de fertilité.

Enoncés pour servir d'exercice au cabinet. Les sommets d'un polygone (Fig. 195), représentant une portion de forêt, sont donnés par leurs coordonnées relatives à un point trigonométrique extérieur, ou en d'autres termes par les distances à la méridienne et à la perpendiculaire de ce point : on demande de diviser cette portion de forêt d'après l'une des conditions suivantes :

I. Partager le polygone en 9 coupes équivalentes par des lignes perpendiculaires à une laie sommière passant par la borne n° 6 ; 4 coupes à l'Est.

II. Partager le polygone en 9 coupes équivalentes par des perdendiculaires à une laie sommière qui partirait du n° 2 ; 4 coupes vers l'Ouest.

III. Partager le polygone en 9 coupes équivalentes par des perpendiculaires à une laie dirigée du Nord au Sud ; 4 coupes à droite.

IV. Partager le polygone en 10 coupes par des lignes partant toutes du point n° 9, telles que les 8 intermédiaires soient équivalentes ; la 1re et la 10e doubles de chaque intermédiaire.

V. Trouver les coordonnées du point d'intersection des lignes de n° 9 à n° 4 et de n° 2 à n° 5. Puis diviser le polygone en 6 coupes équivalentes par des droites divergeant du point d'intersection.

VI. Partager le polygone en 11 coupes équivalentes par des droites parallèles à la ligne Nord-Sud.

VII. Partager en 11 coupes équivalentes par des parallèles à la direction Est-Ouest.

VIII. Partager la surface en 7 coupes équivalentes par des droites faisant un angle de 45° avec une laie sommière dirigée de la borne n° 9 ; 5 coupes vers le Nord.

IX. Prolonger les droites de n° 9 à n° 3, et de n° 8 à n° 4 ; trouver les coordonnées de leur intersection, puis décomposer le polygone en 5 coupes équivalentes, 3 au nord, par des perpendiculaires à une laie sommière passant par le point extérieur.

X. Décomposer la surface en 9 coupes équivalentes par des perpendiculaires à la base extérieure de n° 7 à n° 12.

XI. Partager le polygone en 5 coupes telles que chacune soit la moitié de la précédente ; la 1re coupe doit être au Sud, et les lignes séparatives seront perpendiculaires au côté de n° 4 à n° 5.

XII. La ligne de n° 2 à nd 6 divise la forêt en deux parties d'i-

négale fertilité; celle qui est à l'Est doit produire le double de
ce que donnera l'autre. Partager le polygone en 5 coupes de
produits égaux, par des lignes aboutissant à la borne n° 9.

Tableau des coordonnées.

NUMÉROS des BORNES.	DISTANCES		OBSERVATIONS.
	à la MÉRIDIENNE.	à la PERPENDICULAIRE.	
Borne n° 1	+ 316,6520	+ 137,8727	
2	+ 519,0695	+ 31,8922	
5	+ 684,8841	— 15,8311	
4	+ 744,1681	— 71,9201	
5	+ 550,0681	— 542,4641	
6	+ 507,9451	— 580,8471	
7	+ 459,6481	— 554,9515	
8	+ 426,7961	— 454,0575	
9	+ 464,4127	— 179,8082	
10	+ 389,2087	— 107,5955	
11	+ 561,45	— 11,1155	
12	+ 283,90	+ 117,52	

Il faudra s'aider d'abord d'une minute à l'échelle $\frac{1}{2500}$. Sur
l'épure au net, on écrira à chaque sommet le n° de la borne
figurée par un petit carré au carmin; on donnera quatre mètres
de largeur à la laie sommière; les lignes de coupes seront tracées
en un trait fin; les coupes seront numérotées en alternant par
rapport à la laie, et on écrira leur contenance. Indiquez en haut
de la feuille, orientée plein Nord, l'énoncé du travail; l'échelle
en bas; enfin appliquez sur le tout la teinte plate des bois, en
laissant la laie sommière en blanc.

Des exercices sur le terrain. Les méthodes précédentes sont plus ou moins susceptibles d'être effectuées immédiatement sur le terrain même. Quand il s'agit de petites étendues, de partager une coupe en lots, l'équerre d'arpenteur suffit.

Donnons une idée de cette sorte d'opération directe à laquelle les élèves de l'école sont aussi exercés. Proposons-nous, par exemple, de détacher dans la portion fictive de forêt (Fig. 198), 7 hectares, et de diviser ce recoin en deux lots, dont l'un soit les $\frac{2}{3}$ de l'autre. Le travail se borne, après avoir ouvert à la serpe, des lignes étroites, à chaîner ces longueurs appuyées sur les chemins de vidange et combinées de manière à être les moins grandes possible, à calculer les aires et à fixer les lignes de séparation. Le chaînage se vérifie en s'assurant que les sommes des petites directions rectangulaires s'accordent avec la mesure des grandes lignes parallèles sur lesquelles elles se projettent. Les pieds corniers, les parois, limites de la coupe, sont marqués du marteau légal ; leur grosseur est consignée dans les procès-verbaux auxquels je renvoie pour tous les détails administratifs.

Article III. — Opération spéciale de l'assiette des coupes annuelles.

La question consiste à détacher dans une portion désignée de forêt une coupe d'une contenance donnée, ou qui n'en diffère que d'une quantité moindre que le $\frac{1}{50}$ de la surface énoncée.

Cette approximation du $\frac{1}{50}$ signifie que si la contenance indiquée est de S hectares, toute coupe qui n'en différerait que de $\frac{100 \times S \text{ ares}}{50}$ ou 2 S ares sera acceptable, pourvu qu'on indique au procès-verbal la contenance exacte de cette coupe, telle qu'on l'a arrêtée, exacte dans les limites de la précision géométrique possible, par exemple, à $\frac{1}{100}$, $\frac{1}{200}$ de la vraie valeur. L'approximation du $\frac{1}{20}$ a un autre sens : c'est une approximation légale. En tolérant des différences de $\frac{1}{50}$ de la surface énon-

cée, on facilite l'assiette de la coupe, on permet un petit déplacement de la ligne de fermeture, motivée par des obstacles ou
autres causes, sans compromettre le système des coupes annuelles qu'on veut asseoir successivement de proche en proche.

Proposons-nous, par exemple, de détacher, en nous appuyant
sur le contour bien reconnu de la coupe de l'année dernière ou
de l'exercice précédent, une surface de S hectares, par une perpendiculaire dirigée sur une laie sommière A B (Fig. 196).

1° *Levé du contour connu.* On lèvera d'abord le contour connu,
en s'étendant plutôt un peu plus que cela ne serait nécessaire,
pour éviter de revenir prolonger le levé pour compléter. Ce levé
se fera par les moyens ordinaires, à l'équerre, au graphomètre, au
pantomètre, à la boussole entre les piquets, pieds corniers, parois, de sommet en sommet, bien repérés d'abord, de la coupe
antécédente, et en chaînant les côtés avec soin. On dressera un
croquis proportionnel, sans confusion et bien coté.

2° *Détermination de la ligne de fermeture.* On déterminera sur le
papier la ligne A P $= x$, et la ligne P Q $= y$, qui ferme la
coupe de manière à séparer S hectares. Pour cela on peut opérer
graphiquement en construisant à une échelle un peu grande, ou
même à celle du procès-verbal, la figure du levé ; ou bien par le
calcul seul, en ne s'aidant que du croquis pour diriger l'opération
numérique. Pour trouver ces lignes, x , y, on emploiera un des
procédés que nous avons indiqués, les équations du second degré,
ou la division du trapèze par une parallèle aux bases, ou les triangles semblables entre eux comme les carrés des côtés homologues,
en prolongeant les lignes au besoin, ou la méthode convergente des
bandes approximatives, en calculant le dernier trapèze comme un
rectangle, selon la longueur de P Q et le peu d'inclinaison de
R Q sur A B. La longueur A P et l'angle en P seront les éléments
d'ouverture ; les lignes P Q, R Q et l'angle Q seront les éléments
de fermeture ou de vérification.

3° *Ouverture, vérification et rectification de la ligne de fermeture.*
On ira ouvrir la ligne, on jalonnera P Q, on la chaînera, ainsi

20

que R Q ; et si les chaînages de y et de z s'accordent sur le ter--rain avec les longueurs précédemment recueillies, ou prises sur le papier, la coupe sera bonne et vérifiée. Quand l'écart fera sortir de l'approximation de la surface énoncée, on déplacera, par voie de correction, la ligne y jusqu'à ce qu'on rentre dans la limite imposée. La ligne P Q sera alors dite rectifiée.

Raisonnons encore sur un autre exemple où la ligne qui doit fermer est assujettie à une condition différente, celle d'être parallèle à la tranchée A′ B′ (Fig. 188).

On mènera sur le croquis ou sur la figure rapportée à l'échelle, deux droites auxiliaires approximatives, puis on divisera le trapèze dans le rapport voulu, ou bien on opérera de proche en proche par bandes approximatives et par tâtonnements convergents.

On trouvera à peu près la position de la ligne : si, par exemple, on veut que la largeur soit $\frac{1}{5}$ de la longueur, on assimilera d'abord à un rectangle, à un parallélogramme.

On ouvrira avec A P , et avec l'angle magnétique en P ; puis on vérifiera par les chaînages de P Q et de R Q. Nous pourrions varier les exemples, mais ces deux cas suffiront pour l'intelligence de la méthode, et dans les exercices au tableau on changera les conditions. Il faut éviter de compléter les coupes fautives par des morceaux de surfaces rectangulaires ou sous forme de trapèzes appelés mouchoirs, qui ont l'inconvénient de donner à la coupe des contours irréguliers.

Subdivision en lots. Souvent on a à subdiviser la coupe en lots équivalents ou ayant des rapports donnés, par exemple, Fig. 197, en 5 portions équivalentes par des droites divergeant, pour la facilité de la vidange des bois, de l'intersection de deux sentiers : après avoir tiré O P, on calculera des triangles successifs, jusqu'à un dernier dont on connaîtra la base et dont on cherchera la hauteur, de façon à ce que l'aire détachée soit le $\frac{1}{5}$ de la coupe entière : puis on s'appuyera sur cette nouvelle limite pour détacher le second tiers ; le reste donnera une vérification. C'est encore un problème dont il est facile de varier les figures et les conditions.

La détermination de la coupe doit satisfaire à deux conditions importantes, dont l'une n'entraîne pas nécessairement l'autre : la conformité du perimètre du plan annexé au procès-verbal avec le vrai contour existant sur le terrain ; et la contenance détachée avec les approximations obligées.

4° *Calcul de la surface définitive et rédaction du procès-verbal.* On calculera la surface exacte de la coupe détachée. Un moyen commode, pour la construction graphique et l'évaluation des aires, consiste à calculer par voie de coördonnées. Quel que soit le moyen choisi, on évitera la transformation graphique en triangle équivalent, procédé qui ne peut être tout au plus employé que pour une vérification grossière. Après avoir évalué l'aire de la coupe ou du polygone fermé, satisfaisant à condition du $\frac{1}{80}$, ce sera cette surface qu'on inscrira au procès-verbal, et qui sera réputée juste dans les limites possibles de la pratique.

On rédigera le procès-verbal conformément aux modèles imprimés, en plaçant le plan de la coupe sur la feuille réservée. Ce plan doit être dressé à l'échelle $\frac{1}{2500}$; et quand la coupe est grande, à l'échelle $\frac{1}{5000}$. Dans ce dernier cas, la surface doit toujours être déterminée par le calcul. Les éléments déduits graphiquement introduisent des différences qui, amplifiées par l'échelle, auraient trop d'influence.

Les chemins vicinaux, ceux en général qui n'appartiennent pas au sol forestier, sont distraits de la surface de la coupe. Les chemins et routes forestières entrent pour moitié. Les fossés du périmètre sont compris dans la surface. Le calepin contient tous les renseignements, tels que l'année de l'exploitation des coupes limitrophes, la nature des cultures, des propriétaires voisins, l'essence, le diamètre des pieds corniers, parois, les noms des chemins, etc. Les *pieds corniers* sont des arbres de limites placés aux angles, ils sont marqués au pied sur chaque face regardant les côtés de l'angle ; les *parois* sont d'autres arbres le long des limites et qu'on marque du marteau en regard de la coupe ; les *témoins* sont des arbres avoisinants et qu'on rattache ; enfin on supplée, pour achever de bien définir le périmètre, par de forts piquets. Tous ces points de repère sont consignés au procès-verbal et sur le plan, où l'on indique l'essence, le diamètre à hauteur d'homme des arbres de limites ; on dessine sur le plan les ruisseaux, mares, etc. On entoure la coupe d'un liséré vert intérieur ; et la portion périmétrale de la forêt est indiquée par un liséré carmin. Nous renverrons pour le reste des détails, qui concernent l'arpentage des coupes annuelles, de nettoyements, etc., pour les mesures d'ordre et de police, aux Circulaires et Instructions de l'Administration. D'ailleurs toutes les règles ultérieures et les conventions complémentaires seront indiquées dans les exercices sur le terrain.

L'arpentage des coupes annuelles est une opération importante du service forestier. Le Trésor et les adjudicataires doivent être sûrs l'un de l'autre. On doit s'exercer à arpenter ces coupes exactement et rapidement. C'est une opération que les Gardes-généraux doivent pratiquer avec habileté, et dont les élèves ont à faire l'application dès leur sortie de l'Ecole.

Article IV. — Terrains inclinés. Du vérificateur et des règles à calcul.

Théorème. Sur un plan incliné, formant avec celui de la projection un angle α, détachons une portion de surface limitée d'une manière quelconque. Concevons une série de parallèles à l'intersection T S de deux plans (Fig. 199) : ces parallèles décomposeront la surface en trapèzes élémentaires. Considérons l'un de ces trapèzes A B C D et sa projection O P Q M. Posons A B $= a$, C D $= b$, K $g = h$: il est facile de voir que K^l g^l $=$ K g cos. α, et que la projection $\left(\dfrac{a+b}{2}\right) h$ cos. α ne sera autre chose que l'aire élémentaire multipliée par le cosinus de l'inclinaison. De là, en faisant la somme des éléments, ce théorème général :

La projection P *sur un plan d'une aire plane quelconque* S *est le produit de cette aire par le cosinus de l'angle des deux plans,* P $=$ S *cos.* α. On en déduit aisément cette autre proposition : le carré d'une aire plane quelconque est la somme des carrés de ses trois projections sur trois plans rectangulaires coordonnés.

Division de terrain en montagne. 1° Imaginons qu'on ait décom-

posé les talus d'une suite de coteaux en triangles, trapèzes, quadrilatères, comme l'indique la fig. 200. Chaque point, tel que A,
est déterminé dans l'espace par ses trois coordonnés, c'est-à-dire
que la projection *a* est donnée par ses distances à la méridienne
et à la perpendiculaire d'un point de rattachement, la troisième
ordonnée étant la cote de niveau.

Il s'agit de tracer un chemin M Q de façon que sa projection
m q partage celle du terrain dans un rapport donné, par exemple,
en deux parties équivalentes. Soit M le point de départ : je détermine *m n* par les solutions données précédemment, de manière
que D *a b e* soit divisé en deux portions équivalentes. Les triangles semblables B B *v*, N E *t* donneront B *b* — E *e* : N *n* — E *e*
: : *e b* : *e n*, proportion qui fera connaître la cote de niveau N *n*.
On trouvera par les mêmes triangles, la distance E N ou B N,
qu'il faudra chaîner pour déterminer le point N sur la pente B E.

Or nous remarquerons que M N divise le plan incliné D A B E
comme *m n* partage la projection : cela résulte du théorème exprimé par la formule

$$P = S \cos. \alpha.$$

Nous partirons du point N comme nous sommes partis du point
M, pour déterminer N O, ainsi de suite. Le versant sera divisé
dans le rapport voulu, ainsi que chacune de ses parties.

Il est évident que le chemin sera souvent assujetti à d'autres
conditions que celles de partir d'un point donné et de diviser
dans le rapport de deux à un. On peut demander que la portion
M N ait une certaine pente ; mais alors, si cette direction doit
passer par un point M désigné, il faudra renoncer à diviser les
surfaces dans un rapport déterminé. Je n'entrerai pas dans les
développements de toutes les questions analogues, parce que ce
qui précède me paraît suffire pour indiquer la marche à suivre.

2° Un mamelon est défini par les projections d'un système de
sections équidistantes. Nous avons vu qu'en décomposant la projection en trapèzes élémentaires par des parallèles rapprochées,
il était facile de tracer un chemin, partageant l'aire projetée dans
un certain rapport.

L'équidistance verticale des sections horizontales étant connue, on déterminerait aisément les pentes successives du chemin. Cette voie peut présenter deux inconvénients, d'une part des pentes trop raides en certains endroits, de l'autre des inflexions, des sinuosités horizontales trop brusques ou trop multipliées. Or la direction du chemin ainsi construit dépend de celle des bases des trapèzes élémentaires ; en sorte qu'en changeant la direction de ces bases on essayera, d'après un examen de la figure et par tâtonnements, de trouver au moins approximativement l'axe d'une route qui satisferait à de bonnes conditions.

5° On voudrait à une hauteur convenable ceindre une montagne d'un chemin horizontal, tel que sa projection, divise la surface totale projetée en deux parties qui soient dans un rapport donné, par exemple en deux parties équivalentes.

Après avoir mené, sur une minute, des parallèles assez rapprochées pour décomposer les surfaces projetées en trapèzes élémentaires, je calcule les aires limitées successivement aux courbes de niveau.

Je reconnais que la courbe x est comprise entre certaines courbes et à une distance verticale du point culminant qu'il s'agit de trouver. Je tire deux axes rectangulaires ; je prends pour abcisses les distances des plans horizontaux successifs au point culminant, et pour ordonnées des longueurs proportionnelles aux aires calculées.

La courbe tracée à la main par les sommets des ordonnées exprimera la loi graphique par laquelle les aires varient quand on s'éloigne du sommet. Par le milieu de l'ordonnée correspondante à la surface totale, je conduis une parallèle à l'axe des abcisses : celle du point d'intersection sera la distance à laquelle le plan du chemin cherché se trouve du sommet. Cette cote de niveau étant déterminée, il sera facile de tracer le chemin sur les flancs de la montagne.

On pourra ensuite tracer des routes de pentes douces, qui aboutiront à cette tranchée horizontale servant à diviser en deux grandes sections, et dans un rapport donné, l'aire de la forêt projetée horizontalement.

Si l'on veut partager la zone comprise entre deux courbes

éloignées et en 20 parties par exemple, on décomposera la
zone dans le sens des lignes de plus grandes pentes en éléments
trapézoïdaux élémentaires : on prendra une somme de ces éléments qui égale le vingtième de la zone, ce qui figurera l'étendue
d'une coupe ; ainsi de suite en procédant de proche en proche.

Si nous voulons, au contraire, diviser la forêt en coupes
qui soient toutes des zones concentriques séparées par des courbes horizontales, il suffira de généraliser la question que nous
avons résolue et qui s'énoncera alors ainsi : déterminer les dis-
distances respectives au point culminant, ou au plan de niveau
inférieur, des plans horizontaux de 19 courbes dont les projections divisent la surface totale en 20 zones qui aient entre elles
des rapports désignés.

L'exactitude de ces solutions graphiques dépend du rapprochement des sections horizontales équidistantes qui définissent le
relief du terrain, et de la grandeur de l'échelle de la minute.

Je ne propose du reste ces manières d'opérer que pour compléter théoriquement la question générale de la division des
terrains boisés selon des conditions et dans des circonstances quelconques, ces dernières étant en quelque sorte exceptionnelles.

Du vérificateur. Il existe des procédés mécaniques propres à
résoudre, approximativement et sans calcul, un grand nombre
de questions pratiques de géométrie et de trigonométrie du genre
de celles qui nous occupent. Donnons-en une idée.

Le vérificateur sert à s'assurer en gros et approximativement
des contenances ; il est d'une application utile pour trouver des
positions voisines des véritables lignes de partage, dans les questions de division de terrain. Le vérificateur consiste en un
rectangle de glace ou de corne, de papier transparent, que
nous supposerons de deux décimètres carrés. Ce rectangle est
divisé en petits carreaux par des parallèles espacées de deux
millimètres ; en sorte qu'à l'échelle $\frac{1}{5000}$, l'écartement de ces
parallèles gravées sur la surface représente dix mètres. Les
lignes des centaines de mètres, deux centimètres, sont tracées
plus fortes. Les carrés des centaines correspondent à des hectares ; les quarts, le centimètre carré, représentent chacun 25 ares ;

les petits carrés indiquent des ares. Le rectangle total, de deux décimètres sur un décimètre, vaut 500000 mètres carrés.

Au lieu d'une plaque de substance transparente, l'instrument peut être formé d'un châssis sur l'une des faces duquel sont tendus des fils de soie, rouges pour les hectares, bleu clair pour les quarts d'hectares, noires pour les ares. Cette description de l'instrument suffit pour en faire comprendre l'usage et le maniement. Sa précision dépend de l'échelle.

Enfin une feuille non transparente, portant de pareilles divisions, pourrait encore être employée : il suffirait de masquer une partie par des morceaux de papier et de ne laisser à découvert que des figures semblables à celles qui s'agit de diviser.

Un instrument nouveau, appelé la pantoscale, ou le polygraphe, a été inventé par M. Miller : il s'applique spécialement aux travaux graphiques. (*Annales forestières, mai 1842.*)

Des règles logarithmiques. Cet instrument consiste en une règle en bois au milieu de laquelle glisse longitudinalement dans une coulisse une règle plus petite. Des longueurs portées sur ces règles à partir d'une origine, forment un système de logarithmes : l'addition et la soustraction logarithmiques s'opèrent rapidement par le glissement de la petite règle dans sa coulisse. Ces règles donnent en outre les logarithmes des lignes trigonométriques ; et elles servent à faire facilement un grand nombre de calculs : on les emploierait utilement pour ceux de terrassements et de cubages dendrométriques. Il y en a de grandes et de petites, plus ou moins approximatives. Je renvoie à l'instruction très-développée qui se vend avec la règle. (Voir le Cours d'admission.)

Du quartier de réduction. Employé principalement par les marins, le quartier de réduction est susceptible d'une application fréquente toutes les fois qu'on veut éviter les calculs trigonométriques : il équivaut à une table approximative. Voici sa construction : tirez deux lignes à angle droit, divisez-les en parties égales très-petites, menez par les points de division un système de parallèles rectangulaires formant un réseau de petits carreaux. De l'intersection des deux axes comme centre, décrivez une suite d'arcs de cercle aboutissant aux mêmes divisions sur les axes, le quadrant extérieur étant numéroté en degrés. On trouve, sur la figure même, le rayon, le sinus, le cosinus, la tangente, la co-tangente, etc., d'un arc, quand on se donne seulement l'une de ces quantités. Le quartier de réduction offre toutes tracées les lignes qui ont pour expression numérique

$$a \cos. r, \; b \tan g. r, \; \frac{c}{\cos. r}, \; \text{etc.}$$

Rapprochement. Nous pouvons actuellement comparer entre eux les moyens de division. Ils sont de trois espèces : *le calcul ; le compas, la règle et l'équerre ; les procédés approximatifs* que nous venons d'indiquer.

Le calcul est toujours préférable, comme plus juste et souvent plus prompt. Il faut surtout y avoir recours quand il s'agit d'établir dans les forêts de longues lignes d'abornements, des divisions permanentes : il vaut mieux apporter du soin, être un peu plus lent dans la détermination de limites qui ne seront pas dé longtemps déplacées.

Les constructions graphiques sont peu susceptibles d'être exécutées sur le terrain même : elles exigent une minute, une feuille collée sur une planche, un carton. Elles sont d'ailleurs moins exactes, quoique souvent ingénieuses. Pour faire ressortir la grandeur des erreurs qu'il est possible de commettre, supposons que nous ayons à fixer la position de lignes perpendiculaires à une laie sommière, et que l'une de ces lignes sur le plan soit déplacée de $\frac{1^{m}}{10000}$ de sa vraie position. A l'échelle $\frac{1}{10000}$, l'erreur résultant sur le terrain serait 1^{m}. Or si la perpendiculaire a 500^{m} de longueur, l'erreur serait de 500^{m} carrés, c'est-à-dire, 5 ares.

Les procédés du *vérificateur* sont encore moins exacts. Ils ne conviennent qu'à préparer les calculs ou à vérifier approximativement les résultats obtenus.

CHAPITRE III.

VÉRIFICATION DES PLANS.

————

Je terminerai par un résumé des procédés à l'aide desquels on s'assure de la justesse d'une opération topographique
ou géodésique quelconque. La recherche que nous avons faite,
dans le corps de cet ouvrage, des méthodes les plus propres à
lever exactement les terrains, quelles que soient leurs difficultés,
indique suffisamment la nature des diverses erreurs, ainsi que
l'esprit des contre-opérations qui découvrent ces inégalités et
fournissent le moyen de les corriger. La marche consiste pour
ces sortes de vérifications, à se convaincre de l'accord des résultats du premier géomètre avec la configuration et les dimensions
réelles du terrain *par un petit nombre d'opérations, ordinairement
générales ou d'ensemble, sûres et expéditives, appropriées le mieux
possible au cas particulier.*

Sources des erreurs. En réfléchissant aux sources naturelles
d'où découlent les erreurs topographiques, il est aisé de reconnaître que les inexactitudes ne peuvent provenir que du chaînage, de la mesure des angles, de la forme des triangles et de l'enchaînement des opérations, du soin dans les calculs, de la configuration ou des difficultés spéciales du sol. Ce sont autant de
causes principales auxquelles il faut remonter, dont la complication doit être démêlée et dont les effets seront isolés et démas-
qués par l'investigation scrupuleuse du géomètre vérificateur.

Méthodes de vérification. Les moyens rapides par lesquels il s'assure immédiatement de la justesse d'un levé dans son ensemble doivent évidemment porter sur les grandes lignes : car si elles sont trouvées exactes, il y a probabilité que le reste est juste. Le vérificateur consciencieux et probe emploiera des instruments au moins aussi précis que ceux du géomètre qui l'a précédé, plus approximatifs même s'il procède par de grandes opérations ; il est bon que le vérificateur se vérifie lui-même avant de se prononcer ; et pour que ses preuves soient concluantes, il doit tâcher de diriger ses investigations sur les résultats des combinaisons finales du premier géomètre, de manière qu'en contrôlant ces dernières opérations, il passe par les intermédiaires et embrasse tout le travail.

Bien qu'il en soit des moyens de vérification comme des procédés de triangulation, que l'inspection du lieu suggère les meilleurs et les plus ingénieux, je vais mentionner sommairement les diverses manières auxquelles on peut avoir recours en les employant séparément, en partie, ou en les combinant entre elles.

On levera sur le terrain çà et là des portions de détail appuyées sur des *transversales droites ou brisées* (Fig. 184), dont les points de départ et d'arrivée devront concorder. On construira avec exactitude à la même échelle que le plan, et l'on comparera par des portées de compas ; ou bien, si l'on a construit sur du papier végétal, on superposera les relevés sur le premier plan ; les lignes discordantes se manifesteront. En vérifiant les configurations des levés partiels, on vérifie à la fois le réseau qui a été un moyen d'arriver à la position exacte des parties. On formera au besoin, des polygones, dont les aires désignées, des coupes, par exemple, évaluées dans des régions différentes, feront office de *places d'essais*, pour conclure par probabilité. Les opérations du vérificateur seront souvent indépendantes de celles du premier opérateur.

D'abord le second opérateur examinera les calepins qui ont servi à l'exécution du plan ; il reconnaîtra le terrain pour savoir où sont les parties les plus difficultueuses ; il discutera avec soin le travail du premier géomètre. Il se convaincra de la conformité des données numériques des calepins avec les constructions graphiques de la minute et du plan au net. Cette confrontation ne présente pas de difficulté : le but principal est de voir si les documents tant numériques que graphiques s'accordent réellement avec le terrain.

L'attention doit avant tout se fixer, selon le cas, sur l'exactitude de la base, celle des angles, le choix des instruments, la précision de leur maniement. On chaînera donc de nouveau la base principale et des bases de vérification ; on mesurera plusieurs des angles directs et conclus, les trois angles de quelques triangles ou de polygones d'un petit nombre de côtés, on fera des tours d'horizon, etc.

La considération des coordonnées, ou distances des signaux du canevas fondamental à la méridienne et à la perpendiculaire, offre de bons moyens de vérification d'ensemble. En joignant deux sommets et concevant les coordonnées menées, on forme un triangle rectangle dans lequel la somme des carrés des côtés égalera celui de l'hypoténuse. Cette longueur déduite du calcul devra s'accorder avec le chaînage sur le terrain En général étant données les coordonnées de plusieurs signaux, il est facile de calculer les triangles qu'ils forment, les polygones qui les unissent et de s'assurer sur le terrain de l'exactitude de ces figures déduites du calcul final du levé proposé. Quand trois signaux sont en ligne droite, on verra si leurs coordonnées satisfont à l'équation de condition relative à ce cas particulier.

La formation de figures, résultant des données du plan et vérifiées ensuite sur le terrain, n'exige pas exclusivement l'emploi des distances à la méridienne et à la perpendiculaire : on peut composer ces figures au moyen des angles et des bases.

L'une et l'autre manière fournira au besoin un grand nombre de bases de vérification.

Plusieurs des problèmes énoncés dans les livres précédents, tous ceux par lesquels on applique sur le plan des points oubliés ou perdus, offrent des moyens de vérification. En supposant omis quelques-uns des points remarquables du levé, les relevant de nouveau d'après d'autres points et les rétablissant sur la minute, leur position devra coïncider avec celle qui avait été primitivement assignée.

Le rayonnement sera souvent en forêt une méthode commode de vérification. Concevez que d'un point central l'arpenteur dirige des filets ou petites trouées aboutissant aux limites, aux points trigonométriques et traversant des lignes de coupes : il devra y avoir accord avec cette sorte de réseau et le précédent, ainsi qu'avec les détails recoupés.

Le cheminement est aussi un bon moyen, très-souvent le seul applicable dans les bois, le vérificateur partira d'un point trigo-nométrique ou remarquable et lévera une ligne droite ou brisée, jusqu'à ce qu'il retombe sur un autre point du contour. Plusieurs cheminements augmenteront, en se croisant, la certitude du con-trôle par l'accord qu'ils présenteront entre eux et avec les détails du levé.

Ou bien vous vous bornerez à prolonger la base de départ, à partir de l'une de ses extrémités pour revenir à l'autre ; à mener des lignes droites, des diagonales en traversant les portions chargées de détails. Si vous conduisez sur le plan une sécante, les longueurs graphiques interceptées doivent s'accorder avec les mesures prises sur le terrain, en chaînant par continuité.

Le système de la laie sommière et de ses lignes de coupes, un ensemble de tranchées, de sentiers existants ou auxiliaires, pré-sentent un canevas linéaire que parfois il suffira de relever. Ce moyen sera d'autant plus avantageux que souvent le but principal est de s'assurer de la justesse des lignes d'opérations d'un amé-nagement.

La projection de différents chaînages sur une longue base, doit s'accorder avec le chaînage de cette base.

Quand l'arpenteur procède par lignes transversales, il peut donner à leur réunion une forme régulière, en menant deux groupes de parallèles à angles droits ou sous un angle de 45°, espacées entre elles d'une distance convenable pour les détails : ces lignes aboutissent au périmètre et coupent les sentiers qui sillonnent la forêt.

Une nouvelle triangulation, moins compliquée que la première, comprenant quelques-uns de ses points, un réseau intérieur ou extérieur selon les accidents du terrain, si le bois a ses limites découvertes ou se trouve enclavé, surtout des recoupements sur les sommités visibles, sont d'autres moyens auxquels aura recours le vérificateur.

Il pourra encore procéder par places ou polygones d'essai, en opérant sur plusieurs portions pour conclure de leur justesse celle de l'ensemble, en choisissant avec discernement le lieu de ses vérifications partielles et en remarquant si les polygones éloignés concordent bien dans le plan orienté.

C'est surtout en montagnes et pour les cantons enveloppés d'autres bois que l'arpenteur est conduit à faire des vérifications particulières sur les endroits qui, par leurs difficultés naturelles, soulèvent le plus de doutes.

Les détails ne sont pas toujours placés avec rigueur sur un plan, surtout quand la région est fourrée ou recoupée : si le vérificateur part d'un point un peu déplacé, il s'écartera d'autant plus de l'accord, que ses opérations se prolongeront. Il importe donc de partir d'un point bien déterminé.

Les procédés que je viens d'indiquer rentrent plus ou moins les uns dans les autres, et le plus grand nombre d'entre eux conviennent à la vérification des détails, ce qui est le but final. Lorsque la position véritable des points trigonométriques est constatée, il est aisé de rattacher de nouveau les détails à ces points et de voir s'ils sont exacts.

Quant au nivellement, les moyens sont analogues : il suffit de niveler à grands coups de niveau, avec de bons instruments ; de s'assurer par des cheminements, par le nivellement du périmètre ou de polygones partiels, si la cote d'arrivée coïncide avec celle du point de départ.

Lieux et rectification des erreurs. — La recherche du lieu des erreurs dépend du tact du vérificateur : l'examen comparatif, la discussion seule des éléments recueillis par lui le guidera et le conduira aux endroits erronés.

Une fois les erreurs dépistées, leur rectification s'opère sans peine : il sera toujours facile, à l'aide des points reconnus bons, de replacer ceux que la vérification aura signalés défectueux.

Limites tolérées. — Quelques soins que l'opérateur ait apportés dans l'exécution de son levé, on ne peut pas toujours compter sur une exactitude parfaite : mais quelles sont les limites qu'il ne doit pas dépasser ? Les tolérances accordées aux longueurs des lignes, tolérances admises par les Administrations et qui ne sont ni trop fortes ni trop faibles toutes les fois qu'en emploie les échelles adoptées pour les plans de forêts, peuvent être restreintes dans les limites suivantes :

Pour les lignes au-dessus de 500^m . . . . $\dfrac{1}{500}$

Pour celles de 300 à 500^m . . . . $\dfrac{1}{300}$

Pour celles au-dessous de 300^m . . . . $\dfrac{1}{100}$

Le vérificateur doit employer des instruments au moins aussi exacts, si ce n'est plus, que ceux de l'opérateur. En général, on admet des *tolérances doubles* pour la vérification, parce que le second opérateur peut se tromper comme le premier et en sens opposé.

Il est facile, par le calcul de triangles ou trapèzes décomposants, offrant ces dimensions, de déduire des tolérances linéaires précédentes la limite d'erreur qui en résulte pour les surfaces. Le cadastre tolérait $\dfrac{1}{500}$ pour les plans de masse, et $\dfrac{1}{300}$ pour le parcellaire, c'est-à-dire que si le cahier du plan s'accorde avec celui de vérification à un arpent sur 500, les deux opérations sont admises comme satisfaisantes.

Pour les différences relatives à la méridienne et à la perpendiculaire, tout point qui présente un écart de 2 mètres doit être rectifié.

Il faut mesurer les angles avec d'autant plus d'approximation qu'ils servent souvent à rétablir des bornes : 2′, à une distance de 300 à 400 mètres, déplaceraient de 2 mètres une borne. Dans de médiocres triangulations, et surtout pour les triangles de rattachement, les distances sont plus considérables : il convient donc d'adopter une tolérance angulaire moins sensible. Au reste, les limites d'erreur pour les lignes, les angles, les aires dépendent de la nature de l'opération : elles doivent être désignées à priori.

L'ensemble des méthodes que j'ai résumées dans ce traité sur l'art des levés, doit être accompagné d'exercices : par de premières applications, l'élève achèvera d'apprendre à opérer promptement et exactement. Avec un peu d'usage il deviendra bientôt tout à fait apte et expert.

FIN.

TABLE DE VERTICALES

CALCULÉE DE 5 EN 5 CENTIGRADES POUR LES SIX PREMIERS
GRADES, ET DE DÉCIGRADE EN DÉCIGRADE JUSQU'AU
CINQUANTIÈME GRADE

$$h = d. \text{Tang. } \alpha.$$

ANGLES AVEC L'HORIZON.	HAUTEUR POUR 1 DE BASE.	ANGLES AVEC L'HORIZON.	HAUTEUR POUR 1 DE BASE.	ANGLES AVEC L'HORIZON.	HAUTEUR POUR 1 DE BASE.
1ᵍ05	0,001	2ᵍ	0,032	4ᵍ	0,063
10	0,002	2 05	0,032	4 05	0,064
15	0,002	2 10	0,033	4 10	0,065
20	0,003	2 15	0,034	4 15	0,065
25	0,004	2 20	0,035	4 20	0,066
30	0,005	2 25	0,035	4 25	0,067
35	0,006	2 30	0,036	4 30	0,068
40	0,006	2 35	0,037	4 35	0,069
45	0,007	2 40	0,038	4 40	0,069
50	0,008	2 45	0,039	4 45	0,070
55	0,009	2 50	0,039	4 50	0,071
60	0,009	2 55	0,040	4 55	0,072
65	0,010	2 60	0,041	4 60	0,072
70	0,011	2 65	0,042	4 65	0,073
75	0,012	2 70	0,043	4 70	0,074
80	0,013	2 75	0,043	4 75	0,075
85	0,013	2 80	0,044	4 80	0,076
90	0,014	2 85	0,045	4 85	0,076
95	0,015	2 90	0,046	4 90	0,077
1ᵍ	0,016	2 95	0,047	4 95	0,078

ANGLES AVEC L'HORIZON.	HAUTEUR POUR 1 DE BASE.	ANGLES AVEC L'HORIZON.	HAUTEUR POUR 1 DE BASE.	ANGLES AVEC L'HORIZON.	HAUTEUR POUR 1 DE BASE.
1ᵍ	0,016	3ᵍ	0,047	5ᵍ	0,079
1 05	0,017	3 05	0,048	5 05	0,080
1 10	0,018	3 10	0,049	5 10	0,080
1 15	0,018	3 15	0,050	5 15	0,081
1 20	0,019	3 20	0,050	5 20	0,082
1 25	0,020	3 25	0,051	5 25	0,083
1 30	0,021	3 30	0,052	5 30	0,084
1 35	0,021	3 35	0,053	5 35	0,084
1 40	0,022	3 40	0'054	5 40	0,085
1 45	0,023	3 45	0,054	5 45	0,086
1 50	0,024	3 50	0,055	5 50	0,087
1 55	0,025	3 55	0,056	5 55	0,087
1 60	0,025	3 60	0,057	5 60	0,088
1 65	0,026	3 65	0,058	5 65	0,089
1 70	0,027	3 70	0,058	5 70	0,090
1 75	0,028	3 75	0,059	5 75	0,091
1 80	0,028	3 80	0,060	5 80	0,091
1 85	0,029	3 85	0,061	5 85	0,092
1 90	0,030	3 90	0,061	5 90	0,093
1 95	0,031	3 95	0,062	5 95	0,094

— 324 —

ANGLES AVEC L'HORIZON.	HAUTEUR POUR 1 DE BASE.	ANGLES AVEC L'HORIZON.	HAUTEUR POUR 1 DE BASE.	ANGLES AVEC L'HORIZON.	HAUTEUR POUR 1 DE BASE.
6ᵍ	0,095	9 50	0,150	13ᵍ	0,207
6 10	0,096	9 60	0,152	13 10	0,209
6 20	0,098	9 70	0,154	13 20	0,210
6 30	0,099	9 80	0,155	13 30	0,212
6 40	0,101	9 90	0,157	13 40	0,214
6 50	0,102			13 50	0,215
6 60	0,104			13 60	0,217
6 70	0,106	10ᵍ	0,158	13 70	0,219
6 80	0,107	10 10	0,160	13 80	0,220
6 90	0,109	10 20	0,162	13 90	0,222
		10 30	0,163		
		10 40	0,165		
7ᵍ	0,110	10 50	0,166	14ᵍ	0,224
7 10	0,112	10 60	0,168	14 10	0,225
7 20	0,114	10 70	0,170	14 20	0,227
7 30	0,115	10 80	0,171	14 30	0,228
7 40	0,117	10 90	0,173	14 40	0,230
7 50	0,118			14 50	0,232
7 60	0,120			14 60	0,233
7 70	0,122	11ᵍ	0,175	14 70	0,235
7 80	0,123	11 10	0,176	14 80	0,237
7 90	0,125	11 20	0,178	14 90	0,238
		11 30	0,179		
		11 40	0,181		
8ᵍ	0,126	11 50	0,183	15ᵍ	0,240
8 10	0,128	11 60	0,184	15 10	0,242
8 20	0,130	11 70	0,186	15 20	0,243
8 30	0,131	11 80	0,188	15 30	0,245
8 40	0,133	11 90	0,189	15 40	0,247
8 50	0,134			15 50	0,248
8 60	0,136			15 60	0,250
8 70	0,138	12ᵍ	0,191	15 70	0,252
8 80	0,139	12 10	0,192	15 80	0,253
8 90	0,141	12 20	0,194	15 90	0,255
		12 30	0,196		
		12 40	0,197		
9ᵍ	0,142	12 50	0,199	16ᵍ	0,257
9 10	0,144	12 60	0,201	16 10	0,259
9 20	0,146	12 70	0,202	16 20	0,260
9 30	0,147	12 80	0,204	16 30	0,262
9 40	0,149	12 90	0,205	16 40	0,264

ANGLES AVEC L'HORIZON.	HAUTEUR POUR 1 DE BASE.	ANGLES AVEC L'HORIZON.	HAUTEUR POUR 1 DE BASE.	ANGLES AVEC L'HORIZON.	HAUTEUR POUR 1 DE BASE.
16 50	0,265	20ᵍ	0,325	23ᵍ 50	0,387
16 60	0,267	20 10	0,327	23 60	0,389
16 70	0,269	20 20	0,329	23 70	0,391
16 80	0,270	20 30	0,330	23 80	0,392
16 90	0,272	20 40	0,332	23 90	0,394
		20 50	0,334		
		20 60	0,335		
17ᵍ	0,274	20 70	0,337	24ᵍ	0,396
17 10	0,275	20 80	0,339	24 10	0,398
17 20	0,277	20 90	0,341	24 20	0,400
17 30	0,279			24 30	0,401
17 40	0,280			24 40	0,403
17 50	0,282	21ᵍ	0,342	24 50	0,405
17 60	0,284	21 10	0,344	24 60	0,407
17 70	0,286	21 20	0,346	24 70	0,409
17 80	0,287	21 30	0,348	24 80	0,411
17 90	0,289	21 40	0,349	24 90	0,412
		21 50	0,351		
		21 60	0,353		
18ᵍ	0,291	21 70	0,355	25ᵍ	0,414
18 10	0,292	21 80	0,357	25 10	0,416
18 20	0,294	21 90	0,358	25 20	0,418
18 30	0,296			25 30	0,420
18 40	0,297			25 40	0,422
18 50	0,299	22ᵍ	0,360	25 50	0,423
18 60	0,301	22 10	0,362	25 60	0,425
18 70	0,303	22 20	0,364	25 70	0,427
18 80	0,304	22 30	0,365	25 80	0,429
18 90	0,306	22 40	0,367	25 90	0,431
		22 50	0,369		
		22 60	0,371		
19ᵍ	0,308	22 70	0,373	26ᵍ	0,433
19 10	0,309	22 80	0,374	26 10	0,435
19 20	0,311	22 90	0,376	26 20	0,436
19 30	0,313			26 30	0,438
19 40	0,315			26 40	0,440
19 50	0,316	23ᵍ	0,378	26 50	0,442
19 60	0,318	23 10	0,380	26 60	0,444
19 70	0,320	23 20	0,382	26 70	0,446
19 80	0,322	23 30	0,383	26 80	0,448
19 90	0,323	23 40	0,385	26 90	0,450

ANGLES AVEC L'HORIZON.	HAUTEUR POUR 1 DE BASE.	ANGLES AVEC L'HORIZON.	HAUTEUR POUR 1 DE BASE.	ANGLES AVEC L'HORIZON.	HAUTEUR POUR 1 DE BASE.
27ᵍ	0,452	305ᵍ 0	0,519	34ᵍ	0,591
27 10	0,453	30 60	0,521	34 10	0,594
27 20	0,455	30 70	0,523	34 20	0,596
27 30	0,457	30 80	0,525	34 30	0,598
27 40	0,459	30 90	0,527	34 40	0,600
27 50	0,461			34 50	0,602
27 60	0,463			34 60	0,604
27 70	0,465	31ᵍ	0,529	34 70	0,606
27 80	0,467	31 10	0,532	34 80	0,609
27 90	0,469	31 20	0,534	34 90	0,611
		31 30	0,536		
		31 40	0,538		
28ʰ	0,471	31 50	0,540	35ᵍ	0,613
28 10	0,472	31 60	0,542	35 10	0,615
28 20	0,474	31 70	0,544	35 20	0,617
28 30	0,476	31 80	0,546	35 30	0,619
28 40	0,478	31 90	0,548	35 40	0,621
28 50	8,480			35 50	0,624
28 60	0,482			35 60	0,626
28 70	0,484	32ᵍ	0,550	35 70	0,628
28 80	0,486	32 10	0,552	35 80	0,630
28 90	0,488	32 20	0,554	35 90	0,632
		32 30	0,556		
		32 40	0,558		
29ᵍ	0,490	32 50	0,560	36ᵍ	0,635
29 10	0,492	32 60	0,562	36 10	0,637
29 20	0,494	32 70	0,564	36 20	0,639
29 30	0,496	32 80	0,566	36 30	0,641
29 40	0,498	32 90	0,568	36 40	0,643
29 50	0,500			36 50	0,646
29 60	0,502			36 60	0,648
29 70	0,504	33ᵍ	0,570	36 70	0,650
29 80	0,506	33 10	0,572	36 80	0,652
29 90	0,508	33 20	0,575	36 90	0,655
		33 30	0,577		
		33 40	0,579		
30ᵍ	0,510	33 50	0,581	37ᵍ	0,657
30 10	0,512	33 60	0,583	37 10	0,659
30 20	0,513	33 70	0,585	37 20	0,661
30 30	0,516	33 80	0,587	37 30	0,664
30 40	0,517	33 90	0,589	37 40	0,666

— 327 —

ANGLES AVEC L'HORIZON.	HAUTEUR POUR 1 DE BASE.	ANGLES AVEC L'HORIZON.	HAUTEUR POUR 1 DE BASE.	ANGLES AVEC L'HORIZON.	HAUTEUR POUR 1 DE BASE.
37ᵍ 50	0,668	41ᵍ	0,751	44ᵍ 50	0,841
37 60	0,670	44 10	0,753	44 60	0,843
37 70	0,673	44 20	0,756	44 70	0,846
37 80	0,675	44 30	0,758	44 80	0,849
37 90	0,677	44 40	0,761	44 90	0,851
		44 50	0,763		
		44 60	0,766		
38ᵍ	0,680	44 70	0,768	45ᵍ	0,854
38 10	0,682	44 80	0,771	45 10	0,857
38 20	0,684	44 90	0,773	45 20	0,860
38 30	0,687			45 30	0,862
38 40	0,689			45 40	0,865
38 50	0,691	42ᵍ	0,776	45 50	0,868
38 60	0,693	42 10	0,778	45 60	0,871
38 70	0,696	42 20	0,781	45 70	0,873
38 80	0,697	42 40	0,783	45 80	0,876
38 90	0,701	42 40	0,786	45 90	0,879
		42 50	0,788		
		42 60	0,791		
39ᵍ	0,703	42 70	0,793	46ᵍ	0,882
39 10	0,705	42 80	0,796	46 10	0,884
39 20	0,708	42 90	0,800	46 20	0,887
39 30	0,710			46 30	0,890
39 40	0,712			46 40	0,893
39 50	0,715	43ᵍ	0,801	46 50	0,896
39 60	0,717	43 10	0,804	46 60	0,899
39 70	0,719	43 20	0,806	46 70	0,901
39 80	0,722	43 30	0,809	46 80	0,904
39 90	0,724	43 40	0,812	46 90	0,907
		43 50	0,814		
		43 60	0,817		
40ᵍ	0,727	43 70	0,819	47ᵍ	0,910
40 10	0,729	43 80	0,822	47 10	0,913
40 20	0,731	43 90	0,825	47 20	0,916
40 30	0,734			47 30	0,919
40 40	0,736			47 40	0,922
40 50	0,739	44ᵍ	0,827	47 50	0,924
40 60	0,741	44 10c	0,830	47 60	0,927
40 70	0,743	44 20	0,833	47 70	0,930
40 80	0,746	44 30	0,835	47 80	0,933
40 90	0,748	44 40	0,838	47 90	0,936

ANGLES AVEC L'HORIZON.	HAUTEUR POUR 1 DE BASE.	ANGLES AVEC L'HORIZON.	HAUTEUR POUR 1 DE BASE.	ANGLES AVEC L'HORIZON.	HAUTEUR POUR 1 DE BASE.
48^g	0,939	49^g	0,969	50^g	1,000
48 10	0,942	49 10	0,972	50 10	1,003
48 20	0,945	49 20	0,975	50 20	1,006
48 30	0,948	49 30	0,978	50 30	1,009
48 40	0,951	49 40	0,981	50 40	1,013
48 50	0,954	49 50	0,984	50 50	1,016
48 60	0,957	49 60	0,988	50 60	1,019
48 70	0,960	49 70	0,991	50 70	1,022
48 80	0,963	49 80	0,994	50 80	1,025
48 90	0,966	49 90	0,997	50 90	1,029

TABLE DE RÉDUCTION

A L'HORIZON

n nombre de la table, l longueur mesurée, x valeur réduite
$$100 : n :: l : x.$$

INCLINAISON.	PROJECTION HORIZONTALE.	INCLINAISON.	PROJECTION HORIZONTALE.
grades.	mètres.	grades.	mètres.
1	99,99	26	94,77
2	99,95	27	91,14
3	99,89	28	90,48
4	99,80	29	89,80
5	99,69	30	88,74
6	99,56	31	88,38
7	99,40	32	87,63
8	99,21	33	86,86
9	99,00	34	86,07
10	98,77	35	85,26
11	98,51	36	84,43
12	98,23	37	83,58
13	97,92	38	82,71
14	97,59	39	81,82
15	97,25	40	80,90
16	96,86	41	79,97
17	96,46	42	79,02
18	96,03	43	78,04
19	95,58	44	77,05
20	95,11	45	76,04
21	94,61	46	75,00
22	94,09	47	73,96
23	93,54	48	72,90
24	92,98	49	71,81
25	92,39	50	70,71

Extrait de *l'Agenda d'État-Major*.

ERRATA.

TABLE DES MATIÈRES

LIVRE II.

TRIANGULATION

ou

RÉSEAU FONDAMENTAL DE LA TOPOGRAPHIE PLANE.

LIVRE III.

MÉTHODES DES LEVÉS DE DÉTAIL.

PLAN GÉNÉRAL ET FEUILLES PARTIELLES.

LIVRE IV.

NIVELLEMENT TOPOGRAPHIQUE.

RÉDACTION DU MÉMOIRE DESCRIPTIF, STATISTIQUE FORESTIÈRE.

CHAPITRE Ier. *Canevas fondamental du nivellement. Mesure des angles verticaux.*

LIVRE V.

GÉODÉSIE.

ART D'EFFECTUER LES TRIANGULATIONS QUAND LA SPHÉRICITÉ DU GLOBE EST SENSIBLE.

CHAPITRE Ier. *Des triangles géodésiques.*

CHAPITRE II. *Latitude et longitude des signaux ; placement des sommets du réseau sur des globes artificiels. Combinaison nécessaire des observations astronomiques avec les mesures géodésiques.*

CHAPITRE III. *Des projections en usage dans la construction des cartes. Carte de France.*

CHAPITRE IV. *Nivellement géodésique : détermination des altitudes dans le cas où la sphéricité du globe est sensible.*

LIVRE VI.

POLYGONOMÉTRIE.

DIVISION ET SUBDIVISION DES TERRAINS. ASSIETTE DE COUPES.
VÉRIFICATION DES PLANS.

CHAPITRE Ier. *Evaluation des surfaces. Théorèmes généraux sur les polygones ; lemmes.*

CHAPITRE II. *Etablissement des laies sommières et des lignes de coupes. Division d'un canton de forêt en un système de coupes équivalentes ou ayant des rapports donnés.*

CHAPITRE III. *Vérification des plans* 314

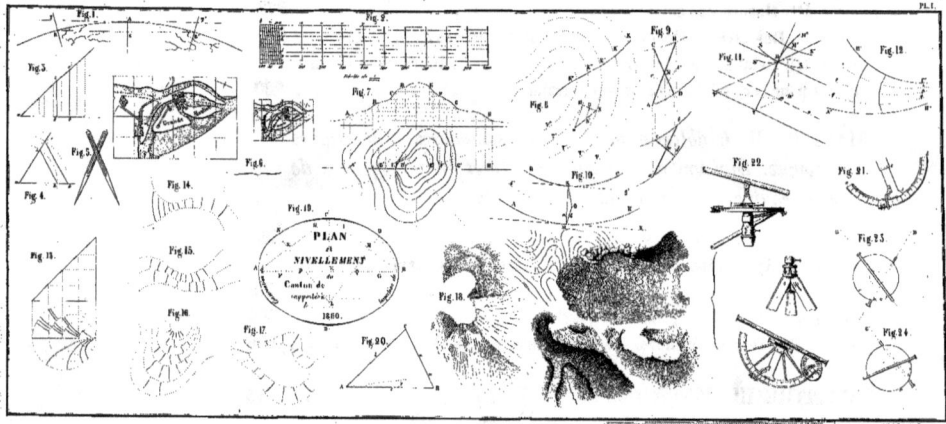

Pl. II.

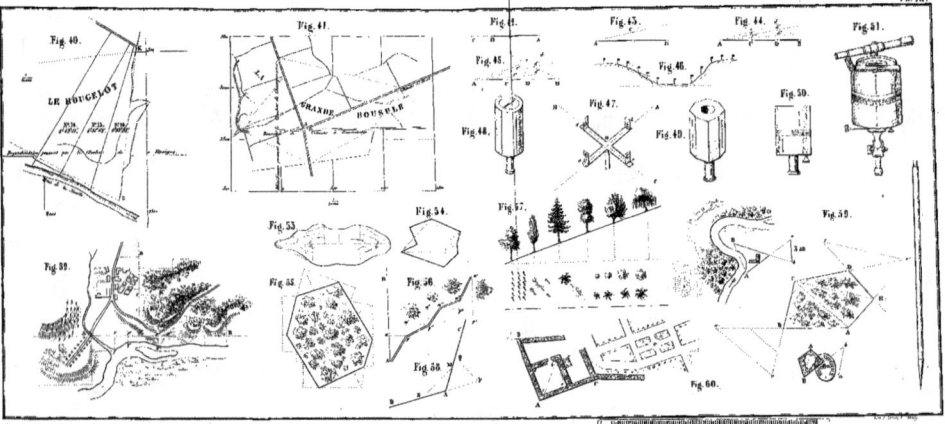

Fig. 40.
LE ROUGELOT

Fig. 41.
GRANDE HOUSPLE

Fig. 42. Fig. 43. Fig. 44.
Fig. 45. Fig. 46.
Fig. 47.
Fig. 48. Fig. 49. Fig. 50. Fig. 51.

Fig. 52. Fig. 53. Fig. 54. Fig. 57.
Fig. 55. Fig. 56.
Fig. 58.
Fig. 59.
Fig. 60.

0 1 2 3 4 5 6 7 8 9 10

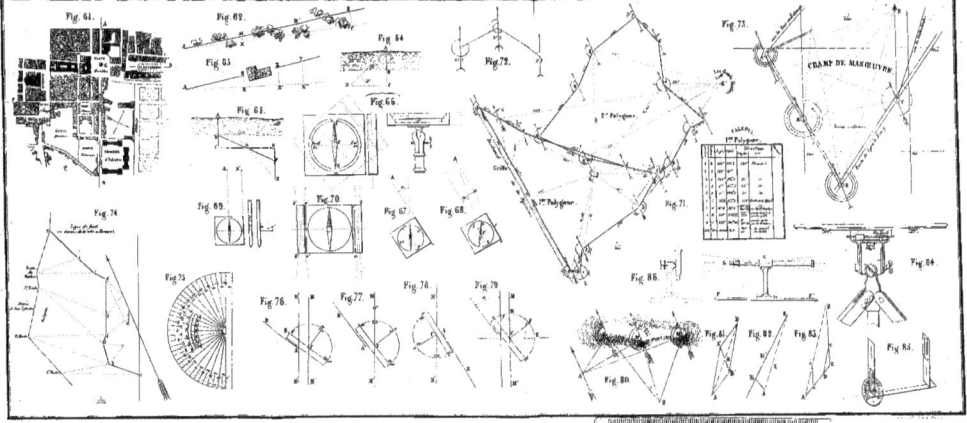

Fig. 61. Fig. 62. Fig. 64. Fig. 72. Fig. 73.
Fig. 63. CHAMP DE MANŒUVRE.
Fig. 66.
Fig. 65.
Fig. 74. Fig. 69. Fig. 70. Fig. 67. Fig. 68. Fig. 71. Fig. 84.
Fig. 75. Fig. 76. Fig. 77. Fig. 78. Fig. 79. Fig. 86. Fig. 81. Fig. 82. Fig. 83.
Fig. 80. Fig. 85.

1 2 3 4 5 6 7 8 9 10

Pl. V.

Fig. 87.

Fig. 88.

Fig. 90.

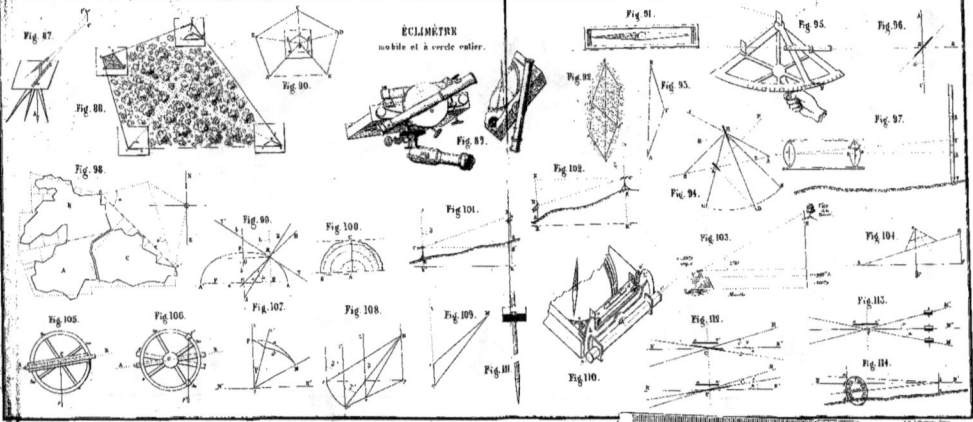

ÉCLIMÈTRE
mobile et à cercle entier.

Fig. 89.

Fig. 91.

Fig. 95.

Fig. 96.

Fig. 92.

Fig. 93.

Fig. 97.

Fig. 94.

Fig. 98.

Fig. 99.

Fig. 100.

Fig. 101.

Fig. 102.

Fig. 103.

Fig. 104.

Fig. 105.

Fig. 106.

Fig. 107.

Fig. 108.

Fig. 109.

Fig. 112.

Fig. 113.

Fig. 110.

Fig. 111.

Fig. 114.

1 2 3 4 5 6 7 8 9 10

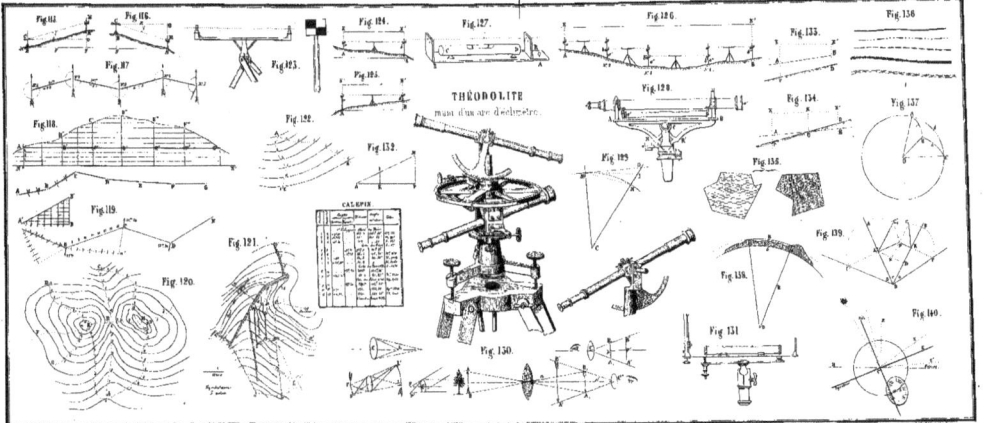

Fig. 115. Fig. 116. Fig. 117. Fig. 118. Fig. 119. Fig. 120. Fig. 121. Fig. 123. Fig. 124. Fig. 125. Fig. 127. Fig. 126. Fig. 128. Fig. 129. Fig. 130. Fig. 131. Fig. 132. Fig. 133. Fig. 134. Fig. 135. Fig. 136. Fig. 137. Fig. 138. Fig. 139. Fig. 140.

THÉODOLITE
muni d'un arc d'éclimètre.

CALEPIN

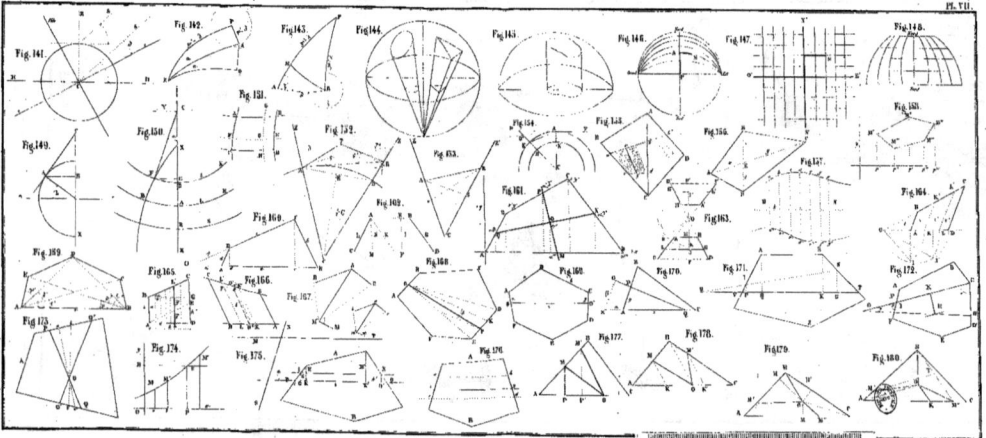

Pl. VIII.

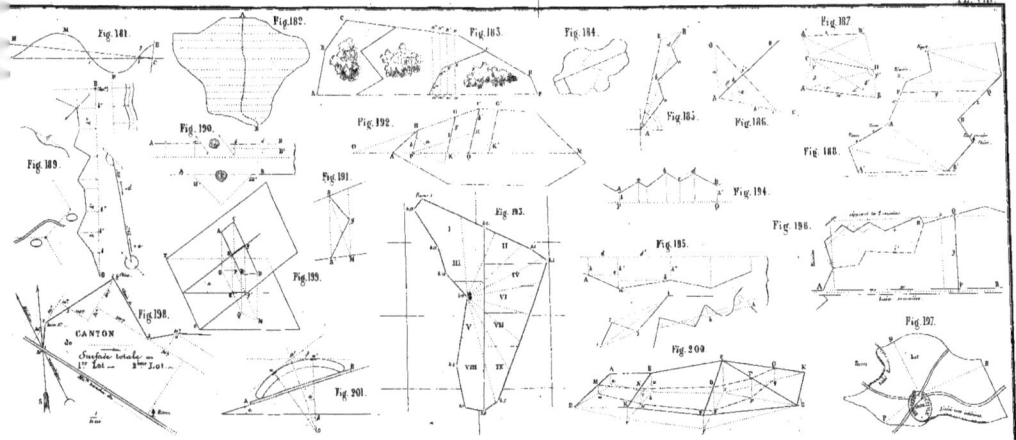

Fig. 181. Fig. 182. Fig. 183. Fig. 184. Fig. 187.

Fig. 190. Fig. 192. Fig. 185. Fig. 186. Fig. 188.

Fig. 189. Fig. 191. Fig. 193. Fig. 194. Fig. 196.

Fig. 199. Fig. 195.

CANTON

Fig. 198. Fig. 197.

Fig. 201. Fig. 200.

0 1 2 3 4 5 6 7 8 9 10

www.ingramcontent.com/pod-product-compliance
Lightning Source LLC
Chambersburg PA
CBHW052107230326
41599CB00054B/4166